危险化学品安全丛书
（第二版）

"十三五"
国家重点出版物出版规划项目

应急管理部化学品登记中心
中国石油化工股份有限公司青岛安全工程研究院　｜　组织编写
清华大学

化工过程热风险

陈网桦　陈利平　郭子超　等 编著

化学工业出版社

·北京·

内 容 简 介

《化工过程热风险》是"危险化学品安全丛书"（第二版）的一个分册。本书共分八章，第一章主要介绍化工过程热失控及热风险的概念与内涵、化工过程热风险与其他风险的关系，第二章介绍热风险相关的基本概念与原理，第三章介绍物料稳定性与热分析动力学等知识与理论，第四章介绍热失控致灾模型、热风险表征参数体系、评估模型及评估程序，第五章重点围绕工程中常见的传热受限问题进行叙述，第六章介绍热安全参数的获取途径与方法，第七章介绍间歇与半间歇工艺的安全分析、优化与放大，第八章介绍热风险评估方法在合成、蒸馏、储存、运输等操作单元中的应用等。

《化工过程热风险》适合化工行业从事研发、设计、生产和安全等工作的科技和管理人员阅读，也可供高等院校化工、安全工程及相关专业的高年级本科生、研究生参考。

图书在版编目（CIP）数据

化工过程热风险/应急管理部化学品登记中心，中国石油化工股份有限公司青岛安全工程研究院，清华大学组织编写；陈网桦等编著.—北京：化学工业出版社，2020.12（2023.1重印）

（危险化学品安全丛书：第二版）
"十三五"国家重点出版物出版规划项目
ISBN 978-7-122-37338-0

Ⅰ.①化…　Ⅱ.①应…②中…③清…④陈…
Ⅲ.①化工过程-传热过程-风险管理　Ⅳ.①TQ02

中国版本图书馆 CIP 数据核字（2020）第 118496 号

责任编辑：杜进祥　高　震　　　　　　文字编辑：向　东
责任校对：宋　夏　　　　　　　　　　装帧设计：韩　飞

出版发行：化学工业出版社（北京市东城区青年湖南街 13 号　邮政编码 100011）
印　　装：北京建宏印刷有限公司
710mm×1000mm　1/16　印张 21　字数 367 千字　2023 年 1 月北京第 1 版第 4 次印刷

购书咨询：010-64518888　　　　　　售后服务：010-64518899
网　　址：http://www.cip.com.cn
凡购买本书，如有缺损质量问题，本社销售中心负责调换。

定　　价：**99.00** 元

"危险化学品安全丛书"（第二版）编委会

稽建军　中国石油和化学工业联合会，教授级高级工程师

江桂斌　中国科学院生态环境研究中心，中国科学院院士

姜　威　中南财经政法大学，教授

蒋军成　南京工业大学/常州大学，教授

李　涛　中国疾病预防控制中心职业卫生与中毒控制所，研究员

李运才　应急管理部化学品登记中心，教授级高级工程师

卢林刚　中国人民警察大学，教授

鲁　毅　北京风控工程技术股份有限公司，教授级高级工程师

路念明　中国化学品安全协会，教授级高级工程师

骆广生　清华大学，教授

吕　超　北京化工大学，教授

牟善军　中国石油化工股份有限公司青岛安全工程研究院，教授级高级工程师

钱　锋　华东理工大学，中国工程院院士

钱新明　北京理工大学，教授

粟镇宇　上海瑞迈企业管理咨询有限公司，高级工程师

孙金华　中国科学技术大学，教授

孙丽丽　中国石化工程建设有限公司，中国工程院院士

孙万付　中国石油化工股份有限公司青岛安全工程研究院，应急管理部化学品登记中心，教授级高级工程师

涂善东　华东理工大学，中国工程院院士

万平玉　北京化工大学，教授

王　成　北京理工大学，教授

王　生　北京大学，教授

王凯全　常州大学，教授

卫宏远　天津大学，教授

魏利军　中国安全生产科学研究院，教授级高级工程师

谢在库　中国石油化工集团有限公司，中国科学院院士

胥维昌　中化集团沈阳化工研究院，教授级高级工程师

杨元一　中国化工学会，教授级高级工程师

俞文光　浙江中控技术股份有限公司，高级工程师

袁宏永　清华大学，教授

袁纪武　应急管理部化学品登记中心，教授级高级工程师

丛书序言

　　人类的生产和生活离不开化学品（包括医药品、农业杀虫剂、化学肥料、塑料、纺织纤维、电子化学品、家庭装饰材料、日用化学品和食品添加剂等）。化学品的生产和使用极大丰富了人类的物质生活，推进了社会文明的发展。如合成氨技术的发明使世界粮食产量翻倍，基本解决了全球粮食短缺问题；合成染料和纤维、橡胶、树脂三大合成材料的发明，带来了衣料和建材的革命，极大提高了人们生活质量……化学工业是国民经济的支柱产业之一，是美好生活的缔造者。近年来，我国已跃居全球化学品第一生产和消费国。在化学品中，有一大部分是危险化学品，而我国危险化学品安全基础薄弱的现状还没有得到根本改变，危险化学品安全生产形势依然严峻复杂，科技对危险化学品安全的支撑保障作用未得到充分发挥，制约危险化学品安全状况的部分重大共性关键技术尚未突破，化工过程安全管理、安全仪表系统等先进的管理方法和技术手段尚未在企业中得到全面应用。在化学品的生产、使用、储存、销售、运输直至作为废物处置的过程中，由于误用、滥用或处理处置不当，极易造成燃烧、爆炸、中毒、灼伤等事故。特别是天津港危险化学品仓库"8·12"爆炸及江苏响水"3·21"爆炸等一些危险化学品的重大着火爆炸事故，不仅造成了重大人员伤亡和财产损失，还造成了恶劣的社会影响，引起党中央国务院的重视和社会舆论广泛关注，使得"谈化色变""邻避效应"以及"一刀切"等问题日趋严重，严重阻碍了我国化学工业的健康可持续发展。

　　危险化学品的安全管理是当前各国普遍关注的重大国际性问题之一，危险化学品产业安全是政府监管的重点、企业工作的难点、公众关注的焦点。危险化学品的品种数量大，危险性类别多，生产和使用渗透到国民经济各个领域以及社会公众的日常生活中，安全管理范围包括劳动安全、健康安全和环境安全，涉及从"摇篮"到"坟墓"的整个生命周期，即危险化学品生产、储存、销售、运输、使用以及废弃后的处理处置活动。"人民安全是国家安全的基石。"过去十余年来，科技部、国家自然科学基金委员会等围绕危险化学品安全设置了一批重大、重点项目，取得了示范性成果，愈来愈多的国内学者投身于危险化学品安全领域，推动了危险化学品安全技术与管理方法的不断创新。

自 2005 年"危险化学品安全丛书"出版以来，经过十余年的发展，危险化学品安全技术、管理方法等取得了诸多成就，为了系统总结、推广普及危险化学品领域的新技术、新方法及工程化成果，由应急管理部化学品登记中心、中国石油化工股份有限公司青岛安全工程研究院、清华大学联合组织编写了"十三五"国家重点出版物出版规划项目"危险化学品安全丛书"（第二版）。

丛书的编写以党的十九大精神为指引，以创新驱动推进我国化学工业高质量发展为目标，紧密围绕安全、环保、可持续发展等迫切需求，对危险化学品安全新技术、新方法进行阐述，为减少事故，践行以人民为中心的发展思想和"创新、协调、绿色、开放、共享"五大发展理念，树立化工（危险化学品）行业正面社会形象意义重大。丛书全面突出了危险化学品安全综合治理，着力解决基础性、源头性、瓶颈性问题，推进危险化学品安全生产治理体系和治理能力现代化，系统论述了危险化学品从"摇篮"到"坟墓"全过程的安全管理与安全技术，丛书包括危险化学品安全总论、化工过程安全管理、化学品环境安全、化学品分类与鉴定、工作场所化学品安全使用、化工过程本质安全化设计、精细化工反应风险与控制、化工过程安全评估、化工过程热风险、化工安全仪表系统、危险化学品储运、危险化学品消防、危险化学品企业事故应急管理、危险化学品污染防治等内容。丛书是众多专家多年潜心研究的结晶，反映了当今国内外危险化学品安全领域新发展和新成果，既有很高的学术价值，又对学术研究及工程实践有很好的指导意义。

相信丛书的出版，将有助于读者了解最新、较全的危险化学品安全技术和管理方法，对减少事故、提高危险化学品安全科技支撑能力、改变人们"谈化色变"的观念、增强社会对化工行业的信心、保护环境、保障人民健康安全、实现化工行业的高质量发展均大有裨益。

中国工程院院士　陈丙珍

中国工程院院士　曹湘洪

2020 年 10 月

丛书第一版序言

　　危险化学品，是指那些易燃、易爆、有毒、有害和具有腐蚀性的化学品。危险化学品是一把双刃剑，它一方面在发展生产、改变环境和改善生活中发挥着不可替代的积极作用；另一方面，当我们违背科学规律、疏于管理时，其固有的危险性将对人类生命、物质财产和生态环境的安全构成极大威胁。危险化学品的破坏力和危害性，已经引起世界各国、国际组织的高度重视和密切关注。

　　党中央和国务院对危险化学品的安全工作历来十分重视，全国各地区、各部门和各企事业单位为落实各项安全措施做了大量工作，使危险化学品的安全工作保持着总体稳定，但是安全形势依然十分严峻。近几年，在危险化学品生产、储存、运输、销售、使用和废弃危险化学品处置等环节上，火灾、爆炸、泄漏、中毒事故不断发生，造成了巨大的人员伤亡、财产损失及环境重大污染，危险化学品的安全防范任务仍然相当繁重。

　　安全是和谐社会的重要组成部分。各级领导干部必须树立以人为本的执政理念，树立全面、协调、可持续的科学发展观，把人民的生命财产安全放在第一位，建设安全文化，健全安全法制，强化安全责任，推进安全科技进步，加大安全投入，采取得力的措施，坚决遏制重特大事故，减少一般事故的发生，推动我国安全生产形势的逐步好转。

　　为防止和减少各类危险化学品事故的发生，保障人民群众生命、财产和环境安全，必须充分认识危险化学品安全工作的长期性、艰巨性和复杂性，警钟长鸣，常抓不懈，采取切实有效措施把这项"责任重于泰山"的工作抓紧抓好。必须对危险化学品的生产实行统一规划、合理布局和严格控制，加大危险化学品生产经营单位的安全技术改造力度，严格执行危险化学品生产、经营销售、储存、运输等审批制度。必须对危险化学品的安全工作进行总体部署，健全危险化学品的安全监管体系、法规标准体系、技术支撑体系、应急救援体系和安全监管信息管理系统，在各个环节上加强对危险化学品的管理、指导和监督，把各项安全保障措施落到实处。

　　做好危险化学品的安全工作，是一项关系重大、涉及面广、技术复杂的系统工程。普及危险化学品知识，提高安全意识，搞好科学防范，坚持化害为利，是各级党委、政府和社会各界的共同责任。化学工业出版社组织编写的"危险化学品安全丛书"，围绕危险化学品的生产、包装、运输、储存、营销、使用、消防、事故应急处理等方面，系统、详细地介绍了相关理论知识、先进工艺技术和科学管理制度。相信这套丛书的编辑出版，会对普及危险化学品基本知识、提高从业人员的技术业务素质、加强危险化学品的安全管理、防止和减少危险化学品事故的发生，起到应有的指导和推动作用。

李毅中

2005 年 5 月

前　言

　　化工过程热风险（也称反应风险）是由热失控（也称反应失控）引发因素及其相关后果所带来的风险，普遍存在于化工过程的各个操作单元中。自化学工业出现以来，人们就开始意识到了物质分解、化学合成等放热反应的危害，但是对放热反应可能存在各种危害、测试及评估技术的研究始于二十世纪六七十年代的欧洲。多年来，欧美国家取得了大量对风险识别、热安全参数获取、化工工艺设计、事故诊断、安全评估有益的成果。国内在化学物质热安全领域尽管也做了很多工作，但总体而言在如间歇、半间歇等反应过程热风险方面开展的工作较少，起步较晚。2017年，《国家安全监管总局关于加强精细化工反应安全风险评估工作的指导意见》（安监总管三〔2017〕1号），指出"精细化工生产中反应失控是发生事故的重要原因，开展精细化工反应安全风险评估、确定风险等级并采取有效管控措施，对于保障企业安全生产意义重大。"在此精神指引下，政府、科研院所、企业、社会中介等对反应失控引起化工过程的安全问题日益重视，化工过程热风险正越来越受到关注，亟待一些专著、教材系统地对此进行系统阐述。

　　本书所用素材源自参与"十一五"国家科技支撑计划"安全环保型烟花爆竹药剂技术研发与示范工程"课题、"十三五"国家重点研发计划"典型危险化学品爆炸机理及事故防控关键技术研究及示范"、国家自然科学基金"典型硝化反应热失控历程研究"及企业委托项目等的研究成果，源自编著者及其所在课题组长期从事化工过程热安全及相关领域的教学积累，还有部分来自近年来国内外出版相关专著、教材的学习、消化与吸收。相信本书的出版将对化工过程热风险知识及理论的传播，测试方法与技术的提升，风险识别与分析、控制措施的设计与实施等具有较好的推动作用，对于化工过程本质安全设计、过程安全管理等也将具有良好的促进作用。

　　本书的编写、出版得到了同行多位专家的关心与支持，得到了刘荣海教授、彭金华教授等前辈的大力指导、支持与帮助，本书还多处从他们及弗朗西斯·施特塞尔等教授的书籍中引用了一些资料与参数；长期以来，王晓峰、陈利平、吕家育、俞进阳、田映韬、杨庭、彭敏君、张彩星、王顺尧、董泽等三十余位课题组已毕业的硕博士研究生参与了化工过程热安全诸多技术问题的研究，在国内外发表了八十余篇学术论文，并完成了他们的学位论文，本书也从他们的部分论文中引用了有关的方法及资料；我们还得到了化学工业出版社各位领导、编辑的支持与指导；在成书过程中，得到了张军、吴文倩、顾江珊、李月华等目前在读硕博士研究生的帮助。在此，对他们的支持、指导、关心与帮助表示衷心的感谢。

　　本书第一、二、五章由陈网桦执笔，第三、四、六章由陈利平执笔，第七、八章由郭子超执笔，全书由陈网桦统稿。由于笔者经验、学识所限，书中可能出现不妥之处，敬请同仁和读者予以批评指正。

编著者

2020 年 3 月于南京

目 录

第三章　物料热稳定性及热分析动力学　51

第四章　热安全参数与评估模型　　110

第一章

绪　论

第一节　化工过程热风险的双维度认知

一、横向维度与热风险分布

化工过程热风险，也称化工工艺热风险、反应风险，是由热失控（也称反应失控）引发因素及其相关后果所带来的风险，普遍存在于化工过程的各个操作单元中。

研究一个典型化工生产过程时，一般可以将它分为原料准备板块、反应板块、分离板块、产品商品化板块、"三废"治理板块进行分析，尽管针对特定产品的生产可能只涉及其中的若干板块[1]。这些板块的关系参见图1-1。

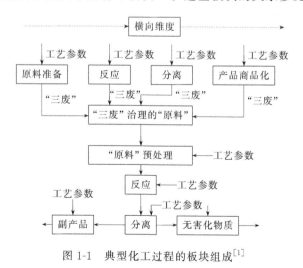

图 1-1　典型化工过程的板块组成[1]

（1）反应板块　该板块是化工过程的核心，通常以化学反应式或其他方程式体现，确定反应过程后，可以确定反应过程的基本工艺参数，包括反应温度、压力、投料比、催化剂、反应停留时间等。根据反应特征，在反应板块中具体开展的可能是硝化、磺化、氯化、氧化、聚合、中和、酯化、烷基化等反应类型。

（2）原料准备板块　该板块源于反应板块，只要确定了一个反应类型（或反应形式），就必然会提出对原料的要求。如某反应使用固体物料，则必然对此固体原料的纯度（杂质、水分等）、细度、形貌、与其他原料配比、计量加料方式等提出要求。在水分控制方面可能需要涉及烘干工序，而要达到一定的细度，则可能需要采用破碎、筛分等工序，加料过程还可能涉及物料输送工序等。

（3）分离板块　该板块也源于反应板块，当一个反应过程确定后，反应产物就大体确定。然而，这些反应产物并不一定全是所需要的目标产物，纵然全是目标产物，有时也不一定符合质量指标，需要分离与精制。而反应过程中的溶剂也需要通过分离与处理，检测合格后方可回用（套用）。

（4）产品商品化板块　该板块有时也称产品后加工板块。对于某个具体产品来说，不一定必须具有这个后加工过程。通常作为商品，必须有一个包装和处理的过程，有的还涉及物料的储存与保管。

（5）"三废"治理板块　该板块是将各个板块产生的"三废"（废水、废气、废渣），加以充分利用、循环利用、综合利用或无害化处理。这个板块实际上等同于一个或数个产品的处理过程。

化工过程的根本目的和特点就是通过物理的、化学的或生物的方法改变物质，形成新的物质。围绕此目的，上述五个板块又可以包括物料粉碎与筛分、输送、化学反应、分离（过滤、萃取、蒸馏、精馏）、干燥、储存、保管、废弃等多个化工操作单元，这些单元相互间彼此连接、彼此影响，物料在这些单元中将经历各种内、外部激励条件的作用，包括化学作用、机械作用（摩擦与撞击）、热作用、静电作用等物理化学过程。处于不同单元、不用运行模式（间歇、半间歇、连续）以及不同内外部激励条件下的物料的行为是不一样的，对安全产生的影响也是千差万别的[2]。

为了便于危险有害因素的辨识，可以将按照工艺流程划分的五板块及其所涉及的各种操作单元称为"横向维度"。毫无疑问，化工过程热风险存在于横向维度的各板块、各操作单元中。本书的内容涵盖了横向维度各板块中涉及热风险的各操作单元，如反应板块中的硝化等反应过程，分离板块中蒸馏、精馏过程，产品后加工板块中的物料储存、运输等过程。

二、纵向维度与热风险分布

对于化工过程中出现的热失控、燃烧爆炸、毒物泄漏等重大的危险有害因素，不仅要分析其正常生产过程中发生事故的可能性及严重度，还要分析在设备/装置失效、操作失误等异常情况下的风险状态。此外，还需要识别并分析设备/装置迫近事故时各种应急操作的风险状态，如控制减压、压力泄放、骤冷、紧急放料等。这就是通常所说的正常态、异常态、事故态（"三态"）的安全问题（图1-2）。

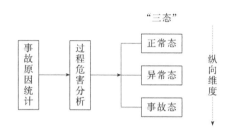

图1-2　"三态"与纵向维度的关系

本章第四节将围绕化工过程热风险事故案例介绍欧美国家已开展的相关统计、分析等工作，明确在这些国家中热风险事故的原因。这些源于具体事故调查的原因为我们运用各种软件性评估方法［如危险可操作性研究（HAZOP）、事故树（FTA）等］，开展化工生产过程危害分析（process hazard analysis，PHA）提供了良好借鉴作用。通过这些软件性的分析评估，可以更好地识别"三态"下的危险有害因素。

毫无疑问，热失控是化工过程"三态"下的重要危险有害因素之一。本书通过某缩合反应介绍了如何识别并解决异常态的热安全问题（参见第八章第一节）。

第二节　不同激励条件对危险物料的刺激作用

高压反应过程中气体具有高的势能，高速运动的电机具有高的动能，这些动能与势能都属于危险的能量。除了苛刻工艺本身具有的能量危险，化工过程的危险性主要来自各操作单元的物质危险性。物料在这些操作单元中受到各种激励条件的单一或耦合刺激作用。这些激励条件有：

① 来源于设备、物料流动、物料挤压等的机械作用（如粉碎单元的撞击作用、离心甩干时的摩擦作用等）；

② 来源于化学物质的化学作用（如硝化反应过程中被硝化物受到硝酸硫酸混酸作用）；

③ 来源于环境、化学反应等条件下的热作用（如物料存放于高温环境、容器内物料受到外部火灾热辐射作用、溶剂处于反应过程的热作用等）；

④ 来源于火焰的直接点火引燃作用（如易燃易爆溶剂蒸气与空气混合物碰到静电放电时的火花、接触到明火等）；

⑤ 来源于爆炸环境下冲击波作用（如堆场中爆炸性物料对周围爆炸冲击波作用的响应等）；

⑥ 上述激励条件的耦合作用等；

⑦ 其他。

总体说来，在上述激励条件的刺激作用下，具有潜在危险性的化学物料耐受这些作用的能力是有限的，超过某极限值就会发生物理化学变化并有可能引发事故——存在一个相对可接受阈值。显然，该阈值与物料组成、理化性质、激励种类、激励量、激励强度等因素有关，例如就梯恩梯（2,4,6-三硝基甲苯，TNT）在机械撞击或摩擦作用下的响应而言，按照标准的爆炸概率法测定其常温常压下的机械感度，则撞击感度为8%，摩擦感度为4%～6%。在爆炸品行业中，这样的感度值相对较低，以致人们视之为一种相对安全的炸药，并将其作为其他炸药感度高低的一个参照。然而，一旦TNT的温度升高到其熔点（80.9℃，如有杂质可能略低于此值）附近，则其机械感度将升高数倍以上。这就是热激励导致TNT性能发生显著变化。又例如，某农药粉剂的两种样品（化学组成完全一致）均具有可燃性，差别在于中位径不同，分别为413.45μm（A样）与21.55μm（B样）。A样的粉尘云最小点火能超过1000mJ，发生粉尘爆炸的可能性很低，而B样为3～10mJ，发生爆炸的可能性很高。之所以如此，就在于粉尘粒径越小，其比表面积越大，与空气混合形成的粉尘云越容易被点燃，爆炸的猛烈程度越大。工业过程中，类似的案例比比皆是，不胜枚举。

本书主要围绕化学物质及合成反应过程在热作用下发生热失控、热爆炸等响应的演化规律及相关风险展开。日本曾经对间歇式化工过程中的事故进行统计，分析结果为[3]：

① 按事故类型分，爆炸及爆炸引起的火灾与纯火灾占了事故的近90%，且前者与后者的比值达2以上。

② 按工程（单元）分，顺序为反应工程中的事故（22.9%）＞储存、保管事故（12.5%）＞输送事故（10.1%）＞蒸馏事故（6.7%）＞混合事故（5.8%）。

③ 按引起事故的着火源分，最多的为反应热（占51%～58%），其次为撞

击、摩擦（占 14%～16%），再次为明火（占 10%～12%），然后是静电（占 8%～9%）。

由此可见，物料及化学反应在热激励作用下的安全问题在化工生产过程中占据了重要地位。

第三节　化工过程热失控的定义与本质

一、化工过程热失控的定义

化工过程热失控也称反应失控，发生热失控的化学反应称为失控化学反应（runaway chemical reaction）。化工过程热失控是指放热化学反应系统因热平衡被打破而使温度升高，形成"放热反应加速-温度升高-反应再加速-温度再升高……"恶性循环，以至反应物、产物分解，生成大量气体或蒸气，压力急剧升高，超过了反应器或工艺容器相关压力极限后，导致喷料，反应器或工艺容器破坏，甚至燃烧、爆炸的现象。化工过程热失控所指的放热化学反应系统既可以是合成化学反应，也可以是物料分解反应。在合成反应过程中，所谓的"飞温"现象即源于反应失控。

导致热平衡被打破的因素可以表述如图 1-3 所示。

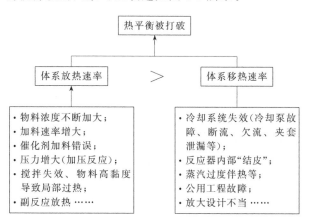

图 1-3　化工过程热平衡被打破的可能因素

二、热失控的本质

对于在间歇、半间歇反应器中进行的放热化学反应，其放热过程主要源于反应器内部的反应过程（有时物料的混合、稀释等物理变化也会导致明显放热）。从产品质量及安全性等方面考虑，要保持反应物料的温度稳定，需通过反应器夹套中的冷却介质将热量及时移出，因此反应单元中的热平衡是显而易见的。然而，需要强调的是热平衡普遍存在于化工过程的各操作单元，哪怕是在物料的储存过程中。例如，一个不稳定的物料储存于没有夹套的容器中，物料分解过程中所释放的热将通过容器壁面-空气（或地面）界面、容器内物料上表面-空气界面散热，此时将存在如下情形：

① 承装物料的容器有足够的敞开面积，且分解热能被及时导出，物料不断分解的放热速率能及时被移热速率所平衡，物料温度相对恒定且无压力积聚，这种状态从安全的角度来说是可行的，尽管从质量的角度来说未必一定可行。

② 如果物料的放热速率大于界面的散热能力，体系热平衡被打破，物料温度将逐步升高，体系将进入热失控状态；如物料放热量大、放热速率快但分解产生的气体能被及时泄放（承装容器有足够的敞开面积），则物料温度有可能达到其燃点，形成热自燃，从而引发火灾，而对于某些特定的体系（如含能材料等），可能达到爆炸引发条件，形成热爆炸。本书中，将热自燃、热爆炸现象统称为热爆炸。

③ 承装物料的容器没有足够的敞开面积或者密闭，如果体系进入热失控状态，且物料的放热量较大、产气无法被及时泄放，则物料温度有可能达到物料的燃烧爆炸引发条件，导致热爆炸，也可能压力积聚达到容器的承压极限，发生物理爆炸，并引发一些次生灾害。

由此，热失控的本质在于：

① 热失控反映了反应物料及反应过程的热化学与环境移热之间的平衡。需要指出的是这里的"环境"既可能是大气环境（例如大量物料堆积于露天场地），也可能是容器壁面、容器夹套等构成的移热环境。一般说来，热化学参数包括热力学参数与动力学参数，前者包括反应热（或分解热）、绝热温升、产气量（摩尔产气量与质量产气量）、密闭容器内的最大压力；后者包括（或涉及）反应速度、指前因子、活化能、反应级数、分解机理函数、放热速率、压升速率等。环境移热参数包括传热系数、热导率、移热面积、环境温度等。

只有在热化学及环境移热参数均确定的情况下，才能确定热安全参数。如将环境移热条件设定为绝热状态，则对应地就有绝热条件下最大反应速率到达时间（TMR_{ad}）；如果将环境移热条件设定为常温条件，则有物料的起始分解温度（T_{onset}）等。

② 热失控源于工艺过程中存在的热危险性，失控的根本原因在于反应热

的失去控制。所以，掌握反应物料与反应过程的热性质、控制热的释放与导出，是研究与预防反应失控问题的主要内容。

③ 生产系统的五要素为"人、机（设备等）、料（物料）、法（工艺工法）、环（作业微环境）"。其中，物料的热化学性质决定了工艺边界，工艺边界决定所采用的工艺参数，工艺参数决定了所应选用的工艺设备。因此，设备跟着工艺走，工艺跟着物料走。

企业的中试阶段一般采用多功能设备，此时需要在充分了解热化学的基础上，调整工艺，使得设备与工艺相匹配，但这个过程并不意味着工艺跟着设备走。而到了大生产阶段，则物料热化学决定了采用的工艺，工艺决定了选用的设备。正是由于中试阶段与大生产阶段的不一致，企业过程危害分析（PHA）团队对中试及大生产所开展的 HAZOP 分析是有所区别的。

第四节　热失控典型事故案例分析

一、事故案例

化工过程合成操作单元出现"飞温"的现象比较常见，同样地在物料储存、分离等过程中出现的热失控也非常普遍。也正是这些热失控事故的不断发生，催生了化工过程热风险这个领域。

弗朗西斯·施特塞尔[4] 给出了一些国外发生的典型事故案例及其原因的简要分析，虽然该书未给出事故具体细节，但仍有助于我们从一个侧面获取热失控事故的产生原因、事故所在操作单元等信息。表 1-1 给出了从该书中节选的部分案例，详见附录 A。

表 1-1　从《化工工艺的热安全——风险评估与工艺设计》中节选的部分案例

案例序号	案例信息摘要	事故所在操作单元	主要原因
1	雨水聚积在装有已被腐蚀爆破片的泄压管中,突然进入反应器使浓硫酸稀释放热,造成反应物料发生热失控事故	反应单元	风险辨识不充分
2	间歇反应合成得到的中间产物因生产线技术故障不得不于周末期间暂存于车间,其间发生热失控爆炸	暂存单元	物料热化学认识不充分
3	磺化反应保温阶段温度参数不合理引发反应物料二次分解,发生热失控爆炸	反应单元	反应过程的热化学性质不明
4	重氮化反应变更物料比例、提高反应物浓度,导致热失控爆炸	反应单元	反应过程的热化学性质不明

续表

案例序号	案例信息摘要	事故所在操作单元	主要原因
5	合成二苯基胺过程中由于加热蒸汽阀门未及时关闭,温度偏差导致热失控引起大量喷料	反应单元	反应处于参数敏感区
6	半间歇硝化反应停止搅拌取样分析后忘记重新启动搅拌而直接加料,物料大量累积,半间歇反应变成间歇反应,突然重启搅拌导致热失控事故	反应单元	操作原因
7	维修期间滞留反应器内的反应物料由于夹套蒸汽阀门泄漏,物料持续加热发生的热失控爆炸	反应单元	物料稳定性问题
8	被污染的二甲基亚砜(DMSO)在减压蒸馏回收过程中由于自催化发生热失控爆炸	蒸馏单元	物料热化学性质不明
9	承装于储存容器内的具有反应活性的物料因传热受限发生热失控	储存单元	传热受限

注:表中所列事故几乎都存在相关人员对热风险专业知识无认知或认知不充分、操作失误等原因。

除了表 1-1 中列出的一些热失控事故,国内外还发生了许多起热失控的典型事故。

1999 年 V. Cozzani 等[5] 在 *Journal of Hazardous Materials* 报道了溶剂回收厂的事故分析。认为事故的直接原因是未预见到放热分解反应,根本原因是工厂管理中缺乏安全文化,导致缺乏评估工艺物料热稳定性的测试程序。研究认为工艺物料的热不稳定性是溶剂回收操作中的主要问题之一,因此,通过工艺调整(真空蒸馏)、设备改造(设置足够的应急放空和对操作温度的精确控制)有助于提高回收过程的安全性。详见第八章第二节。

2001 年 5 月 18 日,位于台湾北部的丙烯酸树脂生产厂发生高破坏性的火灾和爆炸事故。超过 100 人受伤,共有 46 家工厂,其中包括附近的 16 家高科技公司受到严重破坏。由此产生的冲击波破坏了半公里范围内的大小窗户。之所以产生这么大破坏的原因是发生蒸气云爆炸,估算的爆炸能量相当于 1000kg TNT。深入研究,发现事故的主要原因是该企业某 6t 反应器发生了热失控,该反应器含有丙烯酸甲酯、甲醇、丙烯腈、异丙醇、丙烯酸、甲基丙烯酸和过氧化苯甲酰等。事故调查小组认定,事故工厂及周边其他工厂在安全信息管理等方面均存在漏洞[6]。

2006 年 7 月 28 日上午,江苏省盐城市射阳县盐城氟源化工有限公司临海分公司 1 号厂房(由硝化工段、氟化工段和氯化工段三部分组成)在投料试车过程中在没有冷却水的情况下,持续向氯化反应釜内通入氯气,并打开导热油阀门加热升温,氯化反应釜发生爆炸事故,致使 22 人死亡、29 人受伤,其中 3 人重伤[7]。

2006年，南通某公司在过氧化甲基乙基酮（MEKPO）试生产过程中蒸馏装置发生爆炸，造成1人死亡、4人重伤、多人轻伤，蒸馏装置和厂房被全部摧毁[8]。

2007年12月19日下午1:30，位于美国佛罗里达州杰克逊威尔镇北部一家生产化学品的公司（T2 Laboratories有限公司）发生爆炸起火，导致该厂被摧毁。爆炸产生的巨响15mile（1mile＝1609m）外都能听到，事故导致该公司4名员工死亡（包括1名企业主），28名在周边邻近企业工作的员工受伤。根据美国化工安全与危害调查委员会（chemical safety and hazard investigation board，CSB）的调查，认为T2公司没有认识到MCMT（一种有机锰化合物，作为汽油改性剂用于增加辛烷值）生产过程中存在着明显的失控反应风险，这也是这起事故发生的根本原因。而事故的直接原因在于：①冷却系统的设计缺乏冗余；②失控反应发生时，反应器的压力泄放系统能力不足，无法将系统超压及时泄放（附录B）。

2012年2月28日上午，位于河北省赵县的克尔化工有限公司发生爆炸事故，致使29人死亡、46人受伤，工厂被夷为平地。事故直接原因是该工厂一车间的1号反应釜底部放料阀（用导热油伴热）处导热油泄漏着火，造成釜内反应产物硝酸胍和未反应完的硝酸铵局部受热，急剧分解发生爆炸，继而引发存放在周边的硝酸胍和硝酸铵爆炸。

2015年8月12日23:30，天津港瑞海公司危险品仓库发生特别重大火灾爆炸事故，导致165人死亡、8人失踪、780人受伤，8000辆汽车被烧毁。事故原因为硝化棉包装密封性不好，一定温度下湿润剂挥发散失，且随温度升高而加快；包装破损，在50℃下2h乙醇湿润剂全部挥发散失。事发当天最高气温达36℃，实验证实，在气温为35℃时集装箱内温度可达65℃以上。以上几种因素耦合作用引起硝化棉湿润剂散失，出现局部干燥，在高温环境作用下，加速分解反应，产生大量热量，由于集装箱散热条件差，致使热量不断积聚，硝化棉温度持续升高，达到其自燃温度，发生自燃，引起相邻集装箱内的硝化棉和其他危险化学品长时间大面积燃烧，导致堆放于运抵区的硝酸铵等危险化学品发生爆炸[9]。

2019年3月21日14:48，位于江苏省盐城市响水县生态化工园区的天嘉宜化工有限公司发生特别重大爆炸事故，造成78人死亡、76人重伤，640人住院治疗，直接经济损失198635.07万元。事故直接原因是天嘉宜公司旧固体废物库内长期违法储存的硝化废料持续积热升温导致自燃，燃烧引发硝化废料爆炸[10]。

从上述列举的部分事故案例可以看出，热失控不仅发生于合成过程，在原料准备、反应物料分离、产品储存等生产过程的各操作单元均有可能发生。导致的原因不仅仅在于对物料、工艺的热化学性质不了解，还在于相应的控制装置的缺失、失效或不正确的安装，同时与维护保养、人员误操作等因素有关。

二、事故原因统计

下面对来源于不同国家、不同时间段内发生的热失控事故及原因进行介绍。需要说明的是，不同国家其化工、危险化学品相关行业的组成不同，所涉及的反应类型、占比不一样，事故统计时各国科技发展水平、法律法规要求、装置自动化程度、操作人员素质等方面均存在差异，且与我国现今实际情况不完全一致。同时，不同国家、组织进行事故统计的出发点、统计角度不一样，统计结果也不相同。然而，考虑到我国化工、危险化学品相关行业（尤其是精细化工行业）总体发展水平的现实状况，笔者认为这些统计数据对于我们仍然具有较好的参考价值与借鉴意义。

1. 瑞士统计结果

据瑞士著名的 CiBa-Geigy 公司对 1971～1980 年化工企业的事故统计，间歇工艺 56% 的事故由反应失控或近似失控导致。

2. 英国统计结果

John Barton 等[11] 对英国 1962～1987 年 25 年间发生在间歇反应器中的 189 起合成反应❶失控事故案例进行了统计分析，结果见图 1-4。需要强调的是，在这 189 起事故中由于人们不懂物料或过程热风险专业知识的原因占 134 起（大约 70%）。

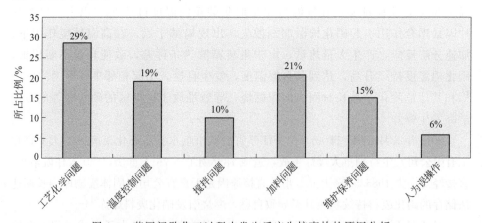

图 1-4 英国间歇化工过程中发生反应失控事故的原因分析

---

❶ 这 189 起事故均属于 "A＋B→产物" 的合成反应。

为了细化事故原因，便于读者参考，对图 1-4 中引起反应失控的原因进一步归纳整理，列于表 1-2 中。

表 1-2　导致反应失控的具体原因及所占比例

原因	所占比例/%	引发热失控的具体原因
工艺化学问题	29	①反应生成物反应性强、热安定性差、发生二次放热反应等 ②与规模效应、加料速度、氧化等副反应有关的放热速度测试评估不够 ③对微量杂质等引起的催化作用测试评估不足
温度控制问题	19	①反应器加热系统不良,如加热蒸汽压力、加热时间指示有误等 ②温度指示系统不良,如传感器位置不当、指示不准等 ③冷却系统不良,如移热介质温度、移热环境不当等
搅拌问题	10	①搅拌不良,造成物料积聚、传热恶化等 ②突然停转
加料问题	21	①原料和反应催化剂加料量与加料速度不当 ②加错原料
维护保养问题	15	①传热用盘管渗漏 ②通风(气)管等管路堵塞 ③反应器不洁,诱导异常反应
人为误操作	6	①放出未反应完全的物料 ②不适当的投料顺序 ③误读操作规程等失误

3. 美国统计结果

调查报告[12] 给出了美国化工安全与危害调查委员会（chemical safety and hazard investigation board，CSB）对 1980 年 1 月到 2001 年 6 月 22 年间发生的 167 起失控化学反应性事故进行了研究、统计及分析的结果。调查范围包括化学品制造（涉及原材料储存，化学品生产、加工和产品储存）及大宗（in bulk quantities）化学品的其它工业活动，如储存/分销、废物处理、炼油等行业，而化学品运输（含管道运输）、化学化工实验室、矿物开采、爆炸品制造、烟火制造或军事用途的工业活动未予列入。

该调查报告将反应性危险（reactive hazard❶）定义为单一化学物质或混合物可能产生热量、能量和危害性气体副产物的反应性质及物理状态。将反应性事故（reactive incidents，与"反应性化学事故"同义）定义为一种突发的、未受控的化学反应，导致系统温度、压力或气体析出显著增加，且对人员、财

---

❶　有的学者将 hazard 翻译成危害，也有学者翻译成危险。本书视具体语义，有时翻译成"危险"，有时翻译成"危害"。

产或环境造成或可能造成严重伤害/破坏的事件。

人们普遍认为，反应性事故主要是失控化学反应的结果。事实上，对167起事故进行分析后认为除了失控化学反应，还应将化学物质的不相容性❶、物质对撞击或热的敏感性（impact-sensitive or thermally sensitive）也应纳入反应性危险的范畴。统计结果表明，在这些事故中36%源于化学物质的不相容性，35%源于失控反应，10%源于物质对撞击或热的敏感性，其它未知因素占比19%。

（1）反应性事故的后果分布　除了对工厂人员和公众造成伤害和死亡外，反应性事故还可能导致环境破坏和设备损毁。这些影响可能是由于火灾/爆炸、危险液体泄漏、有毒气体释放或任何这样的组合（图1-5），其中火灾/爆炸最常见（占比42%），其次是有毒气体泄漏（37%）。

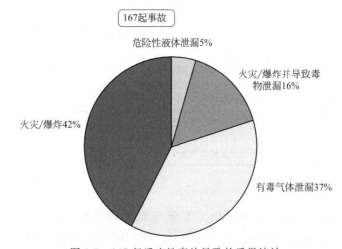

图1-5　167起反应性事故导致的后果统计

（2）反应性事故的行业分布　调查结果表明，反应性事故并非化学品制造业独有，167起事故中发生在化学品制造行业的不超过70%，其余30%以上的事故发生在其它大量使用、处理化学品的行业，如废物处理和炼油（图1-6）。

（3）发生反应性事故的设备/场所分布　大多数用于储存、处理、制造和运输化学品的设备都可能发生反应性事故（图1-7）。调查显示，涉及反应危险性事故的工艺设备分布很广，包括反应器、储罐、分离设备、转运设备等，反应器以外的储存及处理设备中发生的事故占比达67%〔其中，22%发生在储存设备/场所，22%发生于其它工艺设备（如储存罐、搅拌机和烘干机），

---

❶　有的文献也将化学物质不相容性称为物质混合接触危险性。

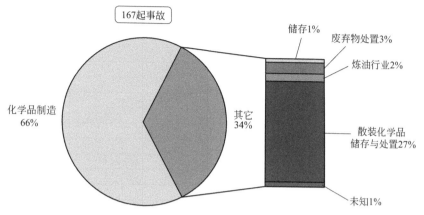

图 1-6 167 起反应性事故在不同行业中的分布

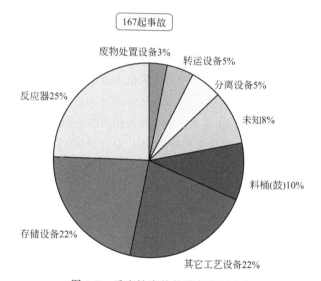

图 1-7 反应性事故的设备类型分布

13％涉及废物处理、分离和转运设备，10％涉及散装料桶]。需要强调的是反应器中占比仅仅 25％左右，这与人们普遍认为或假设大多数反应性事故发生于反应器中的观念相矛盾。

　　（4）反应性事故原因分布　由于数据有限，CSB 只对 167 起事故中的 37 起进行了事故原因分析（表 1-3）。从中可以看出超过 60％的反应性事故与危险辨识或评估不充分有关，化学品储存、处理或加工规程（procedures）不充分、不完备占事故原因的 50％左右。

表 1-3 部分反应性事故的原因分析

序号	具体原因	涉及事故起数	原因占比[①②]/%
1	危险性辨识不充分	9	24
2	危险性评估不充分	16	43
3	反应性化学品储存/处置程序不充分、不合理	17	46
4	反应性化学品储存/处置培训不充分	10	27
5	反应危险性辨识/评估的变更管理不合理	6	16
6	反应危险性的过程设计不合理	6	16
7	防止人员失误的设计不充分	9	24
8	公司范围内的危险性沟通不充分	5	14
9	紧急泄放系统设计不合理	3	8
10	安全操作限值设置不合理	3	8
11	对未遂事故调查不充分	2	5
12	反应性化学品的安全关键设备检查/维护/监控不足	2	5
13	从来没有认知的反应危险性	1	3

① 表中事故原因仅仅来源于 167 起事故中的 37 起。

② 总数大于 100%，因为每个事故都可能有多个原因。

4. 法国统计结果

法国热失控事故占其化工企业事故的比例约为 25%[13]，这与美国 26% 的比例大致相当[14]。Amine Dakkoune 等[15] 对法国化工企业热失控事故情况进行了调查研究，并对 ARIA（analyse，recherche et information sur les accidents）数据库中该国 1988 年到 2013 年 25 年间 43 起化工企业热失控事故进行了统计❶。

在这 43 起有详细记录的热失控事故中，聚合反应占比 34.9%，分解反应占比 18.6%，两者占比超过 50%（见图 1-8），热失控在不同类型化工企业❷中的分布见图 1-9。

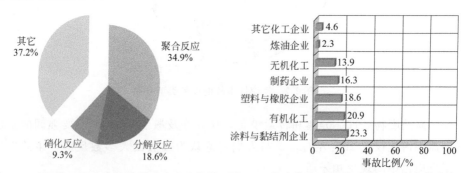

图 1-8 法国化工企业失控化学反应占比情况 图 1-9 热失控在不同类型化工企业中的分布

---

❶ 这期间 Seveso 法令 1、2 已经在欧盟发布并生效，且法国 2012 年还发布了重在加强企业风险管理的 Bachelot 法令。

❷ 法国化工企业的类型划分与我国不完全一致。

这 43 起事故的原因可以分为技术及物理原因、人员与组织原因、自然原因等 3 类（表 1-4）。需要说明的是绝大部分事故由多重因素导致，而根据数据库的记录很难区分事故的一次原因还是二次原因，因此将所有一次及二次原因均列入了表中。同时，该表还对比列出了英国化工企业导致热失控可能的原因。

表 1-4 法国 1988 年到 2013 年间 43 起化工企业热失控事故的原因统计

事故可能原因		原因占比/%	
		法国	英国
技术及物理原因	搅拌/冷却	8.5	9.1
	杂质、颗粒尺寸等质量控制原因	7.7	3.4
	机械/电气等技术故障	6.9	12.5
	检测元件误动作	6.9	0
	非预期的放热反应	5.4	5.7
	停电	3.8	1.1
	反应器尺寸问题	3.1	4.5
	泄漏	0.8	2.3
人员与组织原因	操作人员失误	21.5	27.3
	风险分析不充分或很差	10	4.5
	加料因素	6.1	5.7
	培训不足	5.4	5.7
	操作规程与设备不合适	5.4	14.8
	维护保养操作	3.1	1.1
	清洁不到位	2.3	2.3
自然原因	温度因素	2.3	0
	暴风雪	0.8	0

可见，对反应系统缺乏认识、技术及维护保养问题、操作失误、风险分析管理不到位是法国化工企业热失控事故的主要原因。

第五节 化工过程热风险与其它风险的关系

化工企业与其它企业一样，一方面生产系统同样由"人、机、料、法、环"等要素组成；另一方面，化工过程存在大量的化学物质，工艺过程千变万化，生产装置千差万别。因此，化工企业除了会出现一般行业物体打击、车辆伤害、机械伤害、起重伤害等事故风险，还特别存在物料易燃性、爆炸性、反应性、毒性、腐蚀性等引起的火灾风险、爆炸风险、中毒风险、腐蚀风险等。此外，化工过程各操作单元中危险物料由于各种热刺激导致的事故多发、频发，这也是化工过程热风险日益被认知的重要原因之一。

一、化工过程热风险

1. 化工过程热效应

与前文所述的热刺激不同，这里的热效应主要源于反应放热，包括化学反应放热与生物反应放热等。当然目前研究的重点在于包括合成反应、分解反应等在内的化学反应放热。实际上，燃烧爆炸等事故的严重程度（严重度）与燃爆热效应（能量释放量）有着直接的关系，因此，化工过程的热效应是一个认识其安全问题无法回避的重要方面。

物理化学中将体系发生物理化学变化后吸收或放出热量称为热效应。在此框架范围内，我们可以将摩尔反应焓❶、比反应热、比分解热、热容、绝热温升等热力学参数视为"静态"参数，而将热释放速率、温升速率等涉及动力学过程的参数视为"动态"参数。这些动、静态参数不仅仅是进行热风险测试的出发点，更是开展评估与控制的依据。

2. 化工过程压力效应

化学反应发生失控后，除了热效应，反应釜（或有关容器）的破坏总是与其内部的压力效应有关，而压力效应源于体系产生的可凝气体与不可凝气体。可凝气体由反应过程中可挥发的溶剂受热汽化形成，但温度一旦降低，溶剂的蒸气又将冷凝成液体；而不可凝气体主要源于合成过程或分解过程产生的气态小分子，例如包括金属参与反应过程中产生的氢气、分解过程中产生的一氧化碳和二氧化碳等，不可凝气体并不会因为温度的降低而相变成液体。

同样地，压力效应也包括静态压力效应与动态压力效应，前者通常可以用产气量、溶剂蒸发量等参数表述，后者用产气速率、蒸发速率等描述。

3. 化工过程热风险

化工过程热风险就是由热失控引发因素及其相关后果所带来的风险。化工过程的热效应、压力效应、可能存在的有毒气体/蒸气的扩散效应是热风险严重度评估的重要组成部分，而热失控引发、热失控导致的压力效应无法有效泄放、泄放后物料无法有效处理等情形的可能性构成了热风险的可能性部分。由此可见，热风险包含的内容很丰富，至今仍然有许多技术问题未能解决，期待着有志之士的不断努力与创新。相关内容详见第二章及后续有关章节。

---

❶ 关于焓值，本书遵循热力学惯例，从环境中吸热为"＋"，向环境放热为"－"，但吸热、放热的热值则为热量的绝对值，始终为正。

理论上来说，在不出现工艺投料异常等情况下，热风险的最糟糕情况（或最糟糕工况、最糟糕场景）是物料处于绝热状态，例如将合成过程中反应器冷却失效视作为最糟糕情形等。然而，实际工况下大多数物料并不完全处于绝热状态，例如承装于金属容器中的物料在室温环境下储存，此时不仅存在容器壁面与空气之间的自然对流移热，还要考虑四季环境温度的变化等。因此，如果评估时都将危险场景设定在最糟糕的绝热状态，则有可能会出现"过评估"，从而牺牲工艺的可实现性，出现过度保护，增加投资及工程运行成本。本书第五章给出了储存过程中反应性物料处于传热受限状态下（移热介于理想移热与绝热之间的状态）的评估模型及实例。

针对上述问题，笔者提出如下建议，供读者参考：

（1）热风险的全面性　充分考虑化工过程各单元存在的热风险问题，避免将目光过度聚焦于反应单元。美国 CSB 的 167 起反应性事故的调查数据表明，发生在反应器中的反应性事故占比仅 25％左右，大量的事故发生在储存、分离、干燥、转运等工艺设备/场所中。从技术层面上看，我国近年发生的天津港瑞海公司危险品仓库"8·12"特别重大火灾爆炸事故、江苏省盐城市响水县生态化工园区内的天嘉宜化工有限公司"3·21"特别重大爆炸事故均源于化学品储存过程中的热失控。

（2）热风险评估方法选用的灵活性　从时效性、经济性等角度出发，应根据评估对象在研发、中试、生产等不同阶段确定不同风险评估目标，并根据这些目标选用合适的评估方法。例如，在工艺研发的反应路径设计阶段，通过反应热数据的计算、文献查阅等，就可以初步进行失控严重度、部分物料稳定性的评估；在工艺研发的后期筛选阶段，不仅仅对工艺的经济性、可实现性进行筛选与优化，还需要从安全的角度进行筛选并进行安全优化，此时建立/采用简化的热风险评估方法基本可以满足要求；而对于上生产线的工艺，则必须开展系统而完整的热风险评估。

（3）在评估单元确定的情况下，"软件性评估"与"硬件性评估"相结合　即充分运用过程危险分析（process hazard analysis，PHA）的各种软件性评估方法［如危险可操作性研究（HAZOP）、事故树（FTA）等］进行危险辨识，充分考虑并分析实际存在的偏差，围绕偏差进行热风险硬件性的测试与评估（参见本书第八章第一节中的有关内容）。

（4）评估与工艺安全优化❶相结合　评估的目的在于确定评估单元的具体热风险信息，判定热风险的程度，明确高风险产生的主要因素。当热风险程度

---

❶　在工艺安全优化与经济优化之间，应优先考虑安全优化。

较高时，针对热风险评估中高风险产生的主要因素，尽可能选择调整工艺温度、改变加料方式等相对简单易行的工艺优化手段降低其热风险程度，进而提升工艺单元的本质安全度。只有当优化确实无法降低风险的情况下，才考虑工艺设备的安全改造等措施。

二、热风险与其它过程风险的关系

就一个反应器内进行的目标反应而言，如果热平衡被打破，反应放热速率超过移热速率，物料温度将不断升高并进一步加速反应，形成热失控。目标反应热失控过程中将可能触发整个反应液物料体系的二次分解反应，如果产生的不可凝气体、可凝气体或两者混合物的生成速率太快，以至于反应容器中的压力效应根本来不及泄放，就可能导致容器失效，产生喷料、容器物理爆炸、火灾、蒸气云爆炸、有毒物质泄漏等破坏效应。

当然，如果目标反应过程中产生足够的不可凝气体、可凝气体或两者混合物，且产生的速率太快超出泄放速率，也将直接导致容器失效，并产生喷料等破坏效应。也就是说压力效应既可能独自形成，也可能伴随着热效应产生而产生；破坏效应不仅仅与热效应有关，通常都与压力效应有关，见图 1-10。

三、热安全与本质安全的关系

1. 安全的本质属性

从哲学的角度看，一个生产系统的安全是由其内部矛盾所决定的，即系统内部的矛盾决定了其安全的本质，这一点具有普适性，是安全的一个共同的属性（共性）。所以，安全的本质是作为该系统组成要素的"人、机、料、法、环"及它们相互之间关系的是否协调发展的反映。另外，系统不同，组成要素不同，要素之间的矛盾也不同，则安全的本质也差别很大，这反映了系统内部矛盾的特殊性，这可以理解为安全的第二个属性。基于安全的共性与特殊性，安全的第三个本质属性则是人（生产系统的主体）对显现的、潜在的危险的认知（辨识、评估）及采取有效对策措施的程度。

从安全的本质属性出发，不难理解安全本身是相对的、模糊的。安全系统工程的基本原理告诉我们，安全是相对的，危险总是存在的，事故是可以预防的。

本质安全最早源于电气行业，例如，就专供煤矿井下使用的本质安全型防爆电器而言，必须做到其全部电路均为本质安全电路，即电路在正常工作（常

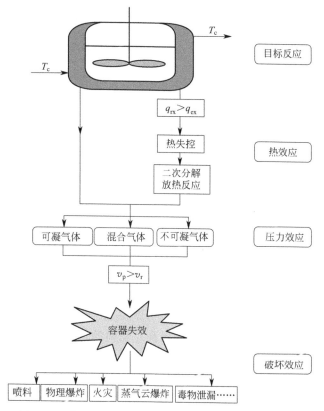

图 1-10 放热化学反应的热效应、压力效应与破坏效应

T_c—冷却介质温度;q_{rx}—放热速率;q_{ex}—移热速率;v_p—产气速率;v_r—泄放速率

态)或故障状态(故障态)下产生的电火花和热效应均不能点燃规定的爆炸性混合物。这就要求该类电器不是靠外壳防爆和充填物防爆,而是其电路常态及故障态时产生的电火花或热效应的能量均应小于 0.28mJ(B级防爆),即瓦斯浓度为 8.5%(最易爆炸的浓度)的最小点燃能量。

显然本质安全不是绝对安全,当引发事故的条件发生变化时,例如煤矿井下瓦斯-空气混合物的温度升高、出现氢气等点火能量更低的易燃气体等情况时(氢气-空气混合物的最小点火能为 0.02mJ),则其安全状态也将发生变化。

2. 化工过程本质安全的提出及内涵

1974 年 6 月 1 日英国傅立克斯镇 Nypra 公司环己烷氧化生产环己酮与环己醇混合物工段发生了爆炸事故,该事故导致厂内 28 人死亡、36 人受伤,厂外 53 人受伤。此后不久,化工过程安全的先驱 Trevor Kletz 于 1977 年首次明确提出"本质安全的化工过程"(inherently safer chemical process)概念,形成了"本质安全"的雏形。

化工过程本质安全旨在利用物质或过程本身所固有的属性消除或减小危害，而不是用保护系统控制和管理危害。其具体内涵在于：

① 物质和过程存在其固有的物理和化学特性，比如某物质有剧毒、强腐蚀性、强反应性等，某过程的工艺条件（或过程变量）属于高温高压等。这种固有特性是形成过程危害的根源。

② 应优先通过改变具有危害特性的物质或过程变量来消除或最小化过程危害，而非仅仅控制危害。

③ 本质安全不代表绝对安全，只是相对更安全（inherently safer）。当某过程相比于其它可选过程消除或最小化了危害特征，则可以认为其是本质更安全的过程。

3. 热安全属于本质安全的重要技术内容

本质安全设计包括通过物质（能量）与过程参量的安全优化来尽量消除或减小系统存在的危害并选择与此相适应的本质安全化设备。正如前面所说，就物料而言，危害来源于热、机械（撞击与摩擦）、火焰、冲击波等外界激励条件的作用，其中，热激励的作用占比最高，物料的热安全也是最应普遍关注的问题。所谓热安全，该说法与热风险相对应，可以笼统地定义为解决化工过程不同工艺单元热失控问题而开展的危险辨识、分析、测试、评估、优化、控制等重在技术兼顾管理的系列手段的总和。由此可见，化工过程热安全属于本质安全的一个重要研究内容，属于本质安全一个不可或缺的有机组成部分。

第六节 国内外化工过程热风险发展状况

正如德国学者 Theodor Grewer[16] 所指出的那样，自打化学工业出现以来，人们就开始意识到了放热反应的危害，但是系统地对放热反应可能存在各种效应的研究始于二十世纪六七十年代的欧洲，准确地说最早源于德国与瑞士。许多来自不同公司、不同国家的专家/组织对化工行业不断出现事故的研究促进了人们对放热反应危害的理解与认识。与 Theodor Grewer 同时期，欧洲先后成立了两个跨国工作小组就热安全问题进行研究。最早的工作小组源于德国、瑞士，后来英国、法国等国家开始加入并逐渐成为"欧洲化"的研究小组，Theodor Grewer 本身就是该工作小组的成员。

1993 年，英国学者 John Barton 及 Richard Rogers 出版了《化学反应危

害》（*Chemical Reaction Hazards*）一书。尽管该书提供了一些热安全参数的获取方法，但更多地被视为化学反应热危险性控制指南，书中给出了化学反应危险性的评估实践，结合当时员工健康安全的法规要求与评估结果，帮助人们如何设计并实现化工企业的安全操作，并介绍了如何识别与处置化工企业生产过程出现的危险性。

1994 年，Theodor Grewer 出版了专著《化学反应热危险性》（*Thermal Hazards of Chemical Reactions*），在其出版专著前的 20 年间，他不断参与相关事故的调查，亲身开展各种实验测试，并探索实验方法。在其即将离开企业工作之际，出版了该专著。与 John Barton 及 Richard Rogers 的专著重在指导人们如何对化学反应进行安全处置不同，该专著的目的在于告知人们如何理解放热反应的危害，传递基于安全操作为目的的物料安全特性及相关测试方法，从而引领有志于化工企业安全的年轻同事们。

随着各种测试技术的发展与人们对热安全问题研究的不断深入，从今天的眼光看上述两本专著存在着一些瑕疵，但如果回到 20 世纪 90 年代进行评价，毫无疑问这两本专著具有相当的宽度，对热安全问题的理解比较深入到位，两者联用起到了珠联璧合的作用。

2008 年，瑞士学者 Francis Stoessel 教授出版了《化工工艺热安全——风险评估与工艺设计》（*Thermal Safety of Chemical Processes—Risk Assessment and Process Design*）。该专著从基本概念入手，系统地介绍了热风险的概念、评估方法、测试技术；围绕热风险，结合各类反应器进行分析并给出相应的控制方法；同时，将物质热稳定性、自催化反应及传热受限问题纳入了热风险的研究范畴。从可能的最坏情形出发，进行工艺热风险分析、评估和分级，并据此提出相应的控制方法和对策措施。这样的内容一方面抓住了化工事故的源头（物料及工艺问题），对提高工艺的本质安全化大有裨益；另一方面对工艺研发、工程设计、风险评估等领域的工作人员来说，有很好的参考价值，并可以从中获得一些新的理念和方法。

国内早期在测试手段等方面与国外相比存在着较大的差距，但随着国内对危险物质（包括火炸药等含能材料）在储存、运输等工艺过程的安全需要，国内在物质热安全领域也开展了大量的工作，冯长根[17]、楚士晋[18]、胡荣祖及史启帧[19]、孙金华及丁辉[20] 等学者陆续出版了《热爆炸理论》（1988）、《炸药热分析》（1994）、《热分析动力学》（2001）、《化学物质热危险评价》（2007）等经典著作。

不过国内在如间歇、半间歇等化学合成反应过程热安全方面开展的工作很少，起步较晚。虽然，笔者团队较早地开展了这方面的研究，并在《安全原理与危险化学品测评技术》（化学工业出版社，2004）一书之部分章节进行了一些粗浅的介绍，自 2005～2008 年利用一些国外经典文献给安全技术与工程学科的部分硕士研究生开设了"化学反应过程危险性分析与控制"课程（2 学分），但深切地感到在系统性、深度、广度等方面均存在不足。

随着 2008 年 Francis Stoessel 教授的专著《化工工艺热安全——风险评估与工艺设计》出版，笔者与科学出版社合作引进了该专著版权并于 2009 年将该专著翻译成了中文。通过翻译，将国外该领域的最新专著介绍到了国内并在南京理工大学安全学科进行实践，从而使我们较好地与国外先进技术、理念接轨，并逐步形成了该校安全工程专业、学科的一个特色。

此后，国内陆续出版了一些书籍，将反应过程热安全的内容纳入了其中。国内一些科研院所也陆续开始开设相关课程，开展研究，并在国内外学术期刊上发表了较多的相关学术研究论文。

2017 年，《国家安全监管总局关于加强精细化工反应安全风险评估工作的指导意见》（安监总管三〔2017〕1 号）[21]。该指导意见在"充分认识开展精细化工反应安全风险评估的意义"部分明确指出：精细化工生产中反应失控是发生事故的重要原因，开展精细化工反应安全风险评估、确定风险等级并采取有效管控措施，对于保障企业安全生产意义重大。开展反应安全风险评估也是企业获取安全生产信息，实施化工过程安全管理的基础工作，加强企业安全生产管理的必然要求。当前精细化工生产多以间歇和半间歇操作为主，工艺复杂多变，自动化控制水平低，现场操作人员多，部分企业对反应安全风险认识不足，对工艺控制要点不掌握或认识不科学，容易因反应失控导致火灾、爆炸、中毒事故，造成群死群伤。通过开展精细化工反应安全风险评估，确定反应工艺危险度，以此改进安全设施设计，完善风险控制措施，能提升企业本质安全水平，有效防范事故发生。

以该指导意见为指向，政府、企业对反应失控引起的化工过程安全高度重视，规模较大的化工及危险化学品企业陆续建立或筹建自己的安全实验室，社会中介机构也积极介入，中国化学品安全协会也对有意开展社会服务的中介机构进行条件审核，并适时向社会各界推荐。可以说，化工过程热风险正越来越受到国内社会各界的高度关注。

参考文献

[1] 韩冬冰，等. 化工工艺学. 北京：中国石化出版社，2008.
[2] 刘荣海，陈网桦，胡毅亭. 安全原理与危险化学品测评技术. 北京：化学工业出版社，2004.

［3］　中央劳动灾害防止协会调查研究部．间歇工厂灾害的系统解析，1984.

［4］　弗朗西斯·施特塞尔．化工工艺的热安全——风险评估与工艺设计．陈网桦，彭金华，陈利平，译．北京：科学出版社，2009.

［5］　Cozzani V，et al. Journal of Hazardous Materials. 1999，A67：145-161.

［6］　Chen-Shan Kao, et al. Journal of Loss Prevention in the Process Industries. 2002，15：213-222.

［7］　赵劲松．化工过程安全．北京：化学工业出版社，2015.

［8］　马建明．过氧化甲乙酮爆炸事故分析．化工安全与环境，2008，21（8）：7-9.

［9］　天津港"8·12"瑞海公司危险品仓库特别重大火灾爆炸事故调查报告．国务院事故调查组，2016-2.

［10］　江苏响水天嘉宜化工有限公司"3·21"特别重大爆炸事故调查报告．国务院事故调查组，2019-11.

［11］　John Barton，Richard Rogers. Chemical Reaction Hazards. Institution of Chemical Engineers，1993.

［12］　Hazard investigation：Improving reactive hazard management. U S Chemical safety and hazard investigation board（CSB），2001-01-H.

［13］　Dakkoune A，et al. Risk analysis of French chemical industry. Saf Sci，2018，105：77-85.

［14］　Balasubramanian S G，et al. Study of major accidents and lessons learned. Process Saf Prog，2002，21：237-244.

［15］　Amine Dakkoune，et al. Analysis of thermal runaway events in French chemical industry. Journal of Loss Prevention in the Process Industries，2019，62：103938.

［16］　Theodor Grewer. Thermal Hazards of Chemical Reactions. Amsterdam：Elsevier，1994.

［17］　冯长根．热爆炸理论．北京：科学出版社，1988.

［18］　楚士晋．炸药热分析．北京：科学出版社，1994.

［19］　胡荣祖，史启帧．热分析动力学．北京：科学出版社，2001.

［20］　孙金华，丁辉．化学物质热危险性评价．北京：科学出版社，2007.

［21］　国家安全监管总局．国家安全监管总局关于加强精细化工反应安全风险评估工作的指导意见//安监总管三〔2017〕1号．2017-01-05.

第二章

基本概念与基本原理

毫无疑问，反应单元是化工过程五个板块所有操作单元中风险最大的单元之一。正常的化学反应过程在受控的反应器中进行，以使反应物、中间产物、生成物、过程本身处于物料及过程变量（温度、压力等）的安全范围之内。

化工生产过程中的化学反应可分为两类[1]：

①"目标反应"或"主反应"。它是工艺的主要目的，通过该反应生产工厂所需的反应产物。

②"二次反应"或"副反应"。二次反应可以与主反应平行进行，也可以连续进行（例如二次分解反应等）。二次反应属于生产过程非所需部分。

一般说来，在反应系统中通常会包含一个或一个以上的二次反应。

目标反应和二次反应既有相似之处也有不同点。相同之处在于如果两者均有足够的放热，都有导致热爆炸风险的可能。不同之处主要在于：

① 目标反应的稳定性主要取决于工艺设计，可以通过连续操作或间歇操作来改变其稳定性，而这也是工艺设计的主要内容之一；

② 研究方法有所不同，有些方法仅适用于目标反应（如反应量热法），而有些方法则主要用于放热的二次分解反应研究［如差示扫描量热（DSC）、差热分析（DTA）］。尽管从道理上讲这些方法也可以应用于目标反应，但通常不用于目标反应。

应将那些可能在蒸馏单元、干燥单元以及其它操作单元中发生的反应与反应单元中进行的目标反应区分开来。发生在蒸馏、干燥等单元中的通常是分解反应，它们不仅仅影响蒸馏、干燥等单元的安全性，对储存或运输等作业过程的安全性也尤为重要。

反应过程的热安全不仅涉及工艺热风险评估的理论、方法及实验技术，涉及目标反应在不同类型反应器中按不同温度控制模式进行反应的热释放过程以及工业规模情况下使反应受控的技术，还涉及目标反应失控后导致物料体系的分解（称为二次分解反应）及其控制技术等[2~4]。对化工过程热风险进行评估虽然主要针对反应单元（目标反应、二次放热分解反应、反应器、控制条件等），但对蒸馏、干燥、储存、运输等单元同样具有重要的借鉴作用。

本章主要介绍化工过程热风险评估所涉及的热效应、压力效应、热平衡、热爆炸等基本概念与基本理论。

第一节　化学反应的热效应

一、反应热

精细化工行业中的大部分化学反应是放热的，即在反应期间有热能的释放。显然，一旦发生事故，能量的释放量与潜在的损失（严重度）有着直接的关系。因此，反应热是其中的一个关键数据，这些数据是工业规模下进行化学反应热风险评估的依据。用于描述反应热的参数有摩尔反应焓 ΔH_r(kJ/mol) 以及比反应热 Q'_r(kJ/kg)。

1. 摩尔反应焓

摩尔反应焓是指在一定状态下发生了 1mol 化学反应的焓变。如果在标准状态下，则为标准摩尔反应焓。表 2-1 列出了一些典型的反应焓值。

表 2-1　典型的反应焓值

反应类型	摩尔反应焓 ΔH_r/(kJ/mol)	反应类型	摩尔反应焓 ΔH_r/(kJ/mol)
中和反应(HCl)	−55	环氧化反应	−100
中和反应(H_2SO_4)	−105	聚合反应(苯乙烯)	−60
重氮化反应	−65	加氢反应(烯烃)	−200
磺化反应	−150	加氢(氢化)反应(硝基类)	−560
胺化反应	−120	硝化反应	−130

反应焓也可以根据生成焓 ΔH_f 得到，生成焓可以参见有关热力学性质表：

$$\Delta H_r^0 = \sum_{\text{产物}} \Delta H_{f,i}^0 - \sum_{\text{反应物}} \Delta H_{f,i}^0$$

生成焓可以采用 Benson 基团加和法计算得到，详见文献 [5]。采用该方法计算得到的生成焓是假定分子处于气相状态中，因此，对于液相反应必须通过冷凝潜热来修正，这些值可以用于初步的、粗略的近似估算。

2. 比反应热

比反应热是单位质量反应物料反应时放出的热。比反应热是与安全有关的具有重要实用价值的参数，大多数量热设备直接以 kJ/kg 来表述。比反应热和摩尔反应焓的关系如下：

$$Q'_r = \rho^{-1} c(-\Delta H_r) \tag{2-1}$$

式中，ρ 为反应物料的密度；c 为反应物的浓度；ΔH_r 为摩尔反应焓。

显然，比反应热取决于反应物的浓度，不同的工艺、不同的操作方式均会影响比反应热的数值。对于有的反应来说，式(2-1) 中的摩尔反应焓也会随着操作条件的不同在很大范围内变化。例如，根据磺化剂种类和浓度不同，磺化反应的反应焓会在 $-60 \sim -150$kJ/mol 的范围内变动。此外，反应过程中的结晶热和混合热也可能会对实际热效应产生影响。因此，建议尽可能根据实际条件通过量热设备测量反应热，一旦获得该参数，在工艺放大过程中可以直接应用。

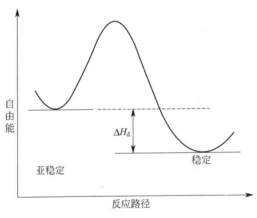

图 2-1　自由能沿反应路径的变化

二、分解热

在化工行业所使用的化合物中，有相当比例的化合物处于亚稳定状态。其后果就是一旦有一定强度的外界能量的输入（如通过热作用、机械作用等），可能会使这样的化合物变成高能和不稳定的中间状态，这个中间状态可通过难以控制的能量释放使其转化成更稳定的状态。图 2-1 显示了这样的一个反应路径。沿着反应路径，能量首先增加，然后降到一个较低的水平，分解焓（ΔH_d）沿着反应路径释放。它通常比一般的反应热数值大，但比燃烧热低。分解产物往往未知或者不易确定，这意味着很难由标准生成焓估算分解热。

三、热容

获取热风险参数的过程中常常用到热容，因此热容是一个重要的热力学参量。我们不仅应该了解热容的基本概念，还要能对物料的热容进行测试（在后续章节中涉及），在不具备测试条件、无法获得测试结果时还需要能对各种物料的热容值进行估算。

1. 热容的定义

就给定量的物质而言，热容即使其温度升高 1℃（或 1K）而需要吸收的能量值。即

$$mc = \frac{\mathrm{d}q}{\mathrm{d}T} \tag{2-2}$$

式中，m 为物质的质量或物质的量；c 为热容；q 为热能；T 为温度。

热容分为等容热容与等压热容，分别用 c_V 及 c_p 表示。等容热容对应于温度升高 1℃物质内能的增加量，等压热容对应于焓值的增加量。就理想气体而言，$c_p = c_V + R$，其中 R 为摩尔气体常数。

单位质量的热容称为比热容，在热风险领域，常用等压比热容（c_p'）表示，量纲为 J/(K·g)、kJ/(K·kg)、cal/(K·g)、cal/(K·kg) 等（1cal=4.18J）。单位物质的量的热容称为摩尔热容（简称为热容），用 J/(K·mol) 或 cal/(K·mol) 表示。

2. 气体的摩尔热容

（1）单原子气体 对于氦、氩、氖等单原子气体而言，其等容热容约为 3cal/(K·mol)，摩尔气体常数 R 相当于 2cal/(K·mol)，因此单原子气体的等压热容约为 5cal/(K·mol)。

（2）多原子气体 相对于单原子气体，多原子气体存在着原子的振动及转动，因此其热容值更高。多原子气体的摩尔热容可以从单一气体与混合气体两个方面进行讨论。

① 单一气体 单一气体的等压热容在室温到数千开的范围内，与温度较好地呈现了二次方程表达式关系：

$$c_p = a + bT + cT^2 \tag{2-3}$$

表 2-2 给出了常见单一气体等压热容与温度关系式中的常数。

表 2-2　单一气体等压热容与温度关系式中的经验系数（温度范围为 300～1500K）

单一气体	$a/[\text{cal}/(\text{K} \cdot \text{mol})]$	$b/\times 10^3$	$c/\times 10^6$
H_2	6.946	−0.196	0.476
N_2	6.457	1.389	−0.069
O_2	6.117	3.167	−1.005
CO	6.350	1.811	−0.268
NO	6.440	2.069	−0.421
H_2O	7.136	2.640	0.046
CO_2	6.339	10.14	−3.415
SO_2	6.945	10.01	−3.794
SO_3	7.454	19.13	−6.628
HCl	6.734	0.431	0.361
C_2H_6	2.322	38.04	−10.97
CH_4	3.204	18.41	−4.48
C_2H_4	3.019	28.21	−8.537
Cl_2	7.653	2.221	−0.873
NH_3	5.920	8.963	−1.764

② 混合气体　由多种单一气体组成的混合气体的等压摩尔热容可按如下求取：

$$\bar{c}_p = \sum_i n_i c_{pi} \tag{2-4}$$

式中，$\bar{c}_p$ 为混合气体的等压热容；n_i 为第 i 种气体的摩尔分数；c_{pi} 为第 i 种气体的等压热容。

3. 液体的热容

就同种物质而言，液态下的热容一般说来比其固态或气态热容值更大。

随着温度的升高，固、液、气三态的热容均随着温度的升高而增大。只是液体的热容与温度的关系更简单，更易处理：

$$c_p = c_{p0} + aT \tag{2-5}$$

式中，c_p 为液体的等压热容；c_{p0} 为温度为 0℃ 时的等压热容；T 为温度。式中经验系数见表 2-3。

表 2-3　某些液体物质等压热容表达式中的经验系数[3]

液体名称	分子式	$c_{p0}/[\text{cal}/(\text{K} \cdot \text{mol})]$	$a/\times 10^4$	温度范围/℃
硫酸	H_2SO_4	0.339	3.8	10～45
二氧化硫	SO_2	0.318	2.8	10～140
四氯化碳	CCl_4	0.198	0.31	0～70
三氯甲烷	$CHCl_3$	0.221	3.3	−30～+60
甲酸	CH_2O_2	0.496	7.09	40～140
乙酸	$C_2H_4O_2$	0.468	9.29	0～80

液体名称	分子式	c_{p0}/[cal/(K·mol)]	$a/\times 10^4$	温度范围/℃
乙二醇	$C_2H_6O_2$	0.544	11.94	$-20\sim +200$
丙酮	C_3H_6O	0.506	7.64	$-30\sim +60$
丙烷	C_3H_8	0.576	15.05	$-30\sim +20$
正丁烷	C_4H_{10}	0.550	19.1	$-15\sim +20$

然而，很多时候很难获取液体物质的热容值，此时可以采用 Kopp 法则估算室温附近温度范围内液体的热容。该法则认为液体的热容可以用其元素组成的热容近似估算，一些元素的热容值见表 2-4。

表 2-4 采用 Kopp 法则估算液体及固体热容时一些元素的热容值（20℃）

序号	原子	液体热容 c_p/[cal/(K·mol)]	固体热容 c_p/[cal/(K·mol)]
1	C	2.8	1.8
2	H	4.3	2.3
3	B	4.7	2.7
4	Si	5.8	3.8
5	O	6.0	4.0
6	F	7.0	5.0
7	P	7.4	5.4
8	S	7.4	—
9	其它	8.0	6.2

案例：请采用 Kopp 法则估算室温条件下硫酸的等压热容。

答：硫酸（H_2SO_4）的元素组成为 2H、1S 及 4O，于是 $c_p=(2\times 4.3+1\times 7.4+4\times 6.0)$cal/(K·mol)$=40$cal/(K·mol)，而 H_2SO_4 的摩尔质量为 98g/mol，可以估算出其等压比热容为 0.408cal/(K·g)。该估算值比 25℃硫酸等压比热容的实测值 [0.369cal/(K·g)] 高约 10%。

4. 固体的热容

室温附近大多数固体单质晶体的等压热容大约为 6.0cal/(K·mol)，固体化合物要高一些，详见文献 [6,7]。通过文献无法获取固体化合物的热容时，也可以采用 Kopp 法则进行近似估算，只是固体化合物中元素的热容值比液体小（见表 2-4），不过 Kopp 法则给出固体化合物的热容值相对较准确[8]。

5. 热风险评估时热容的近似取值

一般说来，水的比热容较高，无机化合物的比热容较低，有机化合物比较适中。另外，为了获得精确的结果，当反应物料的温度可能在较大的范围内变化时，就需要采用热容随温度变化的方程 [如式(2-3)、式(2-5) 等]。

有时在需要进行快速粗略估算时，常常将水、有机液体、无机酸的比热容分别按照 4.2kJ/(K·kg)、1.8kJ/(K·kg)、1.3kJ/(K·kg) 进行估算,偶尔对于一些组(成)分复杂的物料也采用 2.0kJ/(K·kg) 进行估算。

另外,当出现疑义以及出于安全考虑,比热容常常取较低值,即忽略比热容的温度效应。为此,常采用在较低工艺温度下的热容值进行绝热温升的计算。

四、绝热温升

反应或分解产生的能量直接关系到事故的严重程度,也就是说关系到失控后的潜在破坏力。如果反应体系不能与外界交换能量,将成为绝热状态。在这种情况下,反应所释放的全部能量用来提高体系自身的温度。因此,温升与释放的能量成正比。对于大多数人而言,能量大小的数量级难以有直观感性的认识。因此,常利用绝热温升来评估失控反应的严重度,并以此作为一个比较方便的判据。

绝热温升(ΔT_{ad})由比反应热除以等压热容得到:

$$\Delta T_{ad} = \frac{(-\Delta H_r)c_{A0}}{\rho c'_p} = \frac{Q'_r}{c'_p} \qquad (2-6)$$

式(2-6)的中间项强调指出绝热温升是反应物浓度和摩尔反应焓的函数,因此,它取决于工艺条件,尤其是加料方式和物料浓度。该式右边项涉及比反应热,这提醒我们,当需要对量热实验的测试结果(常以比反应热来表示)进行解释时,必须考虑其工艺条件,尤其是浓度。

一个在反应器中正常进行的反应,当反应器冷却系统失效时,反应体系将进入绝热状态,体系的绝热温升越高,则体系达到的最终温度将越高,这将可能引起反应物料进一步发生分解(二次分解),一旦发生二次分解,所放出的热很有可能远超目标反应,从而大大增加了失控反应的风险。为了估算反应失控的潜在严重度,表 2-5 给出了某目标反应及其失控后二次分解反应的典型能量以及可能导致的后果(体系绝热温升的量级和与之相当的机械能,其中机械能是以 1kg 反应物料来计算的)。

表 2-5   典型反应和分解的能量当量

反应	目标反应	分解反应
比反应热	100kJ/kg	2000kJ/kg
绝热温升	50K	1000K
每千克反应混合物导致甲醇汽化的质量	0.1kg	1.8kg
转化为机械势能,相当于把 1kg 物体举起的高度	10km	200km
转化为机械动能,相当于把 1kg 物体加速到的速度	0.45km/s	2km/s
	(1.5 倍马赫数)	(6.7 倍马赫数)

显然，本质上目标反应本身可能并没有多大危险，但分解反应却可能产生显著后果。为了说明这点，以溶剂（如甲醇）的蒸发量进行计算，因为失控时当体系温度到达沸点时溶剂将蒸发。在表 2-5 所举的例子中，就经过适当设计的工业反应器而言，仅来自目标反应的反应热不大可能产生不良影响。不过，一旦发生反应物料的分解反应，情况就不一样了，尽管 1kg 反应物料不至于导致 1.8kg 甲醇的蒸发，其结果也是比较严重的。因此，溶剂蒸发可能导致的二次效应就在于反应容器内压力增长，随后发生容器破裂并形成可以发生化学爆炸的蒸气云，如果蒸气云被点燃，会导致严重的受限空间内的蒸气云爆炸，而对于这种情形的风险必须加以评估。

第二节 压 力 效 应

化学反应发生失控后，除了热效应，其破坏作用还常常与压力效应有关。导致反应器压力升高的因素主要有以下几个方面：

① 目标反应过程中产生大量的气体产物，如脱羧反应形成的 CO_2、金属参加反应产生的 H_2 等。目标反应过程中通常产生的是不可凝气体。

② 目标反应过程中低沸点组分挥发形成的蒸气。这些低沸点组分可能是反应过程中的溶剂，也可能是反应物，例如甲苯磺化反应过程中的甲苯。

③ 二次分解反应常常形成大量的小分子分解产物（不可凝气体），这些物质常呈气态从而造成容器内的压力增长。分解反应常伴随高能量的释放，温度升高导致反应混合物高温分解的同时，也可能使得物料中易挥发物料汽化，形成可凝气体。

一般说来，热失控总是会伴随着压力增长。正如第一章所述，压力效应往往是热失控事故产生喷料、物理爆炸、蒸气云爆炸等后果的直接原因（图 1-10），因此工程上常常采用压力泄放的方法防止超压的产生，从而起到有效保护容器不发生爆炸的作用。对压力产生原因与过程进行分析、建模不仅仅有利于反应机理的研究，更有利于热失控历程的构建，还有利于压力泄放的正确设计[9]。

一、气体释放

无论是目标反应还是二次分解反应，均可能产生气体。操作条件不同，产气速率等气体释放的过程参数也会不一样。在封闭容器中，压力增长可能导致容器破裂，并进一步导致气体泄漏或气溶胶的形成乃至容器爆炸。在封闭体系中可以利用理想气体定律（Clapeyron 方程）近似估算压力：

$$pV = nRT \qquad (2\text{-}7)$$

式中，p 为封闭体系中由于产气形成的压力；V 为封闭体系的体积；R 为摩尔气体常数；n 为产生气体的物质的量；T 为体系中气体的温度。

在开放容器中，气体产物可能导致气体、液体的逸出或气溶胶的形成，这些也可能产生如中毒、燃烧、火灾及危害生态等的次生效应，甚至可能产生蒸气云爆炸等二次效应。因此，对于评估事故的潜在严重度而言，反应或分解过程中释放的气体量也是一个重要的因素。生成的气体量同样可以利用理想气体定律来估算：

$$V = \frac{nRT}{p} \qquad (2\text{-}8)$$

这里主要从静态角度给出了气体释放产生的终态压力及总量，解决实际工程问题时还需要考虑气体释放的产气速率等动态问题。目前，尚没有可靠方法可以预测产气速率，该参数与反应速率、气体溶解度等参数有关，主要通过测试获得。

二、蒸气压

对于封闭体系来说，随着物料体系的温度升高，低沸点组分逐渐挥发，体系中蒸气压也相应增加。蒸气产生的压力可以通过 Clausiua-Clapeyron 方程进行估算：

$$\ln \frac{p}{p_0} = \frac{-\Delta H_v}{R} \left(\frac{1}{T} - \frac{1}{T_0} \right) \qquad (2\text{-}9)$$

式中，T_0、p_0 为初始状态的温度及压力；R 为摩尔气体常数，8.314J/(K·mol)；ΔH_v 为摩尔蒸发焓，J/mol。

对上式进行变形，可以得到：

$$\ln p = A - \frac{B}{T} \qquad (2\text{-}10)$$

式中，系数 A、B 可以根据实验数据进行回归，也可以从相关手册中查阅。

由于蒸气压随温度呈指数关系增加，温升的影响（如在失控反应中）可能会很大。为了便于工程应用，可以采用一个经验法则（Rule of Thumb）说明这个问题：温度每升高 20K，蒸气压加倍。

除了采用 Clausiua-Clapeyron 方程描述蒸气压，还可以采用 Rankine-Kirchoff 方程、Antoine 方程等进行描述：

Rankine-Kirchoff 方程：$\ln p = A + \dfrac{B}{T} + C \ln T$ (2-11)

Antoine 方程：$\ln p = A - \dfrac{B}{T+C}$ (2-12)

与式(2-10)一样，式(2-11)及式(2-12)中的系数 A、B、C 也可以根据实验数据进行回归，或从相关手册中查阅得知。

三、溶剂蒸发量

如果失控过程中反应物料温度达到其溶剂的沸点，溶剂将大量蒸发。如果产生的蒸气出现泄漏，溶剂蒸发可能带来的二次效应是形成爆炸性的蒸气云，遇到合适的点火源将发生严重的蒸气云爆炸。有时，在反应混合物中有足够的溶剂，而溶剂的挥发将带走大量的反应热，从而使体系温度稳定在沸点附近。这种方法只有在溶剂能安全回流，或者蒸馏到洗涤器中才可行。此外，设备设计时必须考虑到设备能适应溶剂蒸气蒸发流率的问题，还必须对浓缩后反应混合物的热稳定性进行查证。

溶剂蒸发量可以由反应热或分解热来计算，如下式：

$$M_v = \frac{Q_r}{\Delta H_v'} = \frac{M_r Q_r'}{\Delta H_v'}$$ (2-13)

式中，M_v 为溶剂的蒸发量，kg；M_r 为反应物料的总质量，kg；Q_r 为反应热，$Q_r = M_r Q_r'$；$\Delta H_v'$ 为比蒸发焓，即单位质量溶剂的蒸发焓，kJ/kg。

通常情况下，反应体系的温度低于溶剂的沸点。冷却系统失效后，反应释放的热量首先将反应物料加热到溶剂的沸点，然后其余部分的热量将用于物料蒸发。此时，溶剂蒸发量也可以由与沸点的温差来计算：

$$M_v = \left(1 - \frac{T_b - T_0}{\Delta T_{ad}}\right) \frac{Q_r}{\Delta H_v'}$$ (2-14)

式中，T_b 为溶剂沸点；T_0 为反应体系开始失控时的温度。

式(2-13)和式(2-14)只给出了静态参数——溶剂蒸发量的计算，并没有给出蒸气蒸发速率的信息。

四、蒸气管的溢流现象

就回流冷凝液与上升蒸气共用一根蒸气管的情形而言，当溶剂大量蒸发时，蒸气流上升，冷凝液流下降，两者发生逆向流动，液体表面就会形成液波，这些液波将在管中形成桥（图 2-2），导致溢流。给定蒸气释放速率（即蒸发速率），如果蒸气管的直径太小，高的蒸气速率会导致反应器内压力增长，反过来使沸点温度升高，反应进一步加快，蒸发速率更快，形成更快的蒸发速率。其结果将会发生反应失控，直到设备的薄弱部分破裂并释放压力。为了避免出现这样的情形，必须知道给定溶剂、给定回流管径下的最大允许蒸气速率（maximum admissible vapor velocity）❶，并保持反应过程中溶剂的蒸发速率小于最大允许速率。溶剂的蒸发速率实际上与反应的放热速率等因素有关，与反应工艺的动力学特性有关。所以，控制溶剂的蒸发速率实际上是需要控制反应的最大允许放热速率[10]。

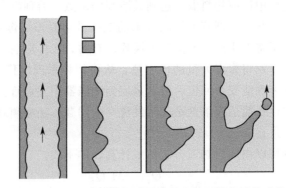

图 2-2　蒸气管中蒸气与冷凝液逆流而逐渐成桥的过程

五、蒸气管内的蒸气速率

如果反应混合物中有足够的溶剂，且溶剂蒸发后能安全回流或者蒸馏到冷凝管、洗涤器中，则溶剂挥发可以使体系温度稳定在沸点附近，对反应体系来说，溶剂蒸发相当于提供了一道"安全屏障"，这是对安全有利的一面。当然，大量溶剂蒸气通过回流重新进入反应器对保持反应物料的热稳定性也是有利的。为此，还需要评估溶剂的蒸发速率，并通过该参数评估蒸发速率与回流装置、洗涤装置等的能力是否匹配[10]。

溶剂蒸发过程中的蒸气质量流率（$\dot{m}_v$）可以如下计算：

$$\dot{m}_v = \frac{q_r' M_r}{\Delta H_v'}\qquad(2\text{-}15)$$

---

❶　此处蒸气速率为蒸气流速，全书同。

式中，q_r' 为反应的比放热速率，kW/kg。

作为初步近似，如果压力（p）状态接近于大气压，蒸气可看成是理想气体。如果蒸气的摩尔质量为 M_W，则密度（ρ_v）为：

$$\rho_v = \frac{pM_W}{RT_b} \tag{2-16}$$

于是，蒸气速率可根据蒸气管的横截面积（S）来计算：

$$u = \frac{q_{rx}}{\Delta H_v' \rho_g S} \tag{2-17}$$

式中，q_{rx} 为反应的放热速率，$q_{rx} = M_r q_r'$。

如果蒸气管的内径为 d，则蒸气速率为：

$$u = \frac{4R}{\pi} \times \frac{q_r' M_r T_b}{\Delta H_v' d^2 p M_W} = 10.6 \times \frac{q_r' M_r T_b}{\Delta H_v' d^2 p M_W} \tag{2-18}$$

蒸气速率是评价反应器在沸点温度是否安全的基本信息，该信息对反应器正常工作主要采取蒸发冷却模式或反应器发生故障后温度将达到沸点等情况尤其重要。实际上，式(2-18)建立了蒸气速率（u）与反应的比放热速率（q_r'）及蒸发回流管径（d）之间的关系。由此，一方面可以根据反应的放热情况进行蒸发回流装置的选型，另一方面可以从安全的角度对现有蒸发回流装置是否匹配进行评估。

第三节 热 平 衡

考虑化工过程热风险时，必须充分理解热平衡的重要性。这方面的知识对于反应、储存等工艺单元适用，对其他单元同样适用，当然也是实验室规模量热实验结果的解析之必需。但相对而言，反应单元中涉及的热平衡最复杂、最全面。为此，首先介绍反应器热平衡中的不同表达项，然后介绍常用的和简化的热平衡关系[10]。

一、热平衡项

化学热力学中规定放热为负，吸热为正。这里，从实用性及安全原因出发考虑热平衡，规定所有导致温度升高的影响因素都为正，例如放热反应。热平衡中最常见的表达有：

1. 热生成

热生成对应于反应的放热速率（q_{rx}）。因此，放热速率与摩尔反应焓成正比：

$$q_{rx} = (-r_A) V(-\Delta H_r) \qquad (2\text{-}19)$$

对反应器安全来说，热生成非常重要，因为控制反应放热是反应器安全的关键。对于简单的 n 级反应，反应速率可以表示成：

$$-r_A = k_0 e^{\frac{-E}{RT}} c_{A0}^n (1-X)^n \qquad (2\text{-}20)$$

式中，X[❶] 为反应转化率。

该方程强调了这样一个事实：放热速率是转化率的函数，因此，在非连续反应器或储存过程中，放热速率会随时间发生变化。间歇反应（batch reactor，BR）不存在稳定状态。在连续搅拌釜式反应器（continuous stirred tank reactor，CSTR）中，放热速率为常数；在管式反应器（tubular reactor，TR）中放热速率随位置变化而变化。放热速率为：

$$q_{rx} = k_0 e^{\frac{-E}{RT}} c_{A0}^n (1-X)^n V(-\Delta H_r) \qquad (2\text{-}21)$$

从这个表达式中可以看出：

① 反应的放热速率是温度的指数函数；

② 放热速率与体积成正比，故随含反应物料容器线尺寸的立方值（L^3）而变化。

就安全问题而言，上述两点是非常重要的。

2. 热移出

反应介质和载热体（heat carrier）之间的热交换存在几种可能的途径：热辐射、热传导、强制或自然热对流。这里只考虑对流，其它形式的热交换在下文交代。通过强制对流，载热体通过反应器壁面的热交换速率 q_{ex} 与传热面积[❷]（A）及传热驱动力成正比，这里的驱动力就是反应介质与载热体之间的温差（$T_r - T_c$）。比例系数就是综合传热系数 U。

$$q_{ex} = UA(T_c - T_r) \qquad (2\text{-}22)$$

需要注意的是，如果反应混合物的物理化学性质发生显著变化，综合传热系数 U 也将发生变化，成为时间的函数。热传递特性通常是温度的函数，反

---

❶ 合成反应和分解反应所用的研究手段不同。本书按照两者研究手段和分析方法中约定俗成的习惯，用 X 表示合成反应（目标反应）转化率，X_{ac} 表示累积度；而用 α 表示物料分解反应的热转化率。

❷ 本书中传热面积有时也用 S 表示。

应物料的黏度变化起着主导作用。

就安全问题而言，这里必须考虑两个重要方面：①热移出是温度（差）的线性函数；②由于热移出速率与热交换面积成正比，因此它正比于设备线尺寸的平方值（L^2）。这意味着当反应器尺寸必须改变时（如工艺放大），热移出能力的增加远不及热生成速率。因此，对于较大的反应器来说，热平衡问题是比较严重的问题。表 2-6 给出了一些典型的尺寸参数。尽管不同几何结构的容器设计，其换热面积可以在有限的范围内变化，但对于搅拌釜式反应器而言，这个范围非常小。以一个高度与直径比大约为 1:1 的圆柱体为例进行说明。

表 2-6 不同反应器的热交换比表面积

规模	反应器体积/m³	热交换面积/m²	比表面积/m⁻¹
研究实验	0.0001	0.01	100
实验室规模	0.001	0.03	30
中试规模	0.1	1	10
生产规模	1	3	3
生产规模	10	13.5	1.35

因此，从实验室规模按比例放大到生产规模时，反应器的比冷却能力（specific cooling capacity）大约相差两个数量级，这对实际应用很重要，因为在实验室规模中没有发现放热效应，并不意味着在更大规模的情况下反应是安全的。实验室规模情况下，冷却能力可能高达 1000W/kg，而生产规模时大约只有 20～50W/kg（表 2-7）。这也意味着反应热只能由量热设备测试获得，而不能仅仅根据反应介质和冷却介质的温差来推算得到。

表 2-7 不同规模反应器典型的比冷却能力[①]

规模	反应器体积 m³	比冷却能力/[W/(kg·K)]	典型的冷却能力/(W/kg)
研究实验	0.0001	30	1500
实验室规模	0.001	9	450
中试规模	0.1	3	150
生产规模	1	0.9	45
生产规模	10	0.4	20

① 容器比冷却能力的计算条件：将容器承装介质至公称容积，其综合传热系数为 300W/(kg·K)，密度为 1000kg/m³，反应器内物料与冷却介质的温差为 50K。

在式(2-22)中，综合传热系数 U 起到重要作用。因此，需要根据不同反应物料的特性实际测量其在具体反应器中的综合传热系数。对于反应器内物料组分给定的情形，雷诺数对传热系数的影响很大。这意味着对于搅拌釜式反应器，搅拌桨类型、形状以及转速都将影响传热系数。有时必须对沿反应器壁的温度梯度和热交换的驱动力（温度差）进行限制，以避免器壁的结晶或结垢。

这可以通过限制载热体的最低温度使其高于反应物料的熔点来实现。在其它情况下，可以通过限制冷却介质的温度或流速来达到目的。

3. 热累积

热累积速率（q_{ac}）体现了体系能量随温度的变化：

$$q_{ac} = \frac{d\sum_i (M_i c'_{p,i} T_i)}{dt} = \sum_i \left(\frac{dM_i}{dt} c'_{p,i} T_i \right) + \sum_i \left(M_i c'_{p,i} \frac{dT_i}{dt} \right) \quad (2\text{-}23)$$

计算总的热累积时，要考虑到体系每一个组成部分，既要考虑反应物料也要考虑设备。因此，反应器或容器——至少与反应体系直接接触部分的热容是必须要考虑的。对于非连续反应器，热累积可以用考虑质量或容积的如下表达式来表述：

$$q_{ac} = M_r c'_p \frac{dT_r}{dt} = \rho V c'_p \frac{dT_r}{dt} \quad (2\text{-}24)$$

由于热累积速率源于产热速率和移热速率的不同（前者大于后者），它导致反应器内物料温度的变化。因此，如果热交换不能精确平衡反应的放热速率，温度将发生如下变化：

$$\frac{dT_r}{dt} = \frac{q_{rx} - q_{ex}}{\sum_i M_i c'_{p,i}} \quad (2\text{-}25)$$

式（2-23）与式（2-25）中，i 是指反应物料的各组分和反应器本身。然而实际规模的生产过程中，相比于反应物料的热容，搅拌釜式反应器的热容常常可以忽略，为了简化表达式，设备的热容可以忽略不计。可以用下面的例子来说明这样处理的合理性，对于一个 $10m^3$ 的反应器，反应物料热容的数量级大约为 20000kJ/K，而与反应介质接触的金属质量大约为 400kg，其热容大约为 200kJ/K，也就是说大约为总热容的 1%。另外，这种误差会导致更保守的评估结果，这对安全评估而言是个有利的做法。然而，对于某些特定的应用场合，容器的热容是必须要考虑的，如连续反应器，尤其是管式反应器，反应器本身的热容被有意识地用来增加总热容，并通过这样的设计来提升反应器的安全性。

4. 物料流动引起的对流热交换

在连续体系中，加料时原料的入口温度并不总是和反应器出口温度相同，反应器进料温度（T_0）和出料温度（T_f）之间的温差导致物料间的对流热交换。热流与比热容、体积流率（$\dot{v}$）成正比：

$$q_{ex} = \rho \dot{v} c'_p \Delta T = \rho \dot{v} c'_p (T_f - T_0) \quad (2\text{-}26)$$

5. 加料引起的显热

如果加入反应器物料的入口温度（T_{fd}）与反应器内物料温度（T_r）不同，那么进料的热效应必须在热平衡中予以考虑。这个效应被称为"加料显热（sensible heat）效应"。

$$q_{fd} = \dot{m}_{fd} c'_{p fd} (T_{fd} - T_r) \tag{2-27}$$

此效应在半间歇反应器（semi-batch reactor，SBR）中尤其重要。如果反应器和原料之间温差大，或加料速率很高，加料引起的显热可能起主导作用，加料显热效应将明显有助于反应器冷却。在这种情况下，一旦停止进料，可能导致反应器内温度的突然升高。这一点对量热测试也很重要，必须进行适当的修正。

6. 搅拌装置的热能

搅拌器产生的机械能耗散转变成黏性摩擦能，最终转变为热能。大多数情况下，相对于化学反应释放的热量，这可忽略不计。然而，对于黏性较大的反应物料（如聚合反应），这点必须在热平衡中考虑。当反应物料存放在一个带搅拌器的容器中时，搅拌器的能耗（转变为体系的热能）可能会很重要。它可以由下式估算：

$$q_s = N_e \rho n^3 d_s^5 \tag{2-28}$$

式中，q_s 为搅拌引入的能量流率；N_e 为搅拌器的功率数（power number，也称为牛顿数或湍流数），不同形状搅拌器的功率数不一样，读者可以参考有关书籍获得；n 为搅拌器的转速（角速度）；d_s 为搅拌器的叶尖直径。

7. 热散失

出于安全原因（如考虑设备热表面可能引起人体的烫伤）和经济原因（如设备的热散失），工业反应器都是隔热的。然而，在温度较高时，热散失（heat loss）可能变得比较重要。热散失的计算比较烦琐枯燥，因为热散失通常要考虑辐射热散失和自然对流热散失。为了工程上的简化估算，热散失流率（q_{loss}）可利用总的热散失系数 α_{loss} 的简化表达式进行计算：

$$q_{loss} = \alpha_{loss} (T_{amb} - T_r) \tag{2-29}$$

式中，T_{amb} 为环境温度。

表 2-8 列出了一些设备的典型比热散失系数 α_{loss} 的数值（以单位质量物料的热散失系数，即比热散失系数表示），并对比列出了实验室设备的热散失系数。这些数值是通过容器自然冷却，确定冷却半衰期（half-life of the cooling，$t_{1/2}$）得到的。工业反应器和实验室设备的热散失可能相差 2 个数量级，这就解释了为什么放热化学反应在小规模实验中发现不了其热效应，而在大规模设备中却可能变得很危险。1L 的玻璃杜瓦瓶具有的热散失与 $10m^3$ 工业反应器

相当。确定工业规模装置总的热散失系数的最简单办法就是直接进行测量。

表 2-8 工业容器和实验室设备的典型比热散失系数

容器容量	比热散失系数 $a'_{loss}/[W/(kg \cdot K)]$	$t_{1/2}/h$
2.5m³ 反应器	0.054	14.7
5m³ 反应器	0.027	30.1
12.7m³ 反应器	0.020	40.8
25m³ 反应器	0.005	161.2
10mL 试管	5.91	0.117
100mL 玻璃烧杯	3.68	0.188
DSC-DTA	0.5~5	—
1L 杜瓦瓶	0.018	43.3

二、热平衡的简化表达式

如果考虑到上述所有因素，可建立如下的热平衡方程：

$$q_{ac} = q_{rx} + q_{ex} + q_{fd} + q_s + q_{loss} \tag{2-30}$$

然而，在大多数情况下，只包括上式右边前两项的简化热平衡表达式对于安全问题来说已经足够了。考虑一种简化热平衡，忽略如搅拌器带来的热输入或热散失之类的因素，则间歇反应器的热平衡可写成：

$$q_{ac} = q_{rx} + q_{ex}$$

$$\rho V c'_p \frac{dT_r}{dt} = (-r_A)V(-\Delta H_r) - UA(T_r - T_c) \tag{2-31}$$

对一个 n 级反应，着重考虑温度随时间的变化，于是：

$$\frac{dT_r}{dt} = \Delta T_{ad} \frac{-r_A}{c_{A0}} - \frac{UA(T_r - T_c)}{\rho V c'_p} = \Delta T_{ad} \frac{-r_A}{c_{A0}} - \frac{T_r - T_c}{\tau_c} \tag{2-32}$$

式中，$\tau_c = \dfrac{\rho V c'_p}{UA}$ 称为反应器热时间常数（也称为冷却时间常数，thermal time constant of reactor）。利用该时间常数可以方便地估算出反应器从室温升温到工艺温度的加热时间以及从工艺温度降温到室温的冷却时间，因而该参数比较重要。

第四节 化学反应速率

一、温度对反应速率的影响

考虑工艺热风险必须考虑如何控制反应进程，而控制反应进程的关键在于控制反应速率，这是失控反应的原动力。因为反应的放热速率与反应速率成正比，所以在一个反应体系的热行为中，反应动力学起着基础性的作用。本节对工艺安全有关的反应动力学方面的内容进行介绍[10]。

1. 单一反应

单一反应 A→P，如果其反应级数为 n，转化率为 X_A，反应速率可由下式得到：

$$-r_A = kc_{A0}^n(1-X_A)^n \tag{2-33}$$

这表明反应速率随着转化率的增加而降低。根据 Arrhenius 方程，速率常数 k 是温度的指数函数：

$$k = k_0 e^{\frac{-E}{RT}} \tag{2-34}$$

式中，k_0 是频率因子，也称指前因子；E 是反应的活化能，J/mol。式中气体常数 R 取 8.314J/(K·mol)。由于反应速率是以"物质的量/(体积·时间)"来表示，速率常数和指前因子的量纲取决于反应级数 [体积$^{(n-1)}$/物质的量$^{(n-1)}$·时间] 的表达形式。当然，工程上也常用 Van't Hoff 方程粗略地考虑温度对反应速率的影响：温度每上升 10K，反应速率加倍。

活化能是反应动力学中一个重要参数，有两种解释：

① 反应要克服的能垒；

② 反应速率对温度变化的敏感度。

对于合成反应，活化能通常在 50～100kJ/mol 之间变化。在分解反应中，活化能可达到 160kJ/mol，甚至更大（对于分解反应，有时还应当考虑自催化反应的情形）。低活化能（小于 40kJ/mol）可能意味着反应受传质控制，较高活化能则意味着反应对温度的敏感性较高，一个在低温下很慢的反应可能在高温时变得剧烈，从而带来危险。

2. 复杂反应

工业实践中接触的反应混合物常常表现出复杂的行为，且总反应速率由若干单一反应组成，构成复杂反应的模式。有两个基本反应模式能说明复杂反应。

第一个基本反应模式是连续反应，也叫作连串反应。

$$A \xrightarrow{k_1} P \xrightarrow{k_2} S \quad 且 \quad \begin{cases} r_A = -k_1 c_A \\ r_P = k_1 c_A - k_2 c_P \\ r_S = k_2 c_P \end{cases} \tag{2-35}$$

第二个基本反应模式是竞争反应，也叫作平行反应。

$$\begin{cases} A \xrightarrow{k_1} P \\ A \xrightarrow{k_2} S \end{cases} \text{和} \begin{cases} r_A = -(k_1 + k_2)c_A \\ r_P = k_1 c_A \\ r_S = k_2 c_A \end{cases} \quad (2\text{-}36)$$

在式(2-35)和式(2-36)中，假设是一级反应，但实际上也存在不同的反应级数。对于复杂反应，每一步的活化能都不同，因此不同反应对温度变化的敏感性不同。其结果取决于温度，在这些多步反应中，有一个反应（或反应机理）占主导。当需要将动力学参数外推到一个大的温度范围的情形时，要非常小心。图 2-3 左边的例子中，如果为了得到较好的测试信号，在高温下进行量热测试，获得活化能为 E_1，并用外推法外推到较低温度的情形，从而得到较低的反应速率：这样做是不安全的。该图右边的例子，测得活化能是 E_2，但如果外推到较低温度时所获得的结果又是保守的。基于这些原因，进行量热测试的温度必须在操作温度或储存温度附近，只有这样才有意义。

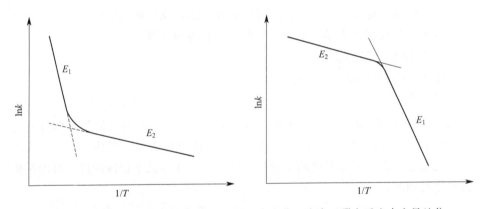

图 2-3 复杂反应的表观活化能可能随着温度变化，取决于哪个反应占主导地位

二、绝热条件下的反应速率

绝热条件下进行放热反应，导致温度升高，并因此使反应加速，但同时反应物的消耗导致反应速率的降低。因此，这两个效应相互对立：温度升高导致速率常数和反应速率的指数性增加，而反应物的消耗减慢反应。这两个相反变化因素作用的综合结果将取决于两个因素的相对重要性。

假定绝热条件下进行的是一级反应，速率随温度的变化如下：

$$-r_{A}=\underbrace{k_0 e^{\frac{-E}{RT}}}_{\text{温度因素}}\underbrace{c_{A0}(1-X_A)}_{\text{物料转化因素}} \tag{2-37}$$

绝热条件下温度和转化率呈线性关系。反应热不同，一定转化率导致的温升有可能支配平衡，也有可能不支配平衡。为了说明这点，分别计算两个反应的速率与温度的函数关系：第一反应是弱放热反应，绝热温升只有 20K，而第二个反应是强放热反应，绝热温升为 200K，结果列于表 2-9 中。

表 2-9 不同反应热的反应绝热条件下的反应速率，相应的绝热温升分别为 20K 和 200K

温度/K	100	104	108	112	116	120	—	200
速率常数/s^{-1}	1.00	1.27	1.61	2.02	2.53	3.15	—	118
反应速率(ΔT_{ad}=20K)	1.00	1.02	0.96	0.81	0.51	0.00	—	
反应速率(ΔT_{ad}=200K)	1.00	1.25	1.54	1.90	2.33	2.84	—	59

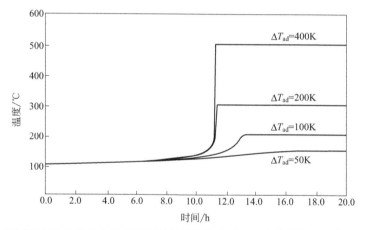

图 2-4 不同反应热的反应绝热温度与时间的函数关系，只在较低能量时曲线才呈 S 形

对于第一个只有 20K 绝热温升的反应，反应速率仅仅在第一个 4K 过程中缓慢增加，随后反应物的消耗占主导，反应速率下降，这不能视为热爆炸，而只是一个自加热现象。对于第二个 200K 绝热温升的反应来说，反应速率在很大的温度范围内急剧增加。反应物的消耗仅仅在较高温度时才有明显的体现，这种行为称为热爆炸。图 2-4 显示了一系列具有不同反应热，但具有相同初始放热速率和活化能的反应绝热条件下的温度变化。对于较低反应热的情形，即 $\Delta T_{ad}<200$K，反应物的消耗才导致一条 S 形曲线的温度-时间关系，这样的曲线并不一定会体现热爆炸、热自燃的特性，而只是体现了自加热的特征。很多放热反应不存在这种效应，意味着反应物的消耗实际上对反应速率没有影响。事实上，只有在高转化率情形时才出现速率降低。对于总反应热高（相应绝热

温升高于 200K）的反应，即使大约 5％的转化就可导致 10K 的温升或者更多。因此，当温升导致反应加速的影响远远大于反应物消耗带来的影响时，就可以忽略后者而只考虑前者，这相当于认为它是零级反应。基于这样的原因，从热爆炸的角度出发，常常将反应级数简化成零级。这也代表了一个保守的近似，零级反应比具有较高级数的反应有更短的热爆炸形成时间。

第五节　失　控　反　应

一、热爆炸

若反应器冷却系统的冷却能力低于反应的热生成速率，反应体系的温度将升高。温度越高，反应速率越大，这反过来又使热生成速率进一步加大。因为反应放热随温度呈指数增加，而反应器的冷却能力随着温度只是线性增加，于是冷却能力不足，温度进一步升高，形成反应失控，一旦体系温度满足热自燃、热爆炸的引发（或点火）条件，就会导致热爆炸。

二、 Semenov 热温图

考虑一个涉及零级动力学放热反应（即强放热反应）的简化热平衡。反应放热速率 $q_{rx}=f(T)$ 随温度呈指数关系变化。热平衡的第二项，用牛顿冷却定律 ［式(2-22)］ 表示，通过冷却系统移去的热量流率 $q_{ex}=g(T)$ 随温度呈线性变化，直线的斜率为 UA，与横坐标的交点是冷却介质的温度 T_c。热平衡可通过 Semenov 热温图[1]（图 2-5）体现出来。热量平衡是产热速率等于热移出速率（$q_{rx}=q_{ex}$）的平衡状态，这发生在 Semenov 热温图中指数放热速率曲线 q_{rx} 和线性移热速率曲线 q_{ex} 的两个交点上，较低温度下的交点（S）是一个稳定平衡点[10]。

当温度由 S 点向高温移动时，热移出占主导地位，温度降低直到热生成速率等于移热速率，系统恢复到其稳态平衡。反之，温度由 S 点向低温移动

---

❶ Semenov 热温图是 Semenov 热爆炸理论的核心内容之一。该理论建立在整个反应系统内部各点温度都相等（即均温系统），且体系边界温度与移热环境温度不一致的情况，这与实际情况存在一定差距。尽管如此，该理论的提出很好地解释许多热自燃、热爆炸现象，对整个爆炸理论的建立与发展具有重要的推动作用。

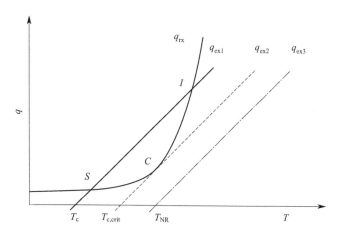

图 2-5　Semenov 热温图

反应的热释放速率和冷却系统移热速率的交点 S 和 I 代表平衡点。

交点 S 是一个稳定工作点，而 I 代表一个不稳定的工作点。C 点对应于临界热平衡，

相应反应体系的温度为不回归温度 T_{NR}，冷却介质的上限温度为 $T_{c,crit}$

时，热生成占主导地位，温度升高直到再次达到稳态平衡。因此，这个较低温度处的 S 交点对应于一个稳定的工作点。对较高温度处交点 I 作同样的分析，发现系统变得不稳定，从这点向低温方向的一个小偏差，冷却占主导地位，温度降低直到再次到达 S 点，而从这点向高温方向的一个小偏差导致产生过量热，因此形成失控条件。

冷却线 q_{ex1}（实线）和温度轴的交点代表冷却系统（介质）的温度 T_c。因此，当冷却系统温度较高时，相当于冷却线向右平移（图 2-5 中虚线，q_{ex2}）。两个交点相互逼近直到它们重合为一点。这个点对应于切点，是一个不稳定工作点，相应的冷却系统的上限温度称为临界温度❶（$T_{c,crit}$, critical temperature），反应体系的温度为不回归温度（T_{NR}, temperature of no return）。当冷却介质温度高于 $T_{c,crit}$ 时，冷却线 q_{ex3}（点画线）与放热曲线 q_{rx} 没有交点，意味着热平衡方程无解，失控无可避免。

三、参数敏感性

若反应器在冷却介质的临界温度 $T_{c,crit}$ 运行，冷却介质一个无限小的温度增量也会导致失控状态。这就是所谓的参数敏感性，即操作参数的一个小的变

---

❶　本书中临界冷却温度与热力学中的临界温度无关。

化导致状态由受控变为失控。此外，除了冷却系统温度改变会产生这种情形，传热系数的变化也会产生类似的效应[10]。

由于移热曲线的斜率等于 UA [式(2-22)]，综合传热系数 U 的减小会导致 q_{ex} 斜率的降低，从 q_{ex1} 变化到 q_{ex2}，从而形成临界状态（图 2-6 中点 C），这可能发生在热交换系统存在污垢、反应器内壁结皮（crust）或固体物沉淀的情况下。在传热面积 A 发生变化（如工艺放大）时，也可以产生同样的效应。即使在操作参数如 U、A 和 T_c 发生很小变化时，也有可能产生由稳定状态到不稳定状态的"切换"。其后果就是反应器稳定性对这些参数具有潜在的高敏感性，实际操作时反应器很难控制。因此，化学反应器的稳定性评估需要了解反应器的热平衡知识，从这个角度来说，临界温度的概念很有用，与本书后续章节中讨论的自加速分解温度（SADT）具有类似的物理意义。

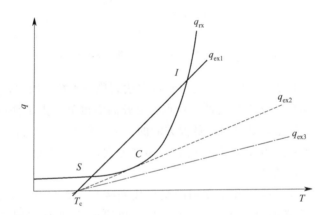

图 2-6　Semenov 热温图：反应器传热参数 UA 发生变化的情形

四、临界温度

如上所述，如果反应器运行时的冷却介质温度接近其临界温度（上限温度），冷却介质温度的微小变化就有可能会导致过临界（over-critical）的热平衡，从而发展为失控状态。因此，为了评估操作条件的稳定性，了解反应器运行时的冷却介质温度是否远离或接近临界温度就显得很重要了。这可以利用 Semenov 热温图（图 2-7）来评估[10]。

我们考虑零级反应的情形，其放热速率表示为温度的函数：

$$q_{rx} = k_0 e^{-E/(RT_{NR})} V(-\Delta H_r) \tag{2-38}$$

式中，T_{NR} 为上述的不回归温度。

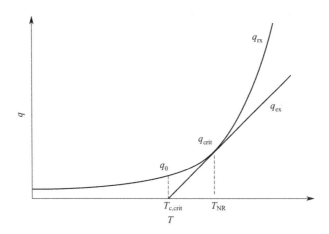

图 2-7 Semenov 热温图：临界冷却温度的计算

考虑临界情况，则反应的放热速率与反应器的冷却能力相等：

$$q_{rx} = q_{ex} \longleftrightarrow k_0 e^{-E/(RT_{NR})} V(-\Delta H_r) = UA(T_{NR} - T_{c,crit}) \qquad (2\text{-}39)$$

由于两线相切于此点，则其导数相等：

$$\frac{dq_{rx}}{dT} = \frac{dq_{ex}}{dT} \longleftrightarrow k_0 e^{-E/(RT_{NR})} V(-\Delta H_r) \frac{E}{RT_{NR}^2} = UA \qquad (2\text{-}40)$$

两个方程同时满足，经过推导可以得到反应物料不回归温度与冷却介质临界温度的差值（即临界温差 ΔT_{crit}）：

$$\Delta T_{crit} = T_{NR} - T_{c,crit} = \frac{RT_{c,crit}^2}{E} \qquad (2\text{-}41)$$

所谓温差，是指反应器内物料温度与冷却介质温度之间的差值。由此可见，临界温差实际上是反应器稳定运行所允许的最大温度差。一般说来，临界温差不大（约为 10~20℃）[11]。所以，在一个给定的反应器（指该反应器的热交换系数 U 与 A、冷却介质温度 T_0 等参数已知）中进行特定的反应（指该反应的放热量等热力学参数及 k_0、E 等动力学参数已知），只有当反应体系温度（T_r）与冷却介质温度（T_c）之间的差值小于临界温差时（$\Delta T = T_r - T_c \leqslant \Delta T_{crit} = \dfrac{RT_{c,crit}^2}{E}$），才能保持反应体系（由化学反应与反应器构成的体系）稳定。显然，从道理上讲，这可以作为反应体系是否能稳定运行的一个判据。

反之，如果需要对反应体系的稳定性进行分析与评估，必须知道几方面的参数：反应的热力学、动力学参数、反应器冷却系统的热交换参数、操作条件等。推而广之，也可以运用同样的原则来评估物料储存过程的热稳定性，即只有知道分解反应的热力学、动力学、储存容器的热交换、环境温度等参数时，才能进行物料储存过程热稳定性的分析与评估[12]。

五、绝热条件下最大反应速率到达时间

第一章中已经指出，化工过程热失控是指放热化学反应系统因热平衡被打破而使温度升高，产生恶性的热效应和/或压力效应，导致喷料，反应器或工艺容器破坏，甚至燃烧、爆炸的现象。但热失控以后是不是一定发生燃烧、爆炸呢？

反应系统热失控的过程可以视为自热（self-heating）过程，相应的系统可以称为自热系统。文献［13］指出，如果自热过程未被控制，势必使系统达到温度很高的状态，一旦满足点火条件，系统就会出现点火（有些场合下则导致起燃或起爆）。这种达到点火条件出现热自燃或热爆炸的变化过程，在热爆炸理论中被称为热爆炸。

可以定义 Semenov 数 ψ，如果 ψ 小于临界 Semenov 数 ψ_{cr}（也称为 Semenov 热爆炸判据），则热爆炸就不会发生，反之则不可避免。其中，临界 Semenov 数 ψ_{cr} 见式（2-42）。

$$\frac{Qc^n AE\exp[-E/(RT_c)]}{USRT_c^2} = e^{-1} = \psi_{cr} \tag{2-42}$$

式中，Q 为放热量；c 为反应物浓度；n 为反应级数；A 为指前因子；E 为活化能；T_c 为冷却介质温度；U 为综合传热系数；S 为移热面积。

显然，从 Semenov 热爆炸判据可以看出，如果反应体系的放热量小，反应物料浓度低，体系放热速率远小于移热能力，则不会发生热爆炸。

本章第四节中介绍"绝热条件下的反应速率"时也指出，对于反应热较小的情形（即绝热温升不高），反应物的消耗会导致一条 S 形曲线的温度-时间关系，这样的曲线并不一定会导致热爆炸（含热自燃）的发生，而更多地体现了自加热的特征。

失控反应的一个重要参数就是绝热条件下最大反应速率到达时间（time to maximum rate under adiabatic conditions，TMR_{ad}），有的文献也称为绝热条件下热爆炸形成时间、绝热诱导期，更有资料称为致爆时间。然而，从上面的分析可以看出，绝热条件下最大反应速率到达时间与热爆炸形成时间是两个概念，只有体系具有热爆炸的前提条件，才谈得上其热爆炸的形成时间，两者的意义才一致［例如过氧化苯甲酰（BPO）等化学物质，由于分解放热量大，且放热速率快，会形成热爆炸，此时这两个概念是一致的］，否则应该采用绝热条件下最大反应速率到达时间。

考虑到该参数推导过程的复杂性，这里仅给出有关结论，有兴趣的读者可以参考有关热爆炸方面的书籍。对于一个零级反应，绝热条件下的最大反应速率到达时间为：

$$\text{TMR}_{ad} = \frac{c_p' R T_0^2}{q_{T_0}' E} \tag{2-43}$$

TMR_{ad} 是一个反应动力学参数的函数，如果初始条件 T_0 下的反应比放热速率 q_{T_0}' 已知，且知道反应物料的比热容 c_p' 和反应活化能 E，那么 TMR_{ad} 可以计算得到。由于 q_{T_0}' 是温度的指数函数，所以 TMR_{ad} 随温度呈指数关系降低，且随活化能的增加而降低。

需要指出的是，式(2-43)基于零级反应假设推导而得，就具有 n 级分解动力学的物料来说，根据该公式获得的计算结果偏保守。

如果初始条件 T_0 下的反应比放热速率 q_{T_0}' 已知，且反应过程的机理不变（即动力参数不变），则不同引发温度 T 下的绝热诱导期可以如下计算得到：

$$\text{TMR}_{ad}(T) = \frac{c_p' R T^2}{q_{T_0}' \exp\left[\frac{-E}{R}\left(\frac{1}{T} - \frac{1}{T_0}\right)\right] E} \tag{2-44}$$

六、绝热诱导期为 24h 时引发温度

进行工艺热风险评估时，还需要用到一个很重要的参数——绝热诱导期为 24h 时引发温度（T_{D24}）。该参数常常作为制定工艺温度的一个重要依据。

如上，绝热诱导期随温度呈指数关系降低，如图 2-8 所示。一旦通过实验

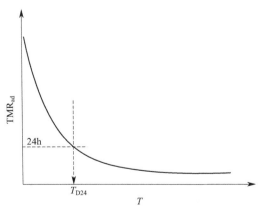

图 2-8 TMR_{ad} 与温度的变化关系

测试等方法得到绝热诱导期与温度的关系，可以由图解或求解有关方程获得 T_{D24}。

参考文献

[1] Theodor Grewer. Thermal Hazards of Chemical Reactions. Amsterdam：Elsevier. 1994.

[2] 陈网桦,陈利平, 李春光, 等. 苯和甲苯硝化及磺化反应热危险性分级研究. 中国安全科学学报，2010, 20（5）：67-74.

[3] Chen Li-Ping, Chen Wang-Hua, Liu Ying, et al. Toluene mono-nitration in a semi-batch reactor. Central European Journal of Energetic Materials，2008，5（2）：37-47.

[4] 陈利平, 陈网桦, 彭金华, 等. 间歇与半间歇反应热失控危险性评估方法. 化工学报，2008，59（12）：2963-2970.

[5] Cooper P W, Kurowski S R. Explosives Engineering. New York： VCH Publishers， 1996.

[6] Hougen O A, Watson K M, Ragotz R A. Chemical Process Principles，Part Ⅰ. New York：John Wiley and Sons，1954.

[7] Dobratz B M, Crawford P C. LLNL explosives handbook：Properties of chemical explosives and explosive simulants，UCRL-52997. Livermore，USA：Lawrence Livermore National Laboratory，1981.

[8] American Institute of Physics Handbook. 2nd Ed. New York：McGraw-Hill Publishers，1963.

[9] 董泽，陈利平，陈网桦，等. 密闭容器内失控反应超压的数学建模及其在压力泄放中的应用. 化工学报，2017，68（11）：4453-4460.

[10] 弗朗西斯·施特塞尔. 化工工艺的热安全——风险评估与工艺设计. 陈网桦，彭金华，陈利平，译. 北京：科学出版社， 2009.

[11] 刘荣海，陈网桦，胡毅亭. 安全原理与危险化学品测评技术. 北京：化学工业出版社，2004.

[12] John Barton, Richard Rogers. Chemical Reaction Hazards. Institution of Chemical Engineers，1993.

[13] 冯长根. 热爆炸理论. 北京:科学出版社，1988.

第三章

物料热稳定性及热分析动力学

物料的热稳定性研究主要讨论物料发生热分解的可能性与严重度，两者组合即构成热风险。一般说来，对物料热稳定性的研究往往采用热分析技术，在分析数据时则主要借助于热分析动力学计算方法。由于自催化反应对物料热稳定性影响的特殊性，所以在深入分析物料热分解特征时，首先需要筛选其热分解反应是否具有自催化特征。为此，本章将首先简单介绍物料热分解的一些特性，进而对热分析技术和热分析动力学方法进行简述，然后着重介绍国际热分析动力学与量热协会动力学分委员会对热分析动力学计算的建议和自催化反应的筛选方法，最后是动力学分析的一些应用实例。

第一节 热 分 解

一、放热分解反应

热爆炸或反应失控常常涉及分解反应。分解反应的引发因素包括杂质催化、分解产物的自催化、环境热作用等。在某些案例中分解反应是热爆炸或反应失控的直接原因，而在另外一些案例中，分解反应由目标反应的失控而引发。英国的统计调查表明，在 48 起失控反应的事故案例中有 32 起与反应料液的二次分解有关，而在最近的一个事故分析报告中则显示，在法国 1988～2013 年发生的 43 起热失控事故中，由分解反应导致的事故占了 18.6％[1]。因此，在评估工艺热风险时，首先需要了解分解反应的特性[2]。

Grewer[3] 对放热分解反应进行了比较充分的描述，具体如下：

实际上分解反应可以是吸热的，也可以是放热的。这里主要关注放热分解反应，或简称"热解反应"。"放热分解反应"定义为在没有其它反应物（例如空气）参与下发生产生热量的化学变化，这些反应在此作为二次反应考虑。从该角度而言，如果目标反应之后发生了聚合反应或异构化等反应，则也归于这类反应。对二次反应的实验研究通常通过测试这些反应产生的热量或温度的变化进行，这时测得的是综合热效应，因而难以判断出所研究反应的真正类型（如分解反应、聚合反应、异构化反应等），而仅能判断反应是增速、减速还是自催化的（见本章第二节）。

热解反应极少属于简单的基元反应，即便是最简单的分解反应，例如过氧化氢或环氧乙烷的分解，也不能用一步基元反应来描述。有机化合物的分解产物中通常包含有小分子气体。

鉴于分解反应的复杂性，很少能确切知道分解反应的具体产物及相应的比例。因此，即使已知原始物质的生成热，也难以准确计算分解过程放出的能量。此外，反应产物还可能造成环境危害，尤其是其中的气态分解产物。

通过研究物质的化学组成和基团构成，通常可以初步识别放热分解反应的能力。在无机物中，以下类型的化合物具有或疑似具有放热分解的能力。

① 过氧化物或过氧化合物[1]；

② 叠氮化物；

③ 肼和羟胺盐；

④ 含氧酸的铵盐；

⑤ 一般含氧酸的盐。

当然，上述类型的物质并不完整，还有更多的物质可能具有放热分解的能力。

通过观察有机化合物所具有的官能团有助于识别该化合物是否能进行放热分解反应。表 3-1 中列出了一些不包含 N 元素且能引起放热分解反应或聚合反应的典型官能团，其中除 C 和 H 原子外，还包含 O、Cl、P 或 S 原子。

表 3-1　不包含 N 元素且能引起放热分解反应或聚合反应的典型官能团

$\diagdown C\!=\!C\diagup$	$-C\!\equiv\!C-$	$\diagup\underset{O}{C\!-\!C}\diagdown$
$-O\!-\!O-$	$\overset{O}{\underset{\|}{-C}}\!-\!Cl$	$-O\!-\overset{O}{\underset{\|}{C}}\!-\!Cl$
$\diagdown S\!=\!O$	$-SO_2Cl$	$-O\!-\overset{S}{\underset{\|}{C}}\!-\!SK$
$\diagdown POR$	$-P(OR)_2$	$P(OR)_3$

---

[1]　原文为："Peroxides or peroxy compounds"。

含氮化合物中存在许多类能够发生危险放热分解的物质，表 3-2 列出了一些最重要的含氮官能团。

表 3-2　引起放热分解反应的含氮官能团

$>$N—N$<$ / $>$N=N$<$	$>$C=N— / $>$C=N—N$<$	$>$C—C$<$ N—H	O ‖ —N=C—
—N=N$^+$	—C≡N	$=$C—N=O	—ONO
$>$N—N=N—N$<$	—N=C=O	$>$N—N=O	—NO$_2$
—N$_3$	—N=C=S	$>$N—OH	—O—NO$_2$
$>$C=N=N	$>$C=NOH	$>$N—Cl	—N—NO$_2$
—N=N—N=N	$>$C=NOR	—N: O	—NH$_2$HNO$_3$

当然，表 3-1 和表 3-2 中官能团给出的放热分解信息并不一定完全"可靠"。虽然硝基、偶氮基、重氮基和大多数其它基团总是能够放热分解，但对于 —C≡N，$>$C=N— 或—COCl 来说情况并非如此，只有在所属分子具有特殊结构时，它们才会显示出放热分解的特征。

许多分解反应不能仅与分子中的单个官能团相关联。如许多仅含有 C、H 和 O 原子的物质也能放热分解，此时很难将分解放热反应定位到这些含 C—H—O 的分子中某个特定的基团，其能量的产生过程可能是从其中的 O—C 键转为 O—H 键。

对于其它一些物质，放热分解必须与分子中的两个或多个基团相关联。最著名的例子是含有氨基和氯原子的化合物，4-氯苯胺是第一个被发现具有此类放热效果的物质。表 3-3 给出了一些官能团的组合，它们组合在一起可能引起放热分解反应。

表 3-3　组合在一起可能导致放热分解的官能团

组 1	组 2
—NH$_2$	—Cl
	—Br
	—OCH$_3$
—OK，—ONa	—Cl
—COOK，—COONa	—Cl

对于分解反应而言，其反应的能量是非常重要的一个特征参数。很多反应

产物都能发生放热分解反应。但是由于分解反应的能量差别很大，所以由分解导致的危害也有很大的差异。表 3-4 列出了一些典型物质的分解能。表中的能量按照降序排列，列在前面的是分解能量很高且有可能发生爆轰的爆炸品，其分解能可达每克几千焦；进而是一些不能发生爆轰，但是在化工厂中可能造成的危害却无法忽略的物质，这些物质的分解能在 500~3000J/g 之间；最后是分解能低于 500J/g 的从能量角度来说危害性相对较低的物质。

表 3-4　典型物质的分解能（按分解热递减的顺序排列）

物质	分解热 Q_d/(J/g)	物质	分解热 Q_d/(J/g)
硝化甘油	6300	偶氮苯	800
2,4,6-三硝基甲苯（TNT）	4400	苯肼	660
1,3-二硝基苯	3500	4-氯苯胺	630
4-硝基苯胺	2500	蔗糖	480
苯基叠氮化合物	1900	1,2-二苯肼	440
硝酸铵	1600	2-氯苯胺	410
苯基重氮氯化物	1500	纤维素	330
过氧化二苯甲酰	1390	3,4-二氯苯胺	280
4-亚硝基苯酚	1200	1,4-二噁烷	165

二、分解反应的评估

对分解反应或对引发此类反应所导致的风险进行评估，就意味着须对热风险的严重度和引发的可能性进行评估。文献 [4] 给出了反应性化学物质危险性评估的四个方面（见表 3-5），可见，分解反应严重度的评估需要考虑释能大小及释能激烈性两个方面，对分解可能性的评估也需要考虑两个方面：分解反应是否会发生及分解反应发生的难易程度。

表 3-5　反应性化学物质典型危险性表象与评估项目[4]

危险性表象	发生这种危险性需评价的项目			
爆轰（伴随有冲击波的爆炸反应）	可能性	难易性	大小	激烈性
燃烧以至爆燃（无冲击波伴随的放热反应面快速移动，且无需借助于空气中的氧）				
热爆炸（体系热生成速度＞热散失速度的自加速放热反应）				
混合接触发火或放热				

实际上通过一个热分析或量热实验，就有可能获得表征热分解危险性的上述参数，如差示扫描量热方法（DSC）可测得的起始分解温度、放热量、放热速率、等温 TMR_{ad} 等，绝热量热测试可以获得的起始分解温度、温升速率、压力、压升速率、产气量等（具体见第六章）。然而这些参数往往受测试条件的影响，

所以难以直接作为化工操作单元分解反应风险评估的参数。

Stoessel[2] 认为可以采用如下参数来评估分解反应风险：

① 分解反应的后果：分解反应所造成的破坏与其释放的能量成比例。因此，绝热温升可作为评估判据。

② 引发反应的可能性：引发分解反应的原因可能是多种多样的。可能是由于热引发，即温度过高引发。此外，催化剂或杂质的存在也可能引发分解反应。失控分解反应发生热爆炸或自加热（见第二章）的可能性可用绝热条件下最大反应速率到达时间（TMR_{ad}）来评估。这个时间越短，发生热爆炸或自加热的可能性越大。

第二节　热分析及热分析动力学简介

如上所述，评估热分解风险将涉及分解严重度和可能性两方面的参数。而对于分解可能性的评估，需要获得类似于 TMR_{ad} 的表征参数，这就要求得到分解反应的动力学信息。获取分解反应的动力学往往需要借助热分析或量热技术，其中热分析动力学获取方法是相对成熟的一种技术，因此这里将简单介绍热分析动力学方法，对于具体的分析技术及基于绝热量热方法获得相关参数的方法将主要在第六章中涉及。

一、热分析

热分析是仪器分析的一个重要分支，它与波谱分析法、光学仪器分析法、色谱分析法等一样，同属仪器分析法[5]。

1. 热分析的发展历史

历史上与热测量有关的测试 19 世纪就已经开始。第一个使用"热分析"这一术语的是 20 世纪初德国的 Tammann；第一台真正与现代热分析相似的设备是 1915 年日本本多光太郎发明的"热天平"；20 世纪 50 年代，苏联率先提出了热机械分析法（TMA）；1955 年，荷兰 Boersma 发明了热通量式差示扫描量热仪（DSC），1964 年，美国 Watson 等发明了功率补偿式 DSC。20 世纪 50 年代末 60 年代初，各种商业化的热分析仪器迅速出现。随后，随着电子技术，特别是近代半导体器件、电子计算机技术和微处理机的发展，自动记录、信号放大、程序温度控制和数据处理等智能化方面有了很大的改进和提高，使得热分析仪器精度、重复性、分辨率、自动数据处理装置等均取得了长足的进步，操作也越来越方便，并且各种新型的热分析仪器被进一步推出，如1992 年 Reading 在北美热分析会上提出温度调制式 DSC[6]。

我国在这方面的发展较晚。20 世纪 50～60 年代，我国科研单位、高校和产业部门为满足科研、教学和生产的需要，开始自行设计研制热分析仪器。1952 年中国科学院地质研究院设计制造了国内第一台差热分析仪（DTA）；60年代初我国第一台商品化的热天平（TG）在北京光学仪器厂诞生；60 年代末，北京光学仪器厂和上海天平仪器厂等先后研制了差热分析仪；1976 年，上海天平仪器厂制造了国内第一台 DSC[7]。尽管如此，这些国产的热分析仪器与国际先进水平相比，还有很大的差距。

目前，随着我国科研投入的增加及科技水平的提高，热分析技术的应用范围越来越广泛，热分析设备也逐渐成为常用的设备而配置于各类实验室中。

2. 热分析的定义

1978 年国际热分析协会（International Confederation for Thermal Analysis，ICTA）名词委员会对"热分析"（thermal analysis，TA）的定义为："在程序温度下，测量物质的物理性质与温度关系的一类技术"。

1991 年，Gimzewski 对热分析给出如下定义："于一定气氛，在程序温度下随时间或温度跟踪试样某一性质的一类技术"。

ISO 11357-1（1997）对 DSC 的定义也有所变化："试样和参比物在程序控温下，测量输给试样和参比物的热通量差（或功率差）与温度或时间关系的技术"。这一定义考虑了热通量式 DSC 和功率补偿式 DSC 并存的现实。由此推演热分析的定义并修订细化为："在程序控温和一定气氛下，测量试样某种物理性质与温度或时间关系的一类技术"。

1999 年，更名后的国际热分析和量热协会（international confederation for thermal analysis and calorimetry，ICTAC）与 ASTM 对热分析的定义为："在程序温度下，测量物质的物理性质与温度或时间关系的一类技术"。

显然，Gimzewski 和 ISO 11357 等对热分析的定义与 ICTAC 的定义不再相同。同时，近年来热分析技术与应用取得了很大的发展，如温度调制式差示扫描量热法（modulated temperature DSC）、Tzero 技术、步进升温和控制速率热分析等技术出现与应用，意味着需要对热分析重新定义。鉴于此，热分析的新定义为："在程序温度（和一定气氛下），测量物质的物理性质与温度或时间关系的一类技术"[6]。

3. 热分析的种类

按样品所测物理量的性质（如质量、温差、热量等）以及联用技术，可将热分析方法进行如表 3-6 所示的分类。

表 3-6　常用热分析方法

方法名称	简称	主要测量的物理量
热分析方法		
热重法	TG	质量变化 Δm
逸出气检测	EDG	逸出气体相对量
逸出气分析	EGA	逸出气体特性和数量，如 GC、MS、FTIR 等
差热分析	DTA	温度差 ΔT 或温度 T
差示扫描量热法	DSC	热流 q，热量 Q，热容 c_p
温度调制式差示扫描量热法	MTDSC	热流 q，热量 Q，热容 c_p
热机械分析	TMA	样品尺寸变化
动态热机械分析	DMA	模量 G，阻尼 $\tan\delta$
联用技术		
热重-差热分析(同时联用技术)	TG-DTA	质量变化 Δm、温度差 ΔT 或温度 T
热重-差示扫描量热法(同时联用技术)	TG-DSC	质量变化 Δm、热流 q、热量 Q
热重-质谱分析(串接联用技术)	TG-MS	质量变化 Δm、质谱
热重-傅里叶变换红外光谱法(串接联用技术)	TG-FTIR	质量变化 Δm、红外光谱
热重-气相色谱-质谱分析(间歇联用技术)	TG-GC-MS	质量变化 Δm、气相色谱、质谱

在化工过程热风险评估中，由于关注的是物料在不同工艺条件、工艺装置下分解放出的热量及放热速率，因此常采用密封池式 DSC 或 DTA 对样品的分解反应进行测试和评估。

4. 热分析的应用领域

19 世纪末到 20 世纪初，差热分析法主要用于研究黏土、矿物以及金属合金方面。到 20 世纪中期，热分析技术才应用于化学领域，起初应用于无机物领域，而后才扩展到络合物、有机化合物和高分子领域中，现在已成为研究高分子结构与性能关系的一种相当重要的工具。到 20 世纪 70 年代初，又开辟了对生物大分子和食品工业方面的研究。从 80 年代开始应用于胆固醇和前列腺结石的研究以及检测解毒药的霉素和酶活性等。

现在，热分析技术已经渗透到物理、化学、化工、石油、冶金、地质、材料、食品、地球化学、生物化学等各个领域。在化学化工方面，热分析技术可以用于获得反应热、原料及产物的比热容、相变潜热等各类数据，结合动力学分析来评估物质或物料的质量、安全性、储存寿命等，是化工工艺研发、安全放大、安全性分析的一种有效研究手段[8]。

二、热分析动力学方程

描述在等温条件下的均相反应的动力学方程在 19 世纪末基本完成，具体如下：

$$\frac{\mathrm{d}c}{\mathrm{d}t} = k(T)f(c) \tag{3-1}$$

式中　c——产物的浓度；

t——时间；

$k(T)$——反应速率常数的温度关系式（temperature dependence of rate constants，以下简称速率常数）；

$f(c)$——反应机理函数，在均相反应中一般都用 $f(c)=(1-c)^n$ 的反应级数形式来表示反应机理。

热分析法研究非等温条件下的非均相反应时，基本上沿用了上述等温均相反应的动力学方程，只做了一些调整以适应新体系的需要。

1. 从均相到非均相

用动力学的基本概念研究非均相反应（heterogeneous reaction）或固态反应（solid state reaction）始于 20 世纪初。由于在均相体系中浓度 c 的概念在非均相体系中已不再适用，因而用反应物向产物转化的百分数 α 进行代替，表示在非均相体系中反应进展的程度（即反应进度）。此外，鉴于非均相反应的复杂性，从 20 世纪 30 年代起建立了许多不同的动力学模型 $f(\alpha)$，来代替反映均相反应机理的反应级数表达式。

2. 从等温到非等温

早期的动力学研究工作都是在等温情况下进行的，到 20 世纪初开始采用非等温法跟踪非均相反应速率的尝试。由于常采用线性升温的加热方法，即温升速率（$\beta = \mathrm{d}T/\mathrm{d}t$）为常数，因此 Vallet 提出在动力学方程中进行 $\mathrm{d}t = \mathrm{d}T/\beta$ 的置换。

于是，经过转换后的非等温、非均相反应的动力学方程就成为以下的形式：

$$\frac{\mathrm{d}c}{\mathrm{d}t} = k(T)f(c) \xrightarrow[\beta=\mathrm{d}T/\mathrm{d}t]{c \to \alpha} \frac{\mathrm{d}\alpha}{\mathrm{d}T} = \frac{1}{\beta}k(T)f(\alpha) \tag{3-2}$$

式中　β——温升速率（一般为常数）；

α——转化率，也可以称为热转化率。

显然，上式左边的 $k(T)$ 与右边 $k(T)$ 的数值并不完全相同，但是两者具有相类似的动力学意义。

尽管如此，很多热分析测试时所谓的保持温度线性升温，实际上是指炉膛环境的温度线性升温，样品的温度未必符合线性规律，因此在进行动力学计算时需要斟酌样品温度的选用或处理[9]。

三、速率常数

动力学方程中的速率常数 k 与温度有非常密切的关系。有趣的是，这些关系式几乎同时由 Arrhenius 和 van't Hoff 等在 19 世纪末提出。在这些关系式中，有些一开始是纯粹的经验公式，其中 Arrhenius 通过模拟平衡常数与温度的关系，提出了目前最为常用的速率常数-温度关系式：

$$k = A\exp\left(-\frac{E}{RT}\right) \tag{3-3}$$

式中　A——指前因子；

　　　E——活化能；

　　　R——摩尔气体常数；

　　　T——热力学温度。

式(3-3) 在均相反应中几乎能适用于所有的基元反应和大多数复杂反应，式中 A 与 E 的物理意义分别由碰撞理论（collision theory）和过渡态理论所诠释。

将式(3-3) 代入式(3-2)，可分别得到非均相体系在等温与非等温条件下的两个常用的动力学方程式：

$$\frac{\mathrm{d}\alpha}{\mathrm{d}t} = A\exp\left(-\frac{E}{RT}\right)f(\alpha) \quad （等温） \tag{3-4}$$

$$\frac{\mathrm{d}\alpha}{\mathrm{d}T} = \frac{A}{\beta}\exp\left(-\frac{E}{RT}\right)f(\alpha) \quad （非等温） \tag{3-5}$$

动力学研究的目的就在于求解出上述方程中"动力学三因子"（kinetic triplet） E、A 和 $f(\alpha)$ [9]。

值得注意的是，虽然 Arrhenius 速率常数表达式在进行动力学计算时最常用，但是它并不一定适合所有的反应。

另外，基于上面从均相等温向非均相非等温的反应速率方程推导过程可以发现，活化能和指前因子等理论最初均基于本征反应提出，但是这里计算的反应动力学是基于宏观的温度、放热速率等参数随温度或时间的变化关系而得到，因而由此得到的动力学三因子只具有经验意义、宏观特征，而不具有理论意义。即热分析动力学方法计算得到的动力学参数均为"表观"结果。

四、动力学模型函数

上述 $f(\alpha)$ 称为动力学模型函数（kinetic model function），也称为反应模型（reaction model）、动力学模型（kinetic model）、动力学函数（kinetic function）、机理函数（mechanism function）等，有时也简称为函数（function）、模型（model），表示了物质反应速率与 α 之间所遵循的某种函数关系，决定了热分析曲线（TA 曲线）的形状，它的相应积分形式 $g(\alpha)$ 被定义为：

$$g(\alpha) = \int_0^\alpha d(\alpha)/f(\alpha) \tag{3-6}$$

这些动力学模型函数都是假设固相反应中，在反应物和产物界面上存在有一个局部的反应活性区域，而反应进程则由这一界面的推进来进行表征，再按照控制反应速率的各种关键步骤，如产物晶核的形成和生长、相界面反应或是产物气体的扩散等分别推导出来的。在推导过程中假设反应物颗粒具有规整的几何形状和各向同性的反应活性，但是实际情况往往更加复杂[9]。很多学者对热分析的动力学计算做出了贡献，形成了几十种动力学模型，文献 [9] 中罗列了 47 种模型函数。

五、动力学补偿效应

毫无疑问，Arrhenius 速率常数表达式中活化能 E 和指前因子 A 是相对独立的两个参数。但是在某些均相或多相反应中（如在不同溶剂中的液相反应、催化剂组成有规律变化或表面预处理不同的多相反应、同类无机盐或有机高聚物的热分解反应等）常会发现随着 E 值增大，计算得到的 A 值亦增大；E 值减小，A 值也随之减小，即活化能与指前因子这两个对反应速率起着相反影响的动力学参数之间存在着相互补偿的关系：

$$\ln A = aE + b \tag{3-7a}$$

动力学补偿效应（kinetic compensation effect，KCE）是与等动力学点的概念联系在一起的。等动力学点是指因实验条件或动力学方程的不同而得到的多条 $\ln k$-$1/T$ 直线交于一个公共点（T_{iso}，k_{iso}），这个点称为等动力学点。对于不同条件下得到的多组动力学参数 E 和 A 来说，$k_{iso} = A\exp[-E/(RT_{iso})]$，即：

$$\ln A = E/(RT_{iso}) + \ln k_{iso} \tag{3-7b}$$

式中，T_{iso} 和 k_{iso} 分别为等动力学温度和等动力学速率常数，从这个角度上讲，KCE 可被视为 $\ln A$、E 和 T 三者的内部联系在 $\ln A$-E 平面上的投影。

长期以来，人们对于 KCE 分别从样品和反应过程的物理化学性质、热分析实验的各种条件因素和动力学计算的数学结果等方面进行了探讨。从 20 世纪 90 年代起，人们从动力学基本方程入手，分别联系温度范围、转化率、动力学机理函数和等动力学假设（isokinetic hypothesis）等几个方面对 KCE 做了研究，指出 KCE 的存在是 Arrhenius 速率常数指数形式的必然结果[9]。

第三节　热分析动力学基本信息

一、 ICTAC 对热分析动力学计算的建议

国际热分析协会（ICTA），现为国际热分析和量热协会（ICTAC）在 1985 年专门成立了"动力学分委会（Kinetic Committee）"，致力于研究热分析动力学（TAK）的有关问题。基于热分析数据开展动力学计算的建议书由 ICTAC 动力学分委会主席 Sergey Vyazovkin 发起。该建议书在第 14 次 ICTAC 会议（2008 年巴西，Sao Pedro）的动力学研讨会上首次提出，并在第 37 次北美洲热分析学会（NATAS）（2009 年美国，Lubbock）的动力学年会上进一步宣讲。这些建议获得了两次会议参与者和热分析委员会的强烈支持。为此，成立了旨在完善建议书的工作团队，该团队以 Vyazovkin 为领导，多位在热分析动力学方面具有丰富专业知识的专家担任成员。建议书第一稿公布于 2010 年 10 月的 ESTAC 会议（2010 年荷兰，Rotterdam），20 多名与会者围绕该稿进行了广泛讨论并提出了大量的建议。随后，形成了旨在为动力学领域新手提供实用指导，为他们可以有效地应用动力学计算方法对各种反应进程进行处理的建议书。

鉴于该建议书如此重要，本章将对该建议书作较详细的介绍，感兴趣者可以阅读该建议书[10] 的英文原文及相关文献。

二、热分析动力学基本信息

1. 热分析动力学方程

ICTAC 动力学分委会先前提出的焦点问题是对各种动力学参数的计算方

法进行比较，并由此得到的结论是：推荐采用基于多种温升速率（或更广泛意义上的多个控温条件）的动力学计算方法进行计算，以便得到可靠的动力学参数，应该避免只用一种温升速率（或一个控温条件）的动力学计算方法。

动力学主要涉及过程速率（process rate，$\dfrac{\mathrm{d}\alpha}{\mathrm{d}t}$，有文献称为反应速率）的测试及参数化。热分析与热刺激过程有关，即反应可以被温度的变化而引发。过程速率可以表示为三个主要变量的函数，即：温度 T，转化率 α 和压力 p：

$$\frac{\mathrm{d}\alpha}{\mathrm{d}t}=k(T)f(\alpha)h(p) \tag{3-8}$$

在热分析领域中进行动力学计算时，大多会忽略压力项 $h(p)$ 的影响。然而，压力很可能对反应物或产物是气体的反应动力学有很大影响。不过热分析文献中很少涉及压力对反应动力学的影响。实际上压力的影响可以用不同的数学形式来表达，分解反应的气态产物可以与分解物质发生反应，从而构成自催化反应（这在硝基含能材料的分解反应中很常见）。在这种情况下，反应性产物的局部浓度强烈地取决于体系的总压，可以用幂定律来表示：

$$h(p)=p^{n} \tag{3-9}$$

相似的形式也适用于氧化和/或还原反应，只是其中的压力 p 为气态反应物的分压。可逆分解反应的速率可显示出与气体产物分压有很强的依赖性，如果气体产物没有离开反应区，这个反应将会很快进入化学平衡状态。许多可逆固体分解反应可以用简单的化学反应式 $A_{solid} \overset{\longrightarrow}{\longleftarrow} B_{solid} + C_{gas}$ 来表示，在这种情况下，压力对反应速率的影响可以表示为：

$$h(p)=1-\frac{p}{p_{eq}} \tag{3-10}$$

式中，p 和 p_{eq} 分别代表气态产物 C 的分压和平衡压力。尽管 $h(p)$ 可以采取其它更复杂的形式，但是这里不详细讨论压力的影响，而仅仅给出最简单的方法，即不明确考虑压力对动力学计算的影响，或者认为在整个过程中 $h(p)=$ 常量。

对于取决于压力的反应，可以根据反应特点选择适当方法来弱化压力的影响，例如对气-固反应可以提供足够过量的气体反应物来弱化，对于可逆反应或自催化反应可以通过移除气体产物来弱化。如果无法满足上述条件，可以在方程中加入一个不做定义的函数 $h(p)$，通过动力学参数随温度和/或转化率 α 的变化而变化的情况，便可揭示该函数自身的变化规律，这种情况与在离反应平衡不远处研究可逆分解反应的方式比较接近。

如前所述，在热分析领域所使用的动力学方法中，大部分动力学方法都认为速率仅是两个变量 T 和 α 的函数：

$$\frac{\mathrm{d}\alpha}{\mathrm{d}t}=k(T)f(\alpha) \tag{3-11}$$

反应过程速率与温度的关系可以用速率常数 $k(T)$ 来表示，而与反应转化程度的关系可以用反应模型 $f(\alpha)$ 来表示。公式 (3-11) 描述了一个单一步骤的反应过程，其中转化程度（转化率）α 可以通过实验确定，为随着反应进程而发生的某个物理性质总的变化分数：如果反应伴随着质量损失，转化率 α 是反应过程总的失重分数；如果反应伴随热量的释放或吸收，那么转化率为总的释放热量或吸收热量的分数。无论哪种情况，随着反应过程从开始到结束，α 数值逐渐从 0 增加到 1。需要时刻注意的是，通过热分析方法测得的物理属性并不具有（针对某个反应步骤的）特异性，因此不能直接与某个具体的分子或微粒的反应对应。也正因为如此，参数 α 表征的是从反应物转化为产物的总的转化率。该总转化率通常涉及一个以上的反应步骤，或者也可以认为是多步反应中每个反应步骤都对转化率有特定的贡献，例如当总的转化过程涉及两个平行反应时，总的反应转化速率可表示为：

$$\frac{\mathrm{d}\alpha}{\mathrm{d}t}=k_1 f_1(\alpha_1)+k_2 f_2(\alpha_2) \tag{3-12}$$

在公式 (3-12) 中，α_1 和 α_2 为两个独立反应步骤各自的转化率，两者之和即为总的转化率：$\alpha=\alpha_1+\alpha_2$。

可靠的动力学方法应能够识别和处理多步反应的动力学。需要注意的是，如果一个反应过程遵循单步速率方程 [式 (3-11)]，并不意味该反应的机理仅包含一步反应，极有可能的情况是该反应的机理包括多步，但特定情况下的一步决定了总的动力学。例如，某个两步连续反应，当第一个反应明显慢于第二个反应时，那么第一个反应就决定了整个反应过程的动态特性，即整个反应遵循单步反应速率表达式 [式 (3-11)]；但是该反应的机理并不是单步，它包括两步反应。

温度对反应速率的影响可以用 Arrhenius 方程表示：

$$k(T)=A\exp\frac{-E}{RT} \tag{3-13}$$

式中，A 和 E 分别是动力学参数指前因子和活化能；R 是摩尔气体常数。需要时刻注意的是有些反应速率和温度的关系并不遵循 Arrhenius 方程，一个重要的例子就是熔化物的结晶过程（成核作用）中的反应速率与温度的关系。

由实验确定的动力学参数称其为"有效的""表观的""经验的"或"总体的"更合适（国内文献常用"表观的"表述），以便强调这些结果有可能会不同于某个具体反应步骤的本征参数。由于热分析测试技术的非特异性以及热分析技术研究过程的复杂性，要获得不受其它反应步骤或扩散动力学影响的某个反应步骤的本征动力学参数是非常困难的。一般来说，表观动力学参数是某些独立反应步骤本征动力学参数的函数，例如表观活化能很可能是某些独立反应步骤活化能的组合。正因为如此，有些反应的行为无法用表观活化能预测，例如，计算得到的表观活化能有可能会随着温度和转化率的变化而剧烈变化，甚至有的为负值。

操作人员可以通过设置操作程序来控制热分析仪以控制温度。温度程序可以是等温模式（$T=$常数），或非等温模式 [即 $T=T(t)$]。最常用的非等温模式是温度随时间线性变化，即：

$$\beta=\frac{\mathrm{d}T}{\mathrm{d}t}=\mathrm{Const} \tag{3-14}$$

式中，β 是温升速率。

2. 动力学模型和反应类型

转化率与过程速率的关系可以用一系列的反应模型 $f(\alpha)$ 来表示。表 3-7 列出了部分反应模型，但需要时刻注意的是大多数模型是针对固态反应的，也就是说当反应中没有固态物质时，而企图解释反应动力学时，这些模型的适用范围（如果有的话）是有限的，因此应先确认物质受热时是否会在固态下发生反应。如果在加热过程中，反应开始前，固态晶体已经熔化，或固态无定形物质经历了玻璃化转变，这些都导致反应在液态下进行。

无论如何，应该使用适合于所研究过程的反应模型。

表 3-7　一些应用于固态反应的动力学模型

序号	反应模型	代码(Code)	$f(\alpha)$	$g(\alpha)$
1	Power law(幂函数法则)	P4	$4\alpha^{3/4}$	$\alpha^{1/4}$
2	Power law(幂函数法则)	P3	$3\alpha^{2/3}$	$\alpha^{1/3}$
3	Power law(幂函数法则)	P2	$2\alpha^{1/2}$	$\alpha^{1/2}$
4	Power law(幂函数法则)	P2/3	$2/3\alpha^{-1/2}$	$\alpha^{3/2}$
5	One-dimensional diffusion (一维扩散)	D1	$1/2\alpha^{-1}$	α^2
6	Mampel(first order)	F1	$1-\alpha$	$-\ln(1-\alpha)$
7	Avrami-Erofeev	A4	$4(1-\alpha)[-\ln(1-\alpha)]^{3/4}$	$[-\ln(1-\alpha)]^{1/4}$
8	Avrami-Erofeev	A3	$3(1-\alpha)[-\ln(1-\alpha)]^{2/3}$	$[-\ln(1-\alpha)]^{1/3}$
9	Avrami-Erofeev	A2	$2(1-\alpha)[-\ln(1-\alpha)]^{1/2}$	$[-\ln(1-\alpha)]^{1/2}$
10	Three-dimensional diffusion (三维扩散)	D3	$3/2(1-\alpha)^{2/3}[1-(1-\alpha)^{1/3}]^{-1}$	$[1-(1-\alpha)^{1/3}]^2$
11	Contracting sphere (收缩球形)	R3	$3(1-\alpha)^{2/3}$	$1-(1-\alpha)^{1/3}$

续表

序号	反应模型	代码(Code)	$f(\alpha)$	$g(\alpha)$
12	Contracting cylinder （收缩圆柱形）	R2	$2(1-\alpha)^{1/2}$	$1-(1-\alpha)^{1/2}$
13	Two-dimensional diffusion （二维扩散）	D2	$\left[-\ln(1-\alpha)\right]^{-1}$	$(1-\alpha)\ln(1-\alpha)+\alpha$

　　尽管有非常多种类的反应模型，但是最终这些模型都可以简化为三种类型：加速型、减速型和 S 形，S 形有时也称作自催化反应模型。每一种方法都有各自特有的"反应特征"或"动力学曲线"，这些特性曲线通常用来描述 α 或 $\dfrac{\mathrm{d}\alpha}{\mathrm{d}t}$ 和 t 或 T 的关系。这些特性可以在等温曲线中很容易发现，因为等温条件下，式(3-11) 中 $k(T)$＝常量，所以此时动力学曲线的形状由反应模型单独决定。而在非等温的条件下 $k(T)$ 和 $f(\alpha)$ 会同时变化，从而导致 α 随温度的变化呈 S 形曲线，以至于很难辨别反应的类型。

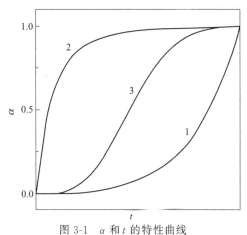

图 3-1　α 和 t 的特性曲线
1—加速模型；2—减速模型；3—S 形模型

　　图 3-1 为不同反应类型下 α 与时间的特性反应曲线。加速模型显示了反应速率随转化率的增加而不断增加，并在反应结束时达到最大值。这种类型的反应模型可以幂定律为例表示如下：

$$f(\alpha)=n\alpha^{(n-1)/n} \tag{3-15}$$

式中，n 为常数。

　　减速模型显示了反应速率在开始时就达到最大值，并随着转化率的增加不断降低。这种类型的反应最常见的模型为反应级数模型：

$$f(\alpha)=(1-\alpha)^{n} \tag{3-16}$$

式中，n 为反应级数。

　　扩散模型（见表 3-7 中的示例）是另一类减速模型。S 形模型显示了在开始阶段反应加速，结束阶段反应减速，所以在转化率的中间值附近反应速率达到最大值。Avrami-Erofeev 模型即表现为一种典型的 S 形模型：

$$f(\alpha) = n(1-\alpha)\left[-\ln(1-\alpha)\right]^{(n-1)/n} \tag{3-17}$$

仅有那些可以处理所有这三种类型转化率关系的动力学方法才能作为推荐的可靠方法。Sestak 及 Berggren 曾经介绍过一种经验模型：

$$f(\alpha) = \alpha^m (1-\alpha)^n \left[-\ln(1-\alpha)\right]^p \tag{3-18}$$

m、n、p 的不同组合，可以代表许多不同的反应模型。通常会使用该反应模型的简化模型（$p=0$），该简化模型有时也被称 Prout-Tompkins 的扩展模型 [Prout-Tompkins 模型的表达式是 $f(\alpha)=\alpha(1-\alpha)$]。该简化的 Sestak-Berggren 模型是一种自催化反应模型。

将式(3-11) 和式(3-13) 组合，得到：

$$\frac{d\alpha}{dt} = A \exp \frac{-E}{RT} f(\alpha) \tag{3-19}$$

式(3-19) 为不同的动力学分析方法提供了广泛的理论基础。这种形式的反应速率表达式适用于任何温度控制方法，无论是等温还是非等温。它也可以用实时样品温度 $T(t)$ 代替温度 T，这在样品温度明显偏离参比温度（即炉膛温度）的情况下是非常有用的。对于温升速率为常量的非等温情况，式(3-19) 常常被重新整理为：

$$\beta \frac{d\alpha}{dT} = A \exp \frac{-E}{RT} f(\alpha) \tag{3-20}$$

式(3-20) 引入了加热速率的确切值，当然这减小了式(3-20) 的应用范围，使其只适合处理样品温度没有明显偏离参比温度的情况。

对式(3-19) 积分，得到：

$$g(\alpha) = \int_0^\alpha \frac{d\alpha}{f(\alpha)} = A \int_0^t \exp \frac{-E}{RT} dt \tag{3-21}$$

式中，$g(\alpha)$ 是表 3-7 中反应模型的积分形式。

式(3-21) 为各种各样的积分方法奠定了基础。在该式中用 $T(t)$ 替换 T 就可以用于任何温度控制方法，这也意味着我们可以利用该式将实际样品温度 $T(t)$ 引入动力学的计算，这对于样品温度明显偏离参比温度的情况非常有用。对温升速率为常数的情形，对时间的积分通常用对温度的积分来代替：

$$g(\alpha) = \frac{A}{\beta} \int_0^T \exp \frac{-E}{RT} dT \tag{3-22}$$

经过重新整理的式（3-22）引入了确切的温升速率，这也意味着该式仅适用于样品温度没有明显偏离参比温度的情况。

由于式（3-22）的积分没有解析解，所以在过去计算机和数值积分软件没有广泛应用的时候，人们提出了大量的近似解及近似积分方法，而今利用数值积分技术可以得到非常精确的积分结果。

3. 热分析动力学计算的目的

从计算的角度来看，对热刺激过程进行动力学分析的目的在于：

（1）建立过程速率、转化率和温度之间的数学关系　这个目的可以通过若干种方法完成，最直接的方法是确定动力学三因子，即 A、E 和 $f(\alpha)$ 或 $g(\alpha)$。对于单步反应过程，确定一组动力学三因子，并将其代入式（3-19）或式（3-21）就可以充分预测任何温度变化方式 $T(t)$ 下的过程动力学。对多步反应过程，可以通过确定多组动力学三因子（每个反应步骤对应一组动力学三因子）并将其代入各自的速率方程，如等式（3-12）来预测。

（2）实际应用或理论分析　实际应用的主要目的是对反应速率和材料的使用期限进行预测，只有合理使用动力学分析方法时其预测结果才是可靠的。动力学分析的理论目的是解释实验得到的动力学三因子。动力学三因子中任何一个因子都对应于一些基本概念与基础理论，E 对应于反应要克服的能垒，A 对应于活性化合物的振动频率，$f(\alpha)$ 或 $g(\alpha)$ 对应于反应机理。当然，对实验确定的动力学三因子进行解释时需要非常小心，必须时刻记得，获得动力学三因子，首先需要选择一个速率方程，然后将其与实验数据进行拟合。因此，对动力学三因子的解释是否有意义取决于速率方程的选择是否能够包含反应机理的基本特征。请注意，速率方程足以包含反应机理特征并不等同于由统计数据拟合得出良好结果，因为，好的数据拟合可以通过无意义的物理方程来完成，比如多项式函数。合理的用来描述反应机理的速率方程是认识和理解反应机理的根本，例如单步反应速率方程不足以描述多步反应机理。但是，对于受限于单步反应速率的多步反应，合理的单步反应速率方程可以提供合理的动力学描述。

第四节　热分析动力学计算的数据要求

动力学分析首要条件是高质量的数据。除了要保证数据的可重复性，还要注意数据预处理的方法。

一、温度误差的影响

动力学分析中使用的温度必须是样品的温度。热分析仪可以精确地控制所谓的参比温度（即炉膛温度），但是由于样品热导率的限制或反应过程热效应导致的自加热或自冷却，样品温度会偏离参比温度，这在样品质量较大和加热速率较快（或温度较高）时会表现得更为严重。一个比较容易的方法是用两个质量明显不同（如10mg和5mg）的样品实验来证明，并确定所获得的数据画出的动力学曲线是重叠的，换而言之，在实验误差范围内是完全一致的。否则，需要减少样品质量直到能实现曲线的重叠。

一些计算方法依赖于参比温度。例如，如果动力学计算时需要使用温升速率 β 值，即假设样品温度的变化遵循设定的温升速率值，即样品温度完全没有偏离参比温度，此时应通过比较样品温度与参比温度来确认上述假设是否可靠（现代的热分析仪均可以给出这两个温度值）。缩小样品温度与参比温度差值的典型方法有减小样品质量、降低温升速率、降低等温反应的温度等。或者，可采用那些可直接应用真实的样品温度进行计算的动力学方法进行分析。

温度误差对动力学参数及由此得到的动力学预测有两种类型的影响。

① 温度的恒定系统误差对 A 和 E 的值影响较小，且即使预测远远超出测量的温度范围，其预测值的偏差与原始的温度误差大致在一个数量级。

② 取决于温升速率的系统误差更为重要。高低温升速率之间很小的偏差就可以导致 E 和 $\ln A$ 产生 $10\%\sim20\%$ 的误差。例如，较快温升速率下样品和参比的温度差会变得更大，因此，对用到的每一个温升速率下的温度进行校准非常重要。若在温度测量范围内进行动力学的预测，则其误差和平均温度误差一样大。但是，如果所做的预测超出了校准的温度范围，那么其预测值的偏差可能会很大。

尽管动力学参数可以仅通过两个不同的温度程序得到的数据来确定。但是，建议至少应进行 $3\sim5$ 个不同程序控温实验来获得。三个不同的温度或温升速率可以识别出非 Arrhenius 温度依存关系，但是 Arrhenius 参数的精确性受到极值温度和温升速率的影响，所以在极端测试条件下的重复实验是十分必要的。在每种情况下的所需温度和/或温升速率的范围取决于有效的测量精度和所需要的动力学参数的精度。

二、微分与积分数据

所有的实验数据都存在"噪声"。噪声大小的程度会影响到动力学分析方法的选择，例如，积分方法适用于分析积分数据（比如 TGA 数据），而微分方法适用于分析微分数据（例如 DSC 数据），尤其是测试得到的数据点比较少时。但是，只要数据所受干扰小并且数据点比较密集（如每条动力学曲线包含几百到上千个点），好的数值积分和微分方法可以把积分数据转换为微分数据，反之亦然。现代热分析仪器能够满足这个要求。对积分数据进行微分会放大噪声。可以对数据进行平滑处理，但是不能不加鉴别地进行平滑。数据平滑引起的误差（漂移），最终会导致动力学参数出现系统误差。

尽管微分数据可以较为灵敏地揭示反应的详细信息，但是其动力学分析还存在一个额外的问题——建立合适的基线。对非等温情况，这是一个相当重要的问题，因为基线的 DSC 信号取决于受温度影响的所有反应物、中间体和产物的热容以及它们在整个反应过程不断发生变化的情况。热分析仪器配套的软件提供了几种选取基线的方法（比如直线、积分切线、样条曲线等），基线的选择会对动力学参数产生较大的影响，特别是在反应的开始阶段和结束阶段。因此，为了揭示基线选择对动力学参数的影响应该使用不同的基线进行重复的动力学计算。由于当前动力学计算是基于多个程序控温所得到的实验数据，因此建议对每一个程序控温曲线都使用同一种基线进行校正。同样，假设反应过程的热效应与程序控温无关，需要对单条基线进行调整，以便不同温度程序得到的热效应之间的偏差最小。但是，当温度程序发生改变时，一些多步反应的热效应也会随之表现出系统的变化，所以在调整基线时需要小心谨慎，应充分考虑可能存在的多步反应，而不应强行使数据符合上述假设。

TGA 的积分数据是在连续升温的情况下获取的，其测试结果也需要用到基线校准，以校准由于浮力效应而引起的表观质量增加。不过，这种校准比较简单：首先用空坩埚做一个空白的 TGA 实验，然后用测得的样品曲线减去空坩埚的数据曲线就可以进行校准。很显然，空白实验和样品测试实验必须在相同的条件下进行。

三、等温测试和恒定温升速率测试

等温测试（或等温实验）和恒定温升速率测试（或恒定温升速率实验）哪一个更好？这是一个被经常问到的问题。答案是两者各有优缺点。

实际上，严格的等温实验是不可能的，因为总是存在一段非等温的升温时间（通常为几分钟）。等温实验最大的缺点是温度范围的选择：温度较低时，在合理的时间段内样品转化完全是非常困难的，或者样品完全转化所需时间将远远超出可接受的范围；温度较高时，升温时间与反应时间相比相对较长，这意味着在等温程序开始之前样品就会达到较高的转化率。这种情况实际上是不可避免的,特别是对于符合减速型动力学的过程(即当 $\alpha = 0$ 时反应速率最快),这时,应该考虑在非等温加热阶段中样品发生反应的转化率($\alpha > 0$)。这种情况可以简单地利用微分动力学方法[式(3-19)],以及积分方法对实际的加热程序曲线积分[即式(3-21)中,$T = T(t)$]进行计算。但是,这种情况不能在积分式(3-21)的基础上,假设程序控温为严格的等温过程(即 T 为常数)得到式(3-27),进而进行计算。因为采用这种方法不可避免地会出现计算误差,因为在非等温升温阶段其转化率不为零。

非零转化率问题在恒定加热速率实验中是很容易避免的,只要将实验的开始温度设定在反应过程可被检测的温度以下,通常建议开始实验的温度至少比反应可以被检测到的温度低 50～70℃。恒定温升速率实验最大的缺点是很难辨别加速反应模型和 S 形反应模型,特别是反应诱导期与反应模型有关时。与此相反,对于等温实验,只要升温时间足够短,就能充分体现出其分解特性,其诱导期也几乎不会错过。无论如何,最佳做法是在一系列的恒定温升速率实验之外至少做一次等温实验,因为等温实验有助于选择一个合适的反应模型。就像上文提到的,从等温实验的动力学曲线中,可以比较容易地辨别出反应属于三种类型中的哪一种(图 3-1)。同时,通过检查动力学参数能否很好地预测等温实验结果,可帮助验证以恒定加热速率进行动态实验所计算的动力学三因子的准确性。需要注意的是,不必仅局限于等温实验或恒定温升速率的实验测试,可以采用数值计算方法对各种温度控制程序的任意组合进行计算。实际上,将非等温和等温实验数据结合起来是建立动力学反应模型最适合的方式。一个真正好的反应模型,其相同的动力学参数应该能够同时模拟非等温和等温实验两种反应过程。需要强调的是,评估动力学模型正确性的必要条件是:对实验和计算的反应曲线进行比较,这种比较可以是针对反应速率曲线或转化率曲线,或者对两者同时进行比较。只有一定温度范围或温升速率下,采用相同的动力学参数预测的结果和实验值之间有良好的一致性时,这组参数才是可靠的。

第五节　热分析动力学求算方法

一、等转化率方法

1. 概述

所有等转化率反应模型均基于等转化率原则,即认为在某个给定转化率下的反应速率仅仅是温度的函数。该原理可以用 α＝常数时对反应速率［式（3-11）］的对数求导而很容易得到证明：

$$\left[\frac{\partial \ln(\mathrm{d}\alpha/\mathrm{d}t)}{\partial T^{-1}}\right]_\alpha = \left[\frac{\partial \ln k(T)}{\partial T^{-1}}\right]_\alpha + \left[\frac{\partial \ln f(\alpha)}{\partial T^{-1}}\right]_\alpha \tag{3-23}$$

下标 α 表示等转化率数值，即该值与给定的转化率相关。因为当 α＝常数时，$f(\alpha)$ 也是常数，则式（3-23）右边第二部分的值为零。因此：

$$\left[\frac{\partial \ln(\mathrm{d}\alpha/\mathrm{d}t)}{\partial T^{-1}}\right]_\alpha = -\frac{E_a}{R} \tag{3-24}$$

从式（3-24）可见，根据相同转化率处的转化速率与温度的关系，可以求出对应转化率处的活化能 E_α，而完全不需要假定或确定任何的反应模型，也就是说可以在不确定具体的反应模型的情况下即可确定给定转化率下的活化能。由于这个原因，等转化率方法经常被称为"无模型"（model-free）方法。然而，我们不可以完全照字面意思理解该方法，因为尽管这种方法不需要确定反应模型，但实际上该方法假设速率对转化率的依赖关系仍然遵循了一些 $f(\alpha)$ 模型。

为了从实验中获得相同等转化率与温度的关系，应该采用不同控温程序进行一系列实验。代表性的方法是进行 3～5 个不同温升速率实验，或多个不同温度的等温实验。建议在 α＝0.05～0.95 之间采用不超过 0.05 的间隔计算 E_a 与 α 的关系。E_α 随 α 的变化关系对于判断和处理多步动力学参数是非常重要的。若 E_α 随 α 的变化明显，表明反应过程的动力学是复杂的。也就是说，不能用单步的反应速率方程［式（3-11）和/或式（3-19）］来描述整个反应过程范围内的实测转化率和温度关系的动力学过程。需要注意的是，如果反应的确是多步反应，尽管等转化率的方法严格遵循单步反应的原理，但这并不意味着等转化率的原理失效，可以将该原理作为一种合理的近似而继续使用，因为等转化率的方法通过多个单步反应动力学方程描述了整个动态反应过程，而每个方程只与一定的转化率和对应于该转化率非常小的温度范围 ΔT 有关（图 3-2）。事实上，利用等转化率方法得到的 E_α 与 α 的相关关系，可以用于合理的机理和动力学分析，乃至动力学的预测。

等转化率的原理为大量的等转化率的计算方法奠定了基础。这些等转化率的方法一般可分为两类：微分方法和积分方法，随后将讨论微分和积分方法中最常用的一些方法。

2. 微分（形式的）等转化率方法

最常见的等转化率微分方法是 Friedman 法。该方法基于下面等式：

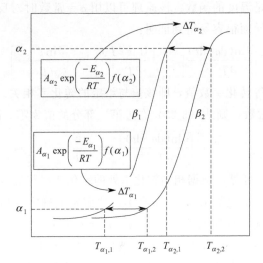

图 3-2　每个单步速率方程只与某单一的 α 及与 α 相关的较小的温度范围 ΔT 有关系

$$\ln\left(\frac{\mathrm{d}\alpha}{\mathrm{d}t}\right)_{\alpha,i}=\ln\left[f(\alpha)A_{\alpha}\right]-\frac{E_{\alpha}}{RT_{\alpha,i}} \tag{3-25}$$

式（3-25）可以将等转化率原则应用于式（3-19）得到。与式（3-19）一样，式（3-25）同样适用于任何温度控制方法。对于任意给定的 α 值，E_{α} 的值就可以由 $\ln(\mathrm{d}\alpha/\mathrm{d}t)_{\alpha,i}$ 与 $1/T_{\alpha,i}$ 拟合得到的直线斜率获得。下标 i 表示不同的温度控制方法；$T_{\alpha,i}$ 表示第 i 个控温方法下达到转化率 α 时的温度。对于等温反应，i 对应于不同的等温温度；对于线性升温过程［式（3-14）］，i 对应于不同的温升速率。对于线性升温情形，式（3-25）经常用下面的形式表示：

$$\ln\left[\beta_{i}\left(\frac{\mathrm{d}\alpha}{\mathrm{d}T}\right)_{\alpha,i}\right]=\ln\left[f(\alpha)A_{\alpha}\right]-\frac{E_{\alpha}}{RT_{\alpha,i}} \tag{3-26}$$

式（3-26）假设在恒定的加热速率下，样品温度 $T_{\alpha,i}$ 以 β_{i} 的温升速率与时间呈线性关系。也就是说，式（3-26）中不能用真实的样品温度代替 $T_{\alpha,i}$ 来体现样品自加热或自冷却的效应，但式（3-25）可实现这一目的。应该注意到两个方程都适用于 $\beta<0$ 的冷却过程，例如晶体的熔化。

等转化率微分方法没有利用任何近似的计算，因此与下面的积分方法相比，微分方法可能更准确一些。但是，在实际使用过程中，微分方法不可避免地存在一定的偏差和不精确。首先，将微分方法用于微分数据（例如 DSC 和 DTA）计算时，困难的基线选择会导致速率值 $\left(\dfrac{\mathrm{d}\alpha}{\mathrm{d}t}\right)$ 出现重大的误差。当反应热显示出对加热速率明显依赖性时，这也意味着误差已经出现。就像前面提到的那样，将微分方法应用于积分数据时（如 TGA），需要用到数值微分方法，这会将一些不精确性（噪声）引入速率数据中，而对噪声数据平滑时也可能会引入偏差。由于这些问题的存在，所以并不能认为微分计算方法一定比积分计算方法更准确或者更精确。

3. 积分（形式的）等转化率方法

积分形式的等转化率方法源于将等转化率的原理应用于积分式（3-21）中。对于温度变化的温度程序（arbitrary temperature program）而言，式（3-21）中的积分部分没有解析解。但是，等温实验中上述方程可以得到解析解：

$$g(\alpha) = A \exp\left(\frac{-E}{RT}\right) t \tag{3-27}$$

将等转化率原理应用于式（3-27）中，经过简单重排后可以得到式（3-28）：

$$\ln t_{\alpha,i} = \ln \frac{g(\alpha)}{A_\alpha} + \frac{E_\alpha}{RT_i} \tag{3-28}$$

其中，$t_{\alpha,i}$ 是不同温度 T_i 下到达给定转化率需要的时间。这是等温条件下积分等转化率方法的方程。E_α 是由 $\ln t_{\alpha,i}$ 与 $1/T_i$ 曲线的斜率确定的。

对于常用的温升速率恒定的控温方法，可以在不需要解析解的情况下将式（3-21）转变为式（3-22）。因此，对式（3-22）的温度积分项采用不同的近似方法，可以得到许多不同的积分等转化率方法。许多近似方法都是具有以下通用形式的线性方程。

$$\ln \frac{\beta_i}{T_{\alpha,i}^B} = \text{Const} - C \frac{E_\alpha}{RT_\alpha} \tag{3-29}$$

其中，B 和 C 是由不同类型的温度项积分近似确定的参数。例如，Doyle 采用了一种较粗略的近似方法得到 $B=0$，$C=1.052$。所以式（3-29）也可以写成著名的 Ozawa-Flynn-Wall 方法的形式：

$$\ln \beta_i = \text{Const} - 1.052 \frac{E_\alpha}{RT_\alpha} \tag{3-30}$$

对温度积分项过于粗略的积分会得到错误的 E_α 值。Murray 和 White 采用较精确的近似方法得到 $B=2$，$C=1$，由此引出了另外一个经常用到的方法，即通常所称的 Kissinger-Akahira-Sunose 方法：

$$\ln \frac{\beta_i}{T_{\alpha,i}^2} = \text{Const} - \frac{E_\alpha}{RT_\alpha} \tag{3-31}$$

与 Ozawa-Flynn-Wall 方法相比，Kissinger-Akahira-Sunose 方法得到的 E_α 值更准确一些。如 Starink 所述，当设置 $B=1.92$，$C=1.0008$ 时，E_α 的值会或多或少更准确一些，由此式（3-29）变为：

$$\ln \frac{\beta_i}{T_{\alpha,i}^{1.92}} = \text{Const} - 1.0008 \frac{E_\alpha}{RT_\alpha} \tag{3-32}$$

式（3-29）～式（3-32）均可以运用线性回归方程很容易地求解，这里建议采用更精确的方法，如式（3-31）、式（3-32）。式（3-30）很不准确，因此不建议使用，除非对 E_α 值迭代校正后才能使用。可以在有关文献中找到类似的迭代校正程序的例子。

强烈建议不要同时采用式（3-29）的多种形式来进行动力学的分析，这个方程两种或更多种的组合只能说明用不同精度的方法求出 E_α 值之间不重要的差别，从这种比较中得不出更丰富的动力学信息。即应避免同时使用式（3-29）～式（3-32），而只使用一种更精确的方法。

使用数值积分可使积分结果愈加精确。Vyazovkin 提出的一种积分形式的等转化率方法就是这样一个例子，对于一系列不同温升速率的实验，可通过使下面的函数值最小化来确定 E_α 值：

$$\Phi(E_\alpha) = \sum_{i=1}^{n} \sum_{j \neq i}^{n} \frac{I(E_\alpha, T_{\alpha,i})\beta_j}{I(E_\alpha, T_{\alpha,j})\beta_i} \tag{3-33}$$

其中温度积分项式（3-19）可以通过数值积分的方法求解：

$$I(E_\alpha, T_\alpha) = \int_0^{T_\alpha} \exp \frac{-E_\alpha}{RT} \mathrm{d}T \tag{3-34}$$

对每个 α 值下的式（3-33）都进行最小化的求解，最终获得 E_α 与 α 的关系。

到目前为止，所有这些被大家认可的积分方法［式（3-28）～式（3-34）］都是在某一种特定的温度控制方法的基础上推导得到的，例如式（3-28）只有在严格等温的反应条件才成立，式（3-29）～式（3-34）适用于样品温度符合温升速率 β 的实验结果。积分形式的等转化率方法可以适用于任何形式的控温形式，就如同微分方法中的 Friedman 方法式（3-25）一样，当然，这需要通过对实际温度曲线进行数值积分才能实现。式（3-33）和式（3-34）经过调整后可以很容易实现上述目标。实际上，对于一系列不同温度控制方法，$T_i(t)$、E_α 的值是对下面函数值的最小化来确定的：

$$\Phi(E_\alpha) = \sum_{i=1}^{n} \sum_{j \neq i}^{n} \frac{J[E_\alpha, T_i(t_\alpha)]}{J[E_\alpha, T_j(t_\alpha)]} \tag{3-35}$$

其中，对时间的积分式（3-36）可以通过数值积分求解。

$$J\left[E_\alpha, T(t_\alpha)\right] = \int_0^{t_\alpha} \exp\frac{-E_\alpha}{RT(t)}\mathrm{d}t \tag{3-36}$$

对每一个 α 值均重复最小化，最终得到 E_α 与 α 的关系。

对时间积分可以扩展积分形式等转化率方法的适用范围。首先，它可以用样品的温度变化代替 $T_i(t)$，体现样品的自加热或自冷却效应。其次，它可以导出适用于 $\beta<0$（如晶体的熔化过程等）的积分方法。注意，式（3-29）~式（3-33）不适用于 $\beta<0$ 时的情况。这些等式基于对温度从 0 到 T_α 的积分，由此总是能得到一个非负的积分值 [式(3-34)]，如果将该积分值除以一个负的 β，那么就会得到一个无意义的负的 $g(\alpha)$ [式(3-22)]。另一方面，式（3-33）经过简单的调整后就可以适用于冷却过程，只需要将从 0 到 T_α 的积分改成从 T_0 到 T_α 的积分，其中 T_0 为冷却开始的温度，该温度显然比结束温度要高。由于 $T_0>T_\alpha$，所以其对应的温度积分是负值，再除以一个负的 β 后，便能得到一个具有物理意义的正的 $g(\alpha)$。

到目前为止，所有积分形式的等转化率方法 [式（3-28）~式（3-36）] 都假定 E_α 在整个积分区间中保持不变，也就是假定 E_α 不随 α 而变化。实际上，E_α 通常是随 α 而变化的。假设 E_α 的值恒定不变将会使 E_α 值出现系统误差。在 E_α 随 α 变化强烈的情况下，该系统误差可能会达到 20%~30%。这类误差不会在 Friedman 这种微分方法中出现，而对于积分方法，则可以通过将积分区间按照时间或温度分成很多小的区间，再用对时间或温度分段积分的方法来避免。这种积分方法已经通过下面的温度积分形式引入到了式（3-33）中：

$$I(E_\alpha, T_\alpha) = \int_{T_{\alpha-\Delta\alpha}}^{T_\alpha} \exp\frac{-E_\alpha}{RT}\mathrm{d}T \tag{3-37}$$

或通过下面形式的积分引入式（3-35）中：

$$J\left[E_\alpha, T(t_\alpha)\right] = \int_{t_{\alpha-\Delta\alpha}}^{t_\alpha} \exp\frac{-E_\alpha}{RT(t)}\mathrm{d}t \tag{3-38}$$

这两种情况均假设 E_α 的值只在很小的转化率区间 $\Delta\alpha$ 中保持不变。用这种分段积分方法求出的 E_α 结果实际上和用 Friedman 微分方法的结果是一样的。

不过这里对等转化率方法的综述并不是为了覆盖现存的所有等转化率方法，而是要指出目前大部分等转化率方法存在的主要问题，并给出解决这些问题的典型方法。在所有简单的计算方法中，微分 Friedman 方法是最通用的方法，因为它适用于多种温度控制方法，然而该方法在动力学分析中却并不是使用最广泛的；反而是精度非常低，且仅适用于线性升温条件的积分 Ozawa-Flynn-Wall

方法使用得最频繁。积分形式的等转化率方法可以和微分方法一样通用，但是计算很复杂［例如，式（3-33）~式（3-38）］。尽管如此，就大多数实用目的而言，简单的积分方法［如式（3-31）和式（3-32）］已经完全足够了。在以下一些特殊的情形下，则须考虑用微分方法或更复杂的积分方法：

① 当 E_α 的值随 α 而变化显著时，如 E_α 的最大值与最小值之差超过 E_α 平均值的 20%~30% 时，为了避免 E_α 值出现系统误差，必须采用对多个小区间分段积分的方法。

② 当样品温度明显偏离参比温度，或在非线性控温的任意温度程序下进行实验时，必须采用那些能够对实际温度曲线进行积分的方法。

③ 实验是在线性降温的条件下进行时（$\beta < 0$），负的温升速率可以用那些允许从高温到低温进行积分的方法来体现。如前所述，所有这些情况都可以用改进的积分方法[式(3-33)~式(3-38)]得到解决。不过，最近有一些文献也提出了一些上述方法的简化版。

4. E_α 对 α 的依赖关系

尽管由等转化率方法求出的活化能可以直接应用于预测而不需要对其进行解释或说明，但是这些解释或说明往往可以为反应机理提供线索，或为模型拟合方法提供一些初步的猜想。

如果活化能 E_α 在整个转化率范围内大致不变，且反应速率曲线上没有明显的肩峰，那么该反应很可能是由单步反应主导，因此用单步反应模型就足以描述该反应。但是，反应动力学参数往往会随转化率而变化很大，这也就意味着需要采用多步反应模型来描述对应的反应；如果反应速率曲线有多个峰和/或肩峰，那么适当转化率处的 E 和 $\ln A$ 可作为多步反应模型拟合计算的输入。

至于反应机理的线索，在很多热引发过程中 E_α 与 α 的关系往往具有如下的特性：交联反应显示出 E_α 的变化与玻璃化过程有关，玻璃化过程可引起体系从化学反应向扩散控制的转变。具有可逆步骤的反应过程（如脱水过程），E_α 会随 α 的增加而减小，反映了反应逐渐偏离最初的平衡。熔体在冷却过程中结晶时，通常 E_α 随着 α 的增加而显示为负值。在玻璃化转变时，当材料从玻璃态转变为液体的时候，E_α 会随 α 增加而明显减小。矿物燃料、聚合物或其它复合有机材料的 $\ln A$ 和 E_α 会随 α 的增加而增加，这和上述物质分解残余物更难降解的现象一致。类似的 E_α 随 α 的变化特性也可以从蛋白质变性、凝胶化、凝胶体熔化、物理老化或结构弛豫等过程中观察到。

另外，E_α 和 α 的关系，或由此得到的 E_α 和 T_α 的关系也可用于模型拟合。

二、模型拟合法

1. 概述

模型拟合方法是在假设某个反应模型能反映反应速率和转化率之间关系的基础上开展的动力学参数的推导。式（3-11）和式（3-21）分别采用了积分形式和微分形式的反应模型来表示转化率和反应速率之间的关系。表 3-7 中列出了一些常见的动力学模型。

模型拟合方法有很多，其原理均是采用拟合方法使实测反应速率和计算值之间的差异最小化。这些数据可以是等温、恒定温升速率或两种方法共同使用所测得的数据。拟合方法可以是线性或非线性回归的方法，两者最大的不同是线性回归不需要 A 和 E 的预设值，而非线性回归方法则需要。因此，尽管非线性回归方法在许多方面都有优势，但这通常得益于线性拟合方法求得的初步结果（可以作为初始输入值）。

使用模型拟合法必须首先明确模型拟合方法的可靠性存在很大的差异。其中，基于单条温升速率曲线的模型拟合方法是非常不可靠的。不过，ICTAC 动力学的研究表明，只要对不同控温方法得到的多组数据同时进行模型拟合，那么模型拟合方法就可以和无模型等转化率的方法一样可靠。与等转化率方法不同的是，模型拟合方法可以识别多步反应模型，从而对复杂的动力学反应进行描述。但是，模型拟合的过程会遇到许多无模型方法不会遇到的重要问题。下面简要地列出了其中的一些问题。

2. 选择适当的反应模型

模型拟合的第一步，也是最重要的一步，是选择一个适当的模型。如果这一步选错，那么求得的动力学参数将会没有任何意义。明智的做法是在动力学分析之前首先考虑下所研究的反应类别和反应物的形态（如液态、固态、非晶体还是晶体、晶体的类型和粒径分布等等）。这些信息将有助于选择合适的模型，因为合适的模型往往可以由特定的反应类别和/或反应物的形态推断而来。另外，可以通过检查数据以及回答下面一些特定的问题，得到一个正确的模型或（筛选出）合适的有限数量的模型：

a. 测得的数据中是否有拐点或者肩峰等表明多步反应的证据？对于这个问题而言，微分数据的灵敏度要高于积分数据。

b. 等转化率的活化能随转化率的变化怎样？

c. 反应属于加速反应、减速反应还是 S 形反应（自催化反应）类型？这可以通过观察等温反应的曲线形状来判断，因为每一种反应类型都有其独特的曲线形状（图 3-1）。非等温反应曲线的形状与反应类型的联系是非常不明确的。但是，有一些方法可以在多个温升速率下由反应曲线的宽度来判断反应类型。

d. 如何将反应曲线的形状与各种各样可能的模型函数进行比较？这里可以将一些标准曲线用于这样的比较中。

如果可以证明反应是多步重叠的反应，那么采用模型拟合方法时必须使用非线性回归方法。该方法对于重叠的平行反应相对简单，但对于重叠的连续反应则会非常困难。如果可以采用多种观察手段，如质量损失和热流，然后同时分析这两个信号，则很可能得到唯一的反应模型。在此过程中，等转化率动力学分析可以指导多步反应模型的优化。在转化率中部区域附近无模型反应的 E_a 和 $\ln A$ 可以作为非线性回归优化的初步估计值。当然，做这些之前应该首先考虑多步模型拟合方法是否比等转化率动力学方法更有利。不过，对复杂化学反应过程而言，多步模型拟合方法通常是更有利的。

如果无法通过恒定温升速率的反应曲线说明反应是多步的，或者各反应能完全分开，那么可以认为这些反应是相互独立的，同时如果等转化率方法的分析表明 E_a 和 $\ln A$ 近似恒定不变，则找到合适的单步反应模型的可能性更大。在此分析过程中，$\alpha < 0.1$ 和 $\alpha > 0.9$ 范围中 E_a 和 $\ln A$ 随 α 的变化情况可以不用过于关心，因为在此范围中的这些参数可能由于基线确定中的微小误差而波动很大。但又不能轻易忽略此阶段的参数变化，因为它们可能表明了一些特殊信息（例如一个明显的引发过程），或表明了最后反应物料的量对温升速率的依赖关系（如缓慢加热的有机材料产生的额外碳残渣）。注意，在恒定温升速率条件下如果反应的曲线显示各反应步骤是分开的，那么最好的方法是将这些反应步骤完全分离开来（如采用分离峰的方法），并分别进行动力学分析。

有多种数值分析和图解法可用于选择最合适的单步模型或最少的候选模型。究竟选用何种方法取决于反应的数据是积分的（如 TGA）还是微分的（如 DSC），以及反应的条件是等温、恒定温升速率或其它条件。等温数据有一个固有的缺陷，即在初始阶段总会有一段非等温的加热时间，因此对于测试反应速率的方法就不能得到完整的转化过程，即部分反应在加热阶段已经完成了。

对等温数据，最简单的检验手段是确定样品刚达到等温温度时其反应速率是否处于最大值。如果是这样，则反应是减速反应类型，模型拟合时须用减速反应模型。缩小反应模型范围的恰当方法是作出 $\ln(\mathrm{d}\alpha/\mathrm{d}t)$ 或 $\ln(1-\alpha)$ 对时间的关系图。如果在达到等温温度之后，上述参数与时间呈线性关系，则反应是一级的或近似是一级反应；如果曲线是向下凹的，则反应可能是体积收缩类

（如表 3-7 中的模型 11 和 12）；如果曲线是向上凸的，则反应可能是扩散阻力递增的反应（如表 3-7 中的模型 10 或 13）或分布式反应模型（表 3-9）。

如果样品达到等温温度时，反应速率没有达到最大值，则反应是 S 形或加速反应类型；如果反应速率最终能达到最大值，则合适的模型是 Avrami-Erofeev 模型（表 3-7 中的模型 7～9）或简化的 Sestak-Berggren 模型（扩展的 Prout-Tompkins 模型）[式（3-39）]；如果反应速率一直增加直至反应结束，则应该考虑幂函数模型（表 3-7 中的模型 1～4）。

$$f(\alpha)=\alpha^{m}(1-\alpha)^{n} \tag{3-39}$$

对恒定温升速率的测试，给出反应速率与转化率 α 的关系图对于确定反应模型具有一定的指导意义。图 3-3 显示反应曲线的形状如何随式（3-39）中反应级数 n 的变化而变化。

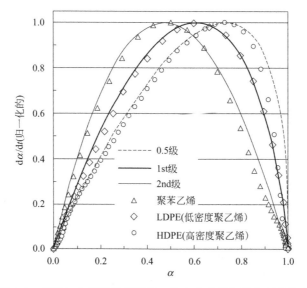

图 3-3　恒定加热速率条件下归一化反应速率与转化率的关系
最大反应速率处的转化率 α 随反应级数的减小而增加。该图对简化的
Sestak-Berggren 模型中的 m 值不敏感（这些聚合物 m 值约为 0.5）

式（3-39）中 m 值变化对曲线的形状影响不大，但如 Burnham 所讨论过的，可以用 1 级反应曲线的宽度来评估它，该反应曲线中的 A 和 E 可以用 Kissinger 方法获得。图 3-3 的例子显示聚苯乙烯和聚乙烯均具有线型聚合物 [式（3-39）中 $m>0.5$]反应曲线很窄的特征，但是其归一化的形状实质上是不同的，所以其 n 值不同。这种反应曲线形状的差异在标准曲线 $y(\alpha)$ 和 $z(\alpha)$ 中得到了有效的应用，因此推荐应用这些曲线为模型拟合法选择合适的反应模

型服务。

3. 线性模型拟合方法

线性模型拟合方法利用了线性回归的技术。为了应用这项技术，速率方程需要转变为线性形式。对于单步反应，速率方程表达式（3-19）已经通过重排和取对数，使其与温度的倒数呈线性关系。然而多步反应方程的线性化存在很大问题，因为很多多步反应不能被线性化。

线性模型拟合方法可以通过多种途径来实现。其中一种较好的方法是所谓的组合动力学分析法，该方法通过同时处理不同温度程序的动力学曲线，来确定动力学三因子 $[E，A 和 f(\alpha)]$。这种方法的优点是确定反应模型时可不受表 3-7 中列出的模型或其它类似模型的限制。相反，其动力学模型可由下面的通用形式确定：

$$f(\alpha) = c\alpha^m (1-\alpha)^n \tag{3-40}$$

该式可以认为是 Sestak 和 Berggren 提出模型的改良形式。有关文献已经证明通过调整式（3-40）中的参数 c、n 和 m 的值，可以非常精确地模拟某些机理假设下的各种理想动力学模型。表 3-8 提供了一些理想模型的 c、n 和 m 的值，图 3-4 显示了它们各自的拟合结果。

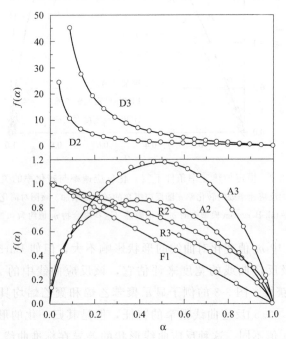

图 3-4 采用式（3-40）对表 3-8 中列举的各种 $f(\alpha)$ 反应模型（点）的拟合结果（实线）

表 3-8 式（3-39）中不同拟合参数所对应的不同反应模型

模型代码	$f(\alpha)$	$c(1-\alpha)^n\alpha^m$ 中的相关参数
R2	$2(1-\alpha)^{1/2}$	$1-(1-\alpha)^{1/2}$
R3	$3(1-\alpha)^{2/3}$	$1-(1-\alpha)^{2/3}$
F1	$1-\alpha$	$1-\alpha$
A2	$2(1-\alpha)\left[-\ln(1-\alpha)\right]^{1/2}$	$2.079(1-\alpha)^{0.806}\alpha^{0.515}$
A3	$3(1-\alpha)\left[-\ln(1-\alpha)\right]^{2/3}$	$3.192(1-\alpha)^{0.748}\alpha^{0.693}$
D2	$\left[-\ln(1-\alpha)\right]^{-1}$	$0.973(1-\alpha)^{0.425}\alpha^{-1.008}$
D3	$3/2(1-\alpha)^{2/3}\left[1-(1-\alpha)^{1/3}\right]^{-1}$	$4.431(1-\alpha)^{0.951}\alpha^{-1.004}$

组合动力学分析方法以下面等式为基础：

$$\ln\left[\frac{d\alpha}{dt}\frac{1}{\alpha^m(1-\alpha)^n}\right]=\ln(cA)-\frac{E}{RT} \tag{3-41}$$

该等式是将式（3-40）的右端代入式（3-19）中的 $f(\alpha)$ 后重新整理得到的。求算式（3-41）的参数需要同时将 α 和 $\dfrac{d\alpha}{dt}$ 与 T 的关系代入等式。此处的 T 指不同温度程序下的 $T(t)$。当式（3-41）左端与温度倒数之间的线性度最好时，可认为由此拟合得到的参数值最合适。线性度由线性相关系数 r 来评估，通过数值优化参数 n 和 m 得到 r 的最大值，进而确定最佳 n 和 m。考虑到实验测试导致的最高和最低转化率部分的动力学数据误差相对较大，所以比较可取的方案是仅分析 α 在 $0.10\sim0.90$ 或 $0.05\sim0.95$ 之间的数据。一旦找到对应于最大 r 的 n 和 m，就可以通过直线的斜率和截距分别求得 E 和 $\ln(cA)$。

得到 n 和 m 后，需要将其与表 3-8 中理想动力学模型比较，以核对由实验方法求算得到的 $f(\alpha)$ 是否与表中的理论模型匹配。例如，当 n、m 分别在 0.8 和 0.5 左右时，意味着由求得的 $f(\alpha)$ 与 Avrami-Erofeev 模型 A2 相似。在这种情况下，通过将式（3-40）和表 3-8 中某个特定 $f(\alpha)$ 匹配的方法得到 c 值。这就使得我们可以先获得 $\ln(cA)$ 中的 c 值，进而精确地确定指前因子 A 的值。如果 n 和 m 的值与任何一个动力学模型都不匹配，那么也就无法将 c 和 A 分开。但是，由于 c 的值相对较小（表 3-8），所以其对指前因子（通常写为 $\lg A$）的影响不大。不过，即使实验求算得到的 $f(\alpha)$ 与理想动力学模型不匹配，它仍完全适用于描述转化率对反应速率的影响。

4. 非线性模型拟合方法

单步或多步反应模型的拟合通常采用非线性回归方法，该方法通过使实测数据和计算数据间的差异最小化来实现。用以评估这种差异的最小二乘法用残差平方和（RSS）的形式来描述：

$$\text{RSS}=\sum\left(y_{\text{exp}}-y_{\text{calc}}\right)^2=\min \tag{3-42}$$

式中，y_{exp} 是实测值，如不同温度控制程序下测得的 $\dfrac{d\alpha}{dt}$；y_{calc} 则是拟合值，如把变量（如 t、T、α）和动力学参数（如 A、E）代入如式（3-13）右边而得到的 $\dfrac{d\alpha}{dt}$ 的计算值。通过改变各独立反应步骤的动力学参数值最终使得RSS 最小，而 RSS 最小值对应的动力学参数值则作为所求动力学参数的估计值。

尽管某些速率方程可以经过线性化处理用线性回归方法进行分析，但是这种方法一般不如非线性方法好。因为线性化处理的过程中会放大数值较小处动力学参数的敏感性，从而导致得到的参数不能与反应最重要部分实现最佳匹配。此外，非线性回归方法很容易优化反应速率、转化率，或对两者同时进行优化。并且非线性方法还可以通过数值积分的方法适应任何一组微分速率方程。

一般情况下，应用模型拟合方法不可避免会产生以下一些问题：

a. 对每一步都要确定动力学参数的唯一解。

b. 选择一个合适的多步反应机理。

c. 确定多步反应一共需要几步。

d. 为每一步反应选择合适的反应模型。

为了解决第一个问题，需要检查由最小 RSS 确定的动力学参数是不是唯一的。多个参数最小化的非线性方法是一个迭代计算过程，因此得到的可能是收敛于局部的最小值，而不是全局最小值。所有非线性迭代过程必须从一些最初的动力学参数的"猜测值"（或"初始值"）开始，此时由等转化率方法得到的结果可作为很好的初始值。例如，如果等转化率方法得到 E 的范围是50～150kJ/mol，那么合理的方法是采用两步反应机理，并且两步反应的活化能分别取 50kJ/mol 和 150kJ/mol 作为 E_1 和 E_2 的初始猜测值，对应于各自的指前因子 A_1、A_2。由于最小化过程最终会收敛于某个最小值，此时确定的动力学参数值与初始值相比可能会有明显的变化。为了证明得到的动力学参数不是局部最小值，应该用一些变化显著的动力学参数初始值代入后重复多次，且无论从最小值对应的哪一侧选不同的初始值，最终均收敛至同一数值。例如，如果初始值选 50kJ/mol，计算得到 RSS 最小值对应的活化能为 100 kJ/mol，这时需要再把初始值定为 200 kJ/mol（与相应的近似 A 值），重新计算，进一步确认仍然是在 100 kJ/mol 时得到最小值。如果两次的计算结果不同，则意味着最小化过程没有收敛于全局最小值，而由此得到的动力学参数将不是唯一解，或者简单来说就是错误的。这种情况的解决办法是减小多步反应中反应步骤数目，使用更多实验数据（如覆盖更广温度范围的实验数据等），同时改进最小化的计算方法。

解决第二个问题需要确定模型拟合方法应该采用哪种形式的反应（平行反应、连续反应、可逆反应或它们的组合）。如果有反应过程实际反应机理的信息，那就比较容易确定反应是哪种形式；当没有这些信息时，多步反应机理的选择方法是探索几个可能的机理，然后找到最小 RSS 值所对应的机理。采用这种方法时不要忘记 RSS 的统计学特征，即 RSS 的最小值可能与第二小值差别不大。此时建议采用 F-test 方法检验 RSS 之间的差别是否明显。注意，RSS 可以转变为方差 S^2 的形式：

$$S^2 = \frac{\text{RSS}}{n-p} \tag{3-43}$$

式中，n 是计算使用的实验数据点的总数；p 是计算确定的动力学参数的总数。

两个总方差（RSS 最小值和第二小值）的差异显著性可以用 F-test 规则很容易检查出来。但也有可能会发生两个完全不同的反应机理（如平行反应和连续反应）差别不大的情况，这表明两个反应机理能得到相似的拟合优度。

为了解决第三个问题，需要确定多步反应中独立反应步骤的数目，例如需要确定反应是三步还是四步的平行反应。这可以通过观察实验数据得到一些线索：$\mathrm{d}\alpha/\mathrm{d}t$ 反应曲线是平滑的？有一个峰？或有肩峰还是多个峰？每一个肩峰或峰都代表至少一个反应步骤；此外已有一些反应机理的信息也非常有助于做这种决定。但是，需要记住反应步骤的最大数目受计算难度和实验数据精度的限制。每增加一步反应，至少需要多求两个动力学参数（A 和 E）。随着参数个数的增加，它们之间的相互作用（彼此相关性）也会增加，这会显著增加获得 RSS 全局最小值的难度，也即增加确定唯一一组动力学参数的难度。建议只有统计上是合理的（即增加新的反应步骤后 RSS 显著减小了），才能增加一个新的反应步骤。这里同样可以采用 F-test 来核实引入新的反应步骤前后 RSS 的差异大小［式(3-43)］。需要再次强调的是，RSS 的减小，进而反应步骤的增加，受到实验数据 y_{exp} 固有精度的限制，换而言之，受到实验噪声引起变化的限制。

5. 分布式反应和标准模型

这一部分内容为解决第四个问题，即选择独立反应步骤的反应模型，提供了一些建议。因为常见反应模型（图 3-1）中主要类型的反应曲线之间存在明显的差异，所以，确定合适的反应类型相对比较简单。但是，需要强调的是，一些复杂反应过程不符合表 3-7 中的任何一种模型。例如，生物质和矿物燃料的热降解符合分布式反应模型，整个反应过程分为一组相互独立的平行反应，这些平行反应由数学上的分布函数控制。各速率方程的一般形式如下：

$$\frac{\mathrm{d}\alpha}{\mathrm{d}t} = \sum w_i k_i(T) f_i(\alpha_i) \tag{3-44}$$

式中，w_i 是其中某一平行反应的相对权重（$\sum w_i = 1$，$\sum \alpha_i = \alpha$）。

常见的分布式反应模型见表 3-9。

表 3-9　四种用于模拟复杂非均相材料热行为的分布式反应模型

分布函数名称	分布式函数对应的参数	函数
高斯分布（Gaussian）	E	$D(E) = (2\pi)^{-1/2} \sigma^{-1} \exp\left[-(E-E_0)^2/(2\sigma)^2\right]$
n 级分布（nth-order）	k	$D(k) = a^v k^{v-1} e^{-ak}/\gamma(v)$
韦伯分布（Weibull）	E	$D(E) = \frac{\beta}{\eta}[(E-\gamma)/\eta]^{\beta-1} \exp\left\{-[(E-\gamma)/\eta]^{\beta}\right\}$
离散分布（Discrete）	E	$D(E)$ 是添加到单位（unity）中的任意一组权重集
扩展的离散分布（Extended discrete）	A 和 E	除了 $\ln(A) = a + bE$，其余同上

分布式反应常源于其活化能的分布性。对常用的 Gaussian 分布活化能，其平均活化能 E_0 和标准差 σ 的初始猜测值可以通过反应曲线相对于 1 级反应曲线的宽度求得，其中 1 级反应的 A 和 E 可由 Kissinger 方法求得。非线性回归有效的计算方法是将连续的 E 值分成间隔 $2 \sim 5 \mathrm{kJ/mol}$ 的不连续值。Gaussian 分布的一个缺点在于它的对称性，而实际的分步反应趋向于不对称。对此，可以通过几种方法进行调整：首先是将各独立反应的反应级数变为从 1 到 n，然后用 n 和 σ 的值控制反应分布的不对称性和分布的宽度。需要注意的是，引入 n 级反应在数学上相当于在一组平行 1 级反应的指前因子中引入伽马（γ）分布。不对称性也可以通过将 E 的 Gaussian 分布替换为 Weibull 分布来解释。最后，分布式反应也可以通过离散分布引入，从而通过内嵌非线性的约束线性回归方法来进行优化。

第六节　动力学预测

动力学预测是动力学分析最重要的实际应用。如前所述，动力学分析的目的是依据反应温度、转化率和时间、压力等变量将过程速率（如反应速率）参数化。参数化是通过求算方程的参数来完成的，而这些参数及对应方程的结合则描述了相关变量对过程速率的影响。例如，温度和转化率方面的参数化是通过求算动力学三因子来实现的，而动力学三因子应该足以定量描述任何给定温度和转化率下的反应动力学。动力学预测的有趣之处和重要性在于对实验测定温度范围之外的动力学反应过程定量化。当人们受限于技术难度、成本和/或时间，而难以在感兴趣的温度范围内开展相应测试时，就产生了动力学预测的需求。

定量描述动力学过程最常用的方法是估算所谓的寿命（lifetime）参数。材料的寿命是指材料失去其应有性能的时间。在预测寿命之前，需要把感兴趣的性能与热分析测量的性质联系起来，例如，质量损失还是放热量。需要注意的是，在许多情况下这种联系是间接的。比如，TGA 通常是用来监测聚合材料的热降解性能。但是，测量质量损失仅能提供关于降解过程中材料力学性能衰退方面非常有限的信息。

在热安全领域，经常借助于热分析动力学来预测物料的热稳定性，如下文将涉及的 TMR_{ad}、SADT 等参数。

第七节　自催化分解反应

自催化分解反应在化工过程中很常见，如硝基化合物的分解，其气相产物往往会催化分解。由于自催化分解容易受到未知的外部影响而被意外引发，并伴随着热量的突然释放，往往难以预测，所以这类反应十分危险。同时，由于此类反应动力学特殊，原有一些评估模型的计算方法可能不适用，所以，应对此类反应予以特别的关注。为此，很有必要专门开展自催化分解的鉴别、动力学求算、安全参数的获取与评估等内容的研究。

一、自催化反应的定义

自催化反应的定义有几种说法：

① 反应产物在反应过程中充当催化剂的反应被称为自催化反应。

② 自催化反应是一类产物作为催化剂的化学反应。在此类反应中，可观察到反应速率从初始状态开始随着时间而增加。

实际上，在大多数反应机理中，反应速率和反应产物浓度成比例。因此，"自加速反应（self-accelerating reaction）"这一定义将更适合，但为了简便起见，仍采用"自催化"这一术语。当然，使用的"自催化"这个词并不意味着任何分子层面的机理[2]。

二、自催化反应行为

1. 诱导期

自催化反应在初期由于具有催化性质的产物较少，所以往往反应很慢，甚至低于很多设备的检测限，即在反应初期往往难以观察到明显的反应信号，但是一旦产生了足够多的产物，其反应速率就会迅速增加，这里常常用"诱导期"（induction time）来表示这种行为特征。诱导期是样品自初始反应温度至其反应速率达到最大值所经历的时间，根据控温模式的不同，通常有两种诱导期：等温诱导期和绝热诱导期。等温诱导期是指在等温条件下反应达到其最大速率的时间，一般可由 DSC 或 DTA 测得。等温诱导期假定放热可通过适当的热交换系统移出。该诱导期由反应生成的催化剂所导致，等温温度不同，诱导期也不一样，温度越高，诱导期越短。一般说来，该诱导期是温度的指数函数，因此以诱导期的自然对数与热力学温度的倒数作图，可以得到一条直线。而绝热诱导期指在绝热状态下反应到达最大速率的时间 TMR_{ad}，它可由绝热量热法或动力学参数计算得到。通常，绝热诱导期比等温诱导期短[2]，主要因为后者的获取过程存在一定的热交换。

2. 等温行为

对于遵循 n 级反应动力学规律的反应，等温情况（样品温度保持恒定）下，放热速率随时间单调下降。但自催化分解反应的行为不同——反应随时间而加速。放热速率达到最大值后开始下降（图 3-5），得出一条钟状的（bell-shaped）放热速率曲线和 S 形的转化率曲线（见图 3-1）。加速阶段通常经过一个没有放热信号的诱导期，此时也察觉不到明显的热转化。通过等温量热实验（如 DSC 实验），可立即知道发生的是 n 级反应还是自催化反应[2]。

这是由于等温条件下，n 级反应在初始温度时便达到其最大放热速率，而自催化反应没有出现放热，所以，温度升高被推迟，只有在经历诱导期，反应速率足够快，至一定程度后才检测到温度升高。此后，由产物浓度和温度上升导致的加速行为将变得非常剧烈。

3. 绝热行为

绝热失控的情况下，这两种反应将产生完全不同的温度-时间曲线。对于 n 级反应，冷却失效后温度立刻上升；而自催化反应的温度在诱导期内很稳定，然后突然剧烈上升，见图 3-6。

这对于应急措施的设计具有重大意义。为了防止失控可以设置温度报警这

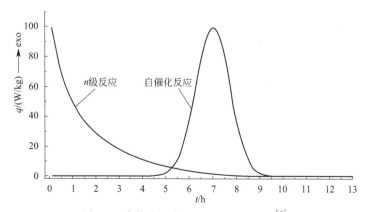

图 3-5 自催化反应和 n 级反应的对比[2]

实验条件为 200℃ 的等温 DSC 实验。两个反应的最大反应速率均为 100W/kg,

自催化反应中的诱导期导致反应过程延迟

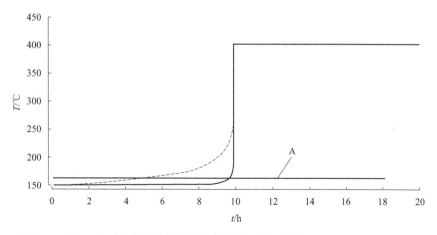

图 3-6 从 150℃ 开始保持绝热状态的自催化反应（实线）和 n 级反应（虚线）

两个反应具有相同的绝热诱导期，TMR_{ad} 均为 10h。

如果报警温度水平设置为 160℃，n 级反应在 4h 15min 后达到该报警水平；

而自催化反应需经过 9h 35min。直线 A 为报警温度

样的技术措施，如设置一个高于工艺温度 10K 的报警温度，这对于 n 级反应很有效，因为将在 $1/2TMR_{ad}$ 时发出警报。然而，自催化反应的加速不仅与温度有关，还与时间有关，其温度上升非常迅速。在图 3-6 自催化反应的例子中，报警温度并不能起到什么效果，因为人们即使接到警报也没有足够的时间来采取措施了（从报警到失控的时间仅几分钟）。因此，判断分解反应是否具有自催化性质非常重要，采取的安全措施必须要与具体的反应性质相匹配[2]。

三、自催化模型

根据上节的描述可知，自催化反应在等温实验中的转化率 α 和时间 t 之间呈现 S 形关系，在现有适合固态分解的模型函数中，很多模型都具有该特征，这里介绍几种比较典型的描述自催化反应速率的方程。

1. Prout-Tompkins 模型

Prout-Tompkins 模型对如下的双分子 2 级反应及其反应速率表述如下：

$$A+B \xrightarrow{k} 2B \text{ 和} -r_A = \frac{-dc_A}{dt} = kc_A c_B$$

上述反应方程式及速率方程均表明，反应速率与产物浓度成比例，所以产物形成的同时反应加速，直至反应物浓度下降。基于这个原因，即使在等温条件下，反应先加速到达最大值，然后速率下降（图 3-7）。

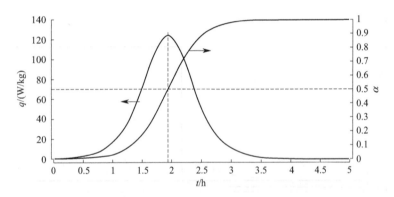

图 3-7 Prout-Tompkins 模型在等温条件下的放热速率和转化率曲线

Prout-Tompkins 模型的反应速率可表示为转化率 α 的函数[5]：

$$\frac{d\alpha}{dt} = \dot{\alpha} = k\alpha(1-\alpha) \tag{3-45}$$

该表达式描述了以时间为自变量的典型 S 形转化率曲线。由上式进一步求导，得到：

$$\frac{d\dot{\alpha}}{dt} = k(1-2\alpha) \tag{3-46}$$

显然，在等温条件下，转化率为 0.5 时可得到最大反应速率，即相应的最大放热速率，由于 $q' = Q'\frac{d\alpha}{dt} = Q'k\alpha(1-\alpha)$，其最大放热速率处的 $\alpha = 0.5$，所以动力学常数可由等温条件下所测得的最大放热速率计算得到：

$$k = \frac{4q'_{max}}{Q'} \tag{3-47}$$

该模型给出了一个对称的峰，峰值出现在转化率为 50% 处。而对于实际过程中常常出现不对称峰的情形，不能套用此模型。

Prout-Tompkins 模型提出时间最早，也最简单，只考虑了自催化反应的进行，而未考虑其引发。

2. Benito-Perez 模型

Benito-Perez 模型包括最初反应（称为引发反应）、形成产物和产物进入自催化反应等过程。该过程的动力学模型可描述为：

$$\begin{cases} v_1 A \xrightarrow{k_1} v_1 B & \text{（引发步骤）} \\ v_2 A + v_3 B \xrightarrow{k_2} (v_3 + 1)B & \text{（自催化步骤）} \\ -r_A = k_1 c_A^{a_1} + k_2 c_A^{a_2} c_B^{b} \end{cases} \tag{3-48}$$

模型包括 8 个参数：2 个频率因子、2 个活化能、3 个反应级数和 1 个初始转化率。当所有反应级数均为 1 时，常使用如下的简化形式：

$$\begin{cases} A \xrightarrow{k_1} B & \text{（引发步骤）} \\ A + B \xrightarrow{k_2} 2B & \text{（自催化步骤）} \\ -r_A = k_1 c_A + k_2 c_A c_B \end{cases} \tag{3-49}$$

基于本章第二节中固相反应动力学分析方法中将浓度 c 转化为转化率 α 的方式，上述速率方程变为：

$$\frac{d\alpha}{dt} = k_1(1-\alpha) + k_2\alpha(1-\alpha) \tag{3-50}$$

该模型具有通用性，可用于描述大量自催化反应体系。引发反应缓慢的自催化称为"强自催化（strong autocatalytic）"，因为引发反应速率低、生成产物慢，导致等温条件下的诱导期长。这样的体系，初始放热速率很低或几乎为零，反应可能进行了相对较长的一段时间也难以被检测到（图 3-8）。一旦反应加速，其加速显得非常突然，可能导致失控。若体系的引发反应较快，在较早阶段就可检测到体系的初始放热速率，这样的体系被称为"弱自催化"反应。

根据上述反应方程可知，当物料受热时间越长，引发反应中 A 转化为 B 的比例就越高，第二步自催化反应的速率就越快，这意味着反应体系的行为取决于其"热履历"（thermal history），也即取决于给定温度下的暴露时间（time of exposure）。

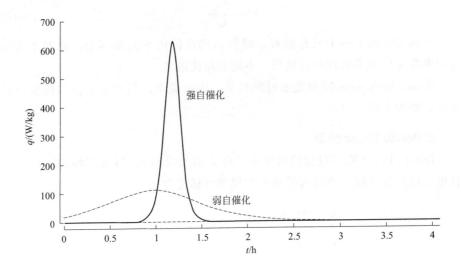

图 3-8　强自催化反应和弱自催化反应的比较

图为 200℃的等温 DSC 曲线。强自催化反应在设定条件下的初始放热速率几乎为 0

3. 柏林模型

在德国文献中常提到另一个速率方程：

$$\frac{\mathrm{d}\alpha}{\mathrm{d}t}=k_1(1+P\alpha)(1-\alpha) \tag{3-51}$$

参数 P 称为自催化因子（autocatalytic factor）：$P=0$ 时，反应为单一的一级反应。随着 P 的增加，自催化特征（autocatalytic character）变得越来越明显。

如下设定 P 值时，该模型等于 Benito-Perez 模型：

$$P=\frac{k_2}{k_1} \tag{3-52}$$

这对应于简化的 Benito-Perez 模型，所有的反应级数均等于1。但由于 P 是两个速率常数的比值，且分解反应的两个步骤并不具有相同的活化能，所以 P 是温度的指数函数。

该模型简单、通用，对于研究自催化反应的各种现象有很大帮助[2]。

4. 热分析动力学方法中具有自催化特性的模型函数

如本章第二节所述，在热分析动力学方法中，人们根据固态反应的特征，提出了诸如成核反应、相界面反应或是扩散反应等不同类型的模型函数。在这些模型函数中，有些在等温测试过程中放热速率会出现先增后减的变化趋势，其转化率曲线表现为 S 形，即这类反应具有自催化的特征。则对应的这些函数也可以作为自催化反应模型，表 3-7 中 Avrami-Erofeev 模型、简化的 Sestak-Berggren 模型等便常常表现出自催化特征。

四、自催化反应的鉴别或表征方法

1. 化学鉴别方法

某些化合物的分解遵循自催化机理，其中包括：

① 芳香族硝基化合物，其确切的反应机理尚不清楚。

② 单体，其聚合反应体现了强烈的自加速反应特性。

③ 芳香胺的氯化物，其缩聚反应生成的 HCl 对缩聚反应有催化作用。

④ 二甲基亚砜（DMSO）。

⑤ 氰尿酰氯及其单、双基取代衍生物，其分解反应生成的 HCl 对反应本身起催化作用。

就具体自催化分解特征的物料而言，定期抽样进行化学分析是很必要的。这类物料反应物浓度最初基本能保持恒定，在诱导期之后浓度开始下降（图 3-9），这是自催化或自加速的特征之一。也可用热分析方法（如动态 DSC 或其它量热方法）代替化学分析方法进行表征[2]。

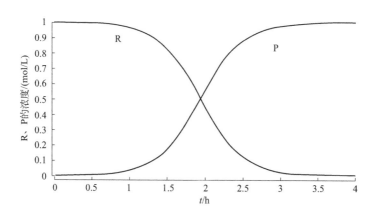

图 3-9　随时间而变化的物质浓度

R—反应物；P—反应产物

2. 基于等温 DSC 的鉴别方法

等温 DSC 是一种检测和表征自催化分解的可靠方法，但需要注意一些事项，尤其是实验温度的选择。温度过低，诱导期可能会比预期的实验时间更长，有可能得到不存在分解反应的结论；温度过高，诱导时间过短，可能只检测到信号降低的部分，从而得出非自催化分解反应的结论。如果选择的温度恰当，就可得到如图 3-10 所示的典型的钟形信号：反应速率先增加，到达最高值后再降低[2]。

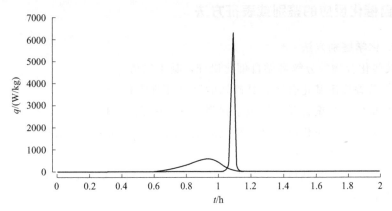

图 3-10　动态 DSC 热分析曲线显示了自催化反应（尖锐的峰）和
n 级反应（平缓的峰）在信号形状上的差异

一般说来，应将等温 DSC 的测试结果与动态 DSC 的实验结果进行比较，这样可以避免出现错误结论。因为，如果动态 DSC 与等温 DSC 的反应机理相同的话，两实验所测能量应相等。

3. 经验方法

对自催化分解反应进行检测和表征的唯一可靠方法是采用等温测试（见图 3-5）。然而，对于有经验的使用者而言，动态模式下热筛选的实验结果也可以给出一些线索，热分析谱图中狭窄的信号往往意味着高的放热速率（图 3-10）。动态（程序控制升温）DSC 或 DTA 方法只能说明分解反应自催化性质的一些侧面信息。

图 3-10 中 n 级反应和自催化反应的活化能 100kJ/mol 和分解热 500J/g 均相同，这与图 3-5 和图 3-6 所采用的测试体系一样。由图可发现自催化反应的峰向高温区偏移，这很容易导致错误的结论，认为自动催化反应的样品比 n 级反应的样品更稳定。这也就是为什么要对自催化分解反应进行更深层次测试的原因。一般说来，自催化反应的最大放热速率远大于 n 级反应[2]。

需要注意的是，由于测试条件以及样品质量对动态 DSC 放热峰形有很大影响，故单独采用该经验方法判断自催化特性可能得到错误的结果。建议在动态测试结果的基础上，合理选择等温 DSC 的测试温度，然后根据等温 DSC 测试结果验证是否具有自催化特性。

4. 中断回扫法

Roduit 等[11] 基于假设的动力学模型，通过理论模拟发现：对于具有自催化特性的物质，若使其一小部分物质先分解，那么其动态 DSC 曲线将会发生较大变化，这种变化会在峰形、起始分解温度以及峰温上得到体现；反之，对于符合 n 级分解规律的物质，一小部分物质的分解并不影响该物质动态 DSC 曲线起始分解温度以及峰温。基于这样的原理，他进一步模拟了一个 DSC 实验过程，即假设第一次测试按照图 3-11 中 ABC 的顺序进行非等温 DSC 测试，得到图（b）的曲线 1；进而进行第二次测试，采用和第一次同样的样品、同样的样品量，采用相同的温升速率，先升温至起始温度 B 附近，然后降温至 D 点（温度同 A 点，但是转化率发生了变化），然后线性升温至 E 点或者更高的温度，即按照 ABDE 的顺序进行测试。对于自催化反应会得到图 3-11（b）的曲线 2。可以发现曲线 2 比曲线 1 起始温度和峰温都有明显提前。而对于 n 级反应，得到的曲线 2 起始温度和峰温都基本不变。

基于此，笔者团队[12] 从实验角度提出一种快速的测试方法——中断回扫法，其测试原理同图 3-11。实践表明，中断回扫法是一种可以用来判定分解反应是否具有自催化特性行之有效的方法，具体见下节的应用实例。

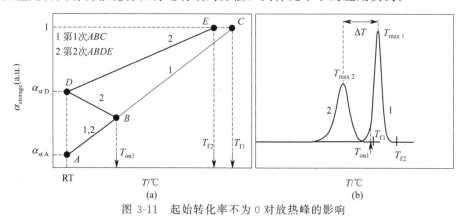

图 3-11　起始转化率不为 0 对放热峰的影响

5. 瑞士方法

尖锐且狭窄的峰形，对应于最大放热速率。对于这样的事实，可以通过定量的方法来描述。最初的一个观点是测试峰的高度和宽度，并用它们的比值来判断反应是否为自催化反应。该方法看似简单，但缺点是仅用到了描述放热峰的少量数据点，因而，这种评估方法的统计学意义不大[2]。

为此，瑞士安全技术与保障研究所的 Leila 和 Hans[13] 认为反应（或峰）

初期决定了绝热条件下反应物料的行为，即当体系发生冷却失效进入绝热状态时，n 级反应会立即出现温度升高，而自催化反应可能在诱导期中仍然保持温度的稳定，然后才会突然升高。然而，基于绝热测试方法计算 TMR_{ad} 的保守方法往往不考虑物料的消耗，因此该保守方法未必适用于自催化反应。为了对物料反应类型进行筛选，考虑到在工厂中 DSC 是一种常用的测试手段，他们提出了一种基于 DSC 的更加有效可靠、且具有较高统计学意义的方法（简称"瑞士方法"）。即采用一个简单的一级反应模型，通过调整活化能和频率因子这两个参数，对峰的开始阶段进行拟合（见图 3-12）。其中活化能为表观活化能，体现了峰的陡度（steepness），即表观活化能越高，反应的自催化可能性越大。

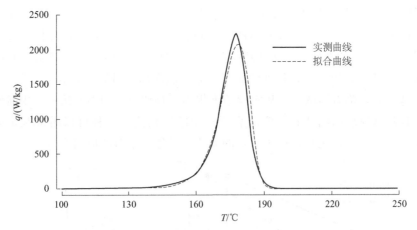

图 3-12　采用 1 级反应动力学拟合动态实验中的自催化放热峰
表观活化能为 280kJ/mol，体现了反应的自催化性质

该方法已通过百种以上的物质进行了验证，并且与等温实验的传统研究结果进行了比较。表观活化能高于 220 kJ/mol 的样品，97％显示了其自催化的特性。因而该方法可用于筛选，便于从其它需要用等温实验研究的反应中清晰地甄别出自催化反应，这样便降低了采用等温实验的次数。

但是该方法对有些情况不适用：

① 吸放热耦合的情况（即在放热峰之前有吸热峰的情况）。这时起始温度没有办法确定，所以该方法不适用。

② 反应为连续反应。自催化反应在 n 级反应之后发生，则其拟合结果主要反映的是第一个 n 级反应的特征（图 3-13）。

该方法的拟合原理如下：

在时间 $t + \Delta t$ 下，放热速率可以表示为：

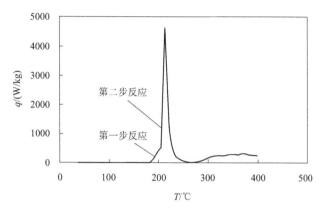

图 3-13　含有 1 个以上放热峰的 DSC 曲线

$$q(t+\Delta t)=q_0\exp\left\{\frac{-E}{R}\left[\frac{1}{T(t+\Delta t)}-\frac{1}{T_0}\right]\right\}\left[1-\frac{\Delta H(t+\Delta t)}{\Delta H_\mathrm{d}}\right] \tag{3-53}$$

但是在 $t+\Delta t$ 时刻单位质量下的反应热也未知，近似的计算方法如下：

$$\Delta H(t+\Delta t)=\Delta H(t)+q(t)\Delta t \tag{3-54}$$

将 ΔH $(t+\Delta t)$ 的近似值代入，可以得到：

$$q(t+\Delta t)=q_0\exp\left\{\frac{-E}{R}\left[\frac{1}{T(t+\Delta t)}-\frac{1}{T_0}\right]\right\}\left[1-\frac{\Delta H(t)+q(t)\Delta t}{\Delta H_\mathrm{d}}\right] \tag{3-55}$$

知道了 $t+\Delta t$ 时刻的放热速率，也可以用梯形积分来估算单位质量下的放热速率：

$$\Delta H(t+\Delta t)=\left[q(t)+q(t+\Delta t)\right]\frac{\Delta t}{2} \tag{3-56}$$

第八节　动力学分析实例

偶氮二异丁腈（AIBN）是很常用的引发剂，但由于该物质结构不稳定，造成火灾爆炸事故时有发生[14]。国内外学者在对 AIBN 进行研究时发现其熔化和分解重叠，造成放热曲线变形，因而利用现有动力学模型无法准确求算其动力学参数，获取分解热、相变热等参数。如多位学者在 DSC[15]、TG-DTA[16] 以及绝热加速量热仪（ARC）[17] 研究中均发现了 AIBN 的上述热分解特性。为此，一些学者对此进行了相关研究。这里将主要基于 AIBN 介绍热分析动力学计算方法中的模型拟合法和等转化率法的应用；此外，借助该样品的复杂反应过程，介绍吸放热峰的分峰处理及动力学求算过程；最后将举例说明部分自催化反应表征的应用实例。

一、热分析动力学的模型拟合方法

　　德国 NETZSCH 公司的 Moukhina 博士[18] 基于德国 BAM 实验室提供的动态 DSC 和等温 DSC 数据（见图 3-14 和图 3-15），对 AIBN 的动力学进行了相关的分析，并预测了 SADT。

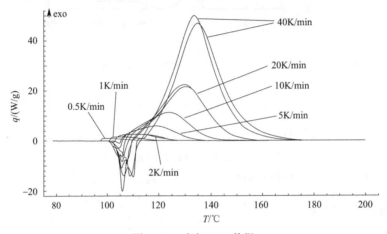

图 3-14　动态 DSC 数据

（加热速率从 0.5 K/min 到 40 K/min，吸热熔融后紧跟着放热分解）

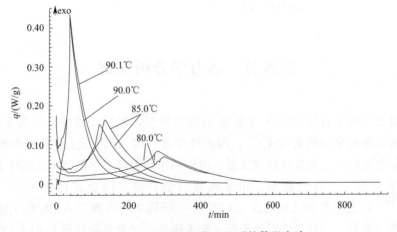

图 3-15　80℃、85℃及 90℃下的等温实验

　　Moukhina 从动态 DSC 曲线观察到，AIBN 常显示为熔融吸热和分解放热

叠加在一起的现象，但是当温升速率足够低时则可能出现吸热峰消失的情况，而在相关等温实验中虽然没有观察到明显的吸热峰，但是他认为根据文献[19～21]，完全有理由认为在 80～100℃ 等温实验中实际上也存在熔融过程（见图 3-14 和图 3-15），因而该等温过程实际上是一个"准自催化"（quasi-AC）的反应。

Moukhina 对 AIBN 的这种分解建立了两种模式：熔融＋液态下分解模型、固液两相均存在分解的模型。

对于第一种情况，Moukhina 假设反应过程为：

$$\text{A-1} \longrightarrow \text{B-2} \longrightarrow \text{C} \tag{3-57}$$

根据文献 [22]，将第一步熔融过程采用自催化模型来表示，而根据文献 [19]，采用 n 级模型来描述液态下的 AIBN 分解过程。

对于第二种情况，假设其反应路径为：

$$
\begin{array}{l}
\text{A}\!\!-\!\!\!\!-\!\!\!\!-\!\!\!\!-\!\!\!\!-1\longrightarrow \text{B}\\
\quad\;\;\,\lfloor\!\!-\!\!2\longrightarrow \text{C-3}\longrightarrow \text{D}
\end{array} \tag{3-58}
$$

其中 B 为固相分解产物，C 为液态的 AIBN，D 为 AIBN 液态分解产物。根据文献 [23]，这里将第一步反应作为自催化反应，第 2 步和第 3 步同第一种情况，分别为自催化和 n 级反应。

采用上述两个模型对动态及等温过程进行拟合（见图 3-16），得到拟合结果见表 3-10。

表 3-10 两个模型对动态及等温过程进行拟合的结果

项目	简单模型 A-1 ⟶ B-2 ⟶ C	修正模型 A—┬—1⟶B 　　└—2⟶C-3⟶D
项目	第 1 步：A ⟶ B 自催化 第 2 步：B ⟶ C n 级	第 1 步：A ⟶ B 自催化 第 2 步：A ⟶ C 自催化 第 3 步：C ⟶ D n 级
反应速率与浓度关系式	$\dfrac{\mathrm{d}a}{\mathrm{d}t}=-A_1\times f_1(a,b)\times\exp\dfrac{-E_1}{RT}$ $\dfrac{\mathrm{d}b}{\mathrm{d}t}=-A_1\times f_1(a,b)$ $\times\exp\dfrac{-E_1}{RT}-A_2\times f_2(a,c)$ $\times\exp\dfrac{-E_2}{RT}$	$\dfrac{\mathrm{d}a}{\mathrm{d}t}=-A_1\times f_1(a,b)\times\exp\dfrac{-E_1}{RT}$ $\quad-A_2\times f_2(a,c)\times\exp\dfrac{-E_2}{RT}$ $\dfrac{\mathrm{d}b}{\mathrm{d}t}=A_1\times f_1(a,b)\times\exp\dfrac{-E_1}{RT}$

续表

	简单模型	修正模型
反应速率与浓度关系式	$c = 1 - a - b$	$\dfrac{dc}{dt} = A_2 \times f_2(a,c) \times \exp\dfrac{-E_2}{RT} - A_3$ $\times f_3(c,d) \times \exp\dfrac{-E_3}{RT}$
计算反应焓的表达式	$f = \dfrac{(-\Delta H_2) \times \dfrac{da}{dt} + \Delta H_3 \times \dfrac{dc}{dt}}{\Delta H}$	$f = \dfrac{\Delta H_1 \times \dfrac{db}{dt} + (-\Delta H_2) \times \dfrac{dc}{dt} - \dfrac{db}{dt}}{\Delta H}$ $+ \dfrac{\Delta H_3 \times \dfrac{dd}{dt}}{\Delta H}$
固相分解 lg A	—	18.8
固相分解 $E/(\text{kJ/mol})$	—	160
固相分解 n	—	1.44
固相分解 K_{cat}	—	1.3
固相分解 $\Delta H_1/(\text{J/g})$	—	420
熔化 lg A	21.6	22.4
熔化 $E/(\text{kJ/mol})$	181.3	187.4
熔化 n	0.3	0.3
熔化 K_{cat}	1.83	1.92930
熔化 $\Delta H_2/(\text{J/g})$	214	244
液相分解 lg A	11.7	12.8
液相分解 $E/(\text{kJ/mol})$	105.0	113.3
液相分解 n	0.77	0.83
液相分解 $\Delta H_3/(\text{J/g})$	1414	1572
熔化＋液相分解 $\Delta H_4/(\text{J/g})$	1200	1334
总的 $\Delta H/(\text{J/g})$	1200	1200

注：表中 n 级反应采用的函数为：$f(a,b) = a^n$，自催化反应所用的函数的为：$f(a,b) = a^n(1 + K_{cat}b)$。$a$、$b$、$c$、$d$ 为反应物无量纲的摩尔浓度，其值的范围 $0 \sim 1$。A—指前因子，s^{-1}；f—反应类型；E—每步反应的活化能，kJ/mol。

Moukhina 认为，简单模型对 AIBN 在动态 DSC 低升温速率下熔融和液相分解的描述很好，同时对于 $80.0℃$、$85.0℃$、$90.0℃$ 等温实验中对主峰的描述也很不错，但是不能很好地描述 AIBN 在固相中缓慢分解的引发阶段。而修

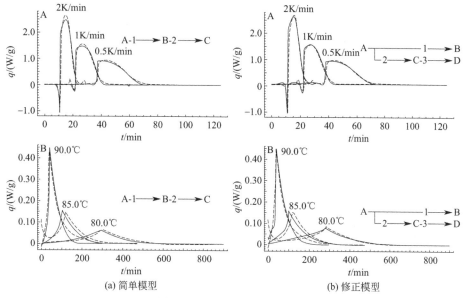

图 3-16　两种模型的拟合结果

正模型对动态数据中 AIBN 熔融、液相中分解以及熔融之前微小缓慢的固相分解放热效应的拟合结果都很好，对等温数据中的主峰的峰形和初始引发阶段导致转化率大于 0 的描述也很不错。所以他认为修正模型更可靠，并且借助该模型进一步预测了自加速分解温度（SADT）。具体见第八章的相关研究内容。

　　同时也有 Kossoy 博士采用模型拟合方法，对 BAM 实验室给出的这些热分析数据进行拟合，获得相应的动力学模型[24]。不过，虽然两位学者给出的数据拟合效果均很好，预测的 SADT 与实验值接近，但是两者得到的模型却存在较大的差异。

二、热分析动力学的等转化率方法

　　Roduit 博士早期便采用等转化率方法对 AIBN 等温实验进行了动力学分析[25]。此外，和上面的 Moukhina 博士一样，采用由 BAM 实验室提供的同一批 DSC 数据，也进行了相应的动力学计算，但是采用的是等转化率的方法，以避免出现反应模型函数选择错误或有偏差的问题[26]。与 Moukhina 不一样的是，Roduit 认为在熔点之下的等温实验能保证 AIBN 是在固态下分解，从而可以直接用于预测 SADT，所以他选用 80～90℃之间的等温实验结果进行动力学计算，所采用的动力学计算方法是微分等转化率的 Friedman 方法，其速率表示如下：

$$\frac{d\alpha}{dt_\alpha} = A(\alpha)f(\alpha)\exp\frac{E(\alpha)}{RT_\alpha} \tag{3-59}$$

式中，E、A、T 和 t 均为转化率 α 的函数。

同时，为了对比，采用 Kamal-Sourour（KS）模型基于模型拟合法进行动力学计算：

$$\frac{d\alpha}{dt} = k_1(1-\alpha)^{n_1} + k_2(1-\alpha)^{n_2}\alpha^{m_2} \tag{3-60}$$

采用不同方法的拟合结果如图 3-17 所示。

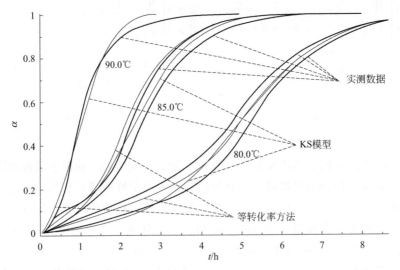

图 3-17 不同温度等温实验在两种方法下的拟合结果

这里主要关注等转化率方法，给出等转化率的计算结果如图 3-18 所示。

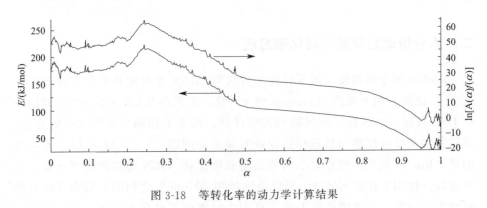

图 3-18 等转化率的动力学计算结果

不过 Roduit 博士认为 BAM 实验室提供的数据拟合效果并不好（见图 3-

17)，对于 AIBN 动力学的求取，他认为文献 [25] 的结果更佳。

上述对 AIBN 的动力学分析方法，由于不同研究者对 AIBN 分解过程的理解不同，所以在同样的两组数据中选择不同的数据进行动力学计算，前者选了部分动态 DSC 数据和部分等温数据，而后者选用了所有的等温数据；同时在动力学分析方法的选择上，前者选择的是模型拟合法，后者则是采用等转化率方法；由于所用动力学方程不同，所以两者获得的动力学参数可比性不强，在第八章 SADT 的预测中，我们会进一步比较这两种方法对 SADT 的预测结果。

三、偶氮二异丁腈动态 DSC 吸放热耦合处理

如前所述，在较高的温升速率下 AIBN 动态 DSC 曲线中出现了吸放热耦合现象，从而导致难以获得单纯的熔融吸热或分解放热过程。为了解决或避免吸放热耦合对动力学分析及安全参数预测的问题，一些学者尝试了解决方案，如笔者团队[27] 就尝试了将 AIBN 溶于苯胺溶剂中进行热分析的方法（溶剂法），并采用了分峰方法对耦合问题进行处理（分峰法）。

1. 溶剂法

早就有学者尝试将 AIBN 溶于惰性溶剂中，以避开吸放热耦合的问题。如 Kartasheva 等[28] 研究了 AIBN 在十二烷基硫酸钠、十六烷基三甲基溴化铵胶束溶液中的热分解动力学参数。Talal 等[29] 采用 DSC 和热重分析（TGA）手段研究了 AIBN 在溶剂中的热分解特性，并计算对比了相关动力学参数。Juang 等[30] 将 AIBN 溶于二甲苯中，研究了不同氯化锡的含量对其分解速率的影响。因此，可以看出通过加入溶剂消除相变来获得 AIBN 在溶液中的分解动力学参数具有一定可行性。

笔者团队[27] 将 AIBN 溶于苯胺进行测试，以期得到不受相变影响的溶液中 AIBN 的分解曲线，结果见图 3-19。

显然，溶液状态的 AIBN 只有一个放热峰，因而可以采用等转化率方法进行分析与计算。基于微分 Friedman 法进行动力学分析，得到的活化能 E 与 $\ln[A(\alpha)f(\alpha)]$ 随反应转化率的变化曲线见图 3-20。

从图 3-20 中可以看出，AIBN 溶于苯胺后的活化能 E、$\ln[A(\alpha)f(\alpha)]$ 在转化率 α 为 0.1～0.8 的范围内基本恒定在 92.5～99.6 kJ/mol 及 22.2～25.2 范围内，平均值分别为 98 kJ/mol 及 24.6，表明苯胺溶液中 AIBN 分解的活化能变化范围较小，基于 ICTAC 给出的热分析动力学的建议[10]，可以认为该分解反应符合单步反应的特征，可用单一的机理函数描述 AIBN 苯胺溶液的

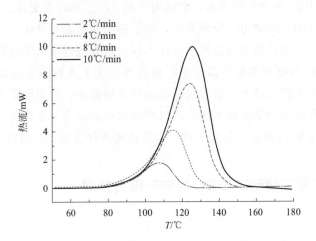

图 3-19 AIBN 溶于苯胺在不同温升速率下的 DSC 曲线

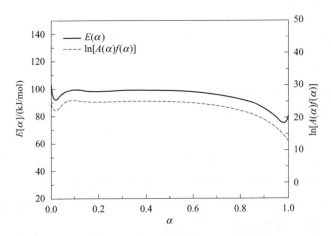

图 3-20 不同 α 下 AIBN 苯胺溶液的 $E(\alpha)$ 和 $\ln[A(\alpha)f(\alpha)]$

分解。

溶液中 AIBN 分解的活化能变化范围较小，基于 ICTAC 给出的热分析动力学的建议[10]，可以认为该分解反应符合单步反应的特征。因此采用 Malek 法对 AIBN 溶于苯胺后的分解机理进行分析，测试结果（形状表示）与标准曲线对照结果见图 3-21。

最终认为 Avrami-Erofeev 模型是 AIBN 溶于苯胺后分解的最概然机理函数，其微分和积分函数表达式为：

$$f(\alpha) = \frac{4}{3}(1-\alpha)[-\ln(1-\alpha)]^{\frac{1}{4}} \tag{3-61}$$

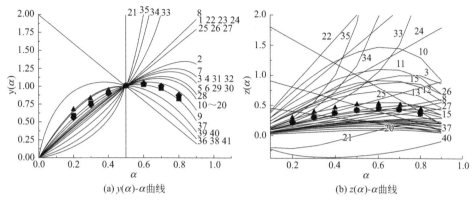

图 3-21　实验与标准曲线对比

2. 基于数学函数的分峰方法 1

基于 AKTS 软件，采用软件自带的 Gaussian 和/或 Fraser-Suzuki 不对称函数对 AIBN 吸放热耦合的 DSC 曲线进行分峰处理。该方法采用非线性优化（Marquardt）来实现模拟信号与实验数据的匹配。分峰结果见图 3-22 和图 3-23。

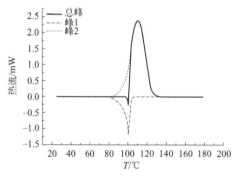

图 3-22　2℃/min AIBN 的 AKTS 分峰结果

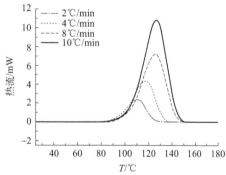

图 3-23　分峰后不同温升速率下的放热峰（峰 2）

通过和溶剂法相似的动力学处理方法，得到动态 DSC 条件下 AIBN 放热峰的机理函数为：

$$f(\alpha)=1.27(1-\alpha)\times[-\ln(1-\alpha)]^{1-1/1.27} \tag{3-62}$$

该函数类型和溶剂法的函数类型一致，但具体参数略有差异。

3. 基于数学函数的分峰方法 2

除了借助现成的动力学分析软件之外，也可以借助 MATLAB 的相关数学工具来实现，如通过数学方法将高温段的热流数据进行拟合，得到热流曲线的数学表达式，进而外推到低温起始分解阶段，得到"纯"放热峰。

从图 3-16、图 3-22 可以看出不同温升速率下 AIBN 耦合曲线在 100～112℃ 范围内出现拐点，利用 MATLAB 软件对拐点后的 DSC 曲线进行拟合，得到热流-温度的数学表达式，进而外推到起始反应阶段（见图 3-24、图 3-25）。

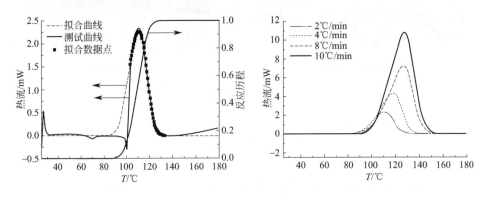

图 3-24 2℃/min 下 AIBN
分解 DSC 曲线

图 3-25 分峰后不同温升速率下
AIBN 的放热峰

最终推断出 AIBN 动态 DSC 放热峰的机理函数为：

$$f(\alpha) = 1.26(1-\alpha) \times [-\ln(1-\alpha)]^{1-1/1.26} \tag{3-63}$$

该机理函数和上一种数学法分峰的结果几乎一致，说明两者的原理基本一致。

四、自催化反应的表征

1. 瑞士方法

笔者团队[31] 曾借鉴瑞士方法对 2,4-二硝基甲苯（2,4-DNT）的分解是否具有自催化特征进行了研究，并通过计算得出了实验曲线与拟合曲线之间偏离度最小时所对应的 E 值。

偏离度的定义为：

$$\varepsilon = \frac{1}{n} \sum_{i=1}^{n} |q_{si} - q_{ei}| \tag{3-64}$$

式中，ε 的单位为 mW；n 为实际测试中 α 范围为 0.001～0.1 时所取数据点的个数（具体个数由具体实验决定）；q_{si}，q_{ei} 分别为同一温度下放热速率 q

的模拟值与实验值。偏离度的实际含义为其在同一温度下放热速率 q 的模拟值与实验值的平均差值。

拟合时，先设定 E 的范围（50～500 kJ/mol），控制时间步长为 1s，调节 E 值以 0.1 kJ/mol 为步长向上递增，对实测曲线起始阶段进行拟合，得到偏离度最小的 E 值，当其数值大于 220 kJ/mol 时可以认为该物质具有自催化性。

2,4-DNT 动态 DSC 的典型曲线见图 3-26，由图可知 2,4-DNT 的放热分解包含一个尖锐的放热峰和一个比较平缓的肩峰。这里主要关注第一个峰，对其进行数值计算与拟合，得到的结果见图 3-27。

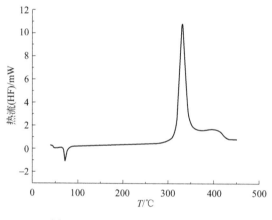

图 3-26　2,4-DNT 典型 DSC 曲线

不同温升速率（1K/min、2K/min、4K/min、8K/min）2,4-DNT 放热峰拟合得到的表观活化能 E 分别为 358.5kJ/mol、281.8kJ/mol、441.7kJ/mol、357.4kJ/mol，对应的偏离度 ε 为 0.01972mW、0.2208mW、0.0194mW、0.0395mW，所得 E 均大于 220kJ/mol，说明 2,4-DNT 分解反应具有自催化性质。

进一步采用等温 DSC 进行验证（见图 3-28），实验开始时先动态升温，升温结束后出现基线回落现象，一直到约 90min 时基线完全回落，然后经过约 10min 反应开始进行放热阶段，达到最大放热速率后再下降，即其反应速率经过一定的诱导期后先增后减；其放热速率曲线呈"钟形"，转化率曲线呈"S"形，表明 2,4-DNT 具有自催化特性。

2. 中断回扫法

笔者团队[12,32]曾利用中断回扫法对所制备硝酸异辛酯（EHN）的自催化分解进行了研究。为了避免在不同温度下分解机理不同所带来的误差，以及

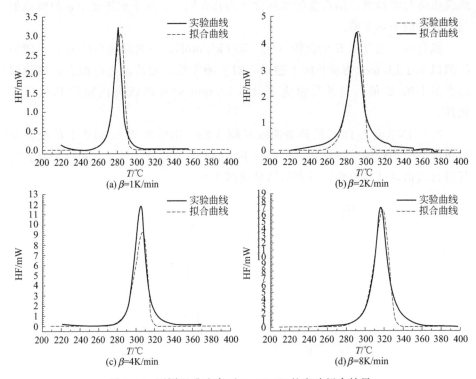

图 3-27 不同温升速率下 2,4-DNT 的实验拟合结果

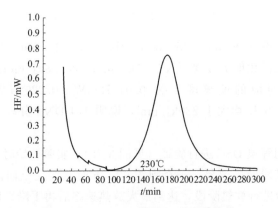

图 3-28 2,4-DNT 等温 DSC 实验结果

为了能够更为准确地判断 EHN 的分解特性，采用了起始分解温度附近的 3 个中断温度（分别为 180℃、190℃ 及 200℃）进行实验，测试结果见图 3-29（EHN-1♯）。其中，180℃ 几乎是曲线刚偏离基线的温度，190℃ 几乎是起始分解温度，而 200℃ 为接近峰温的温度。

这里将第一次升温至中断温度的过程称为"一段测试",而将降温后的样品以同样的温升速率扫描至放热结束的过程称为"二段测试"。

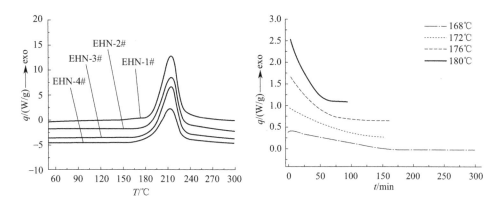

图 3-29 EHN 二段测试的比放热速率曲线　　图 3-30 不同温度下的等温 DSC 曲线

为了更好地比较中断回扫实验中二段测试结果与正常测试条件下的 DSC 曲线,将正常测试的 DSC 曲线(EHN-1♯)以及中断回扫实验中的二段测试曲线(EHN-2♯～4♯)列于图 3-29 中。同时为了便于比较峰形变化,放热曲线均换算成单位质量的放热速率。由图 3-29 可知,4 次实验的峰形变化不大,其测试曲线均较为平缓,仅仅是峰的大小发生变化,这表明 EHN 的热分解符合 n 级动力学规律。

为了进一步分析 DSC 的分解特性,同时对中断回扫实验的测试结果相互验证,分别在 168℃、172℃、176℃、180℃的条件下进行等温 DSC 实验,其实验结果见图 3-30。EHN 在等温条件下的反应速率最高在开始阶段,然后缓慢下降,表现出减速型反应特征,进一步判定 EHN 的分解过程符合 n 级分解规律。

参考文献

[1] Amine D,Lamiae V H,Sébastien L,et al. Journal of Loss Prevention in the Process Indu stries,2019,62:103938.

[2] 弗朗西斯·施特塞尔. 化工工艺的热安全——风险评估与工艺设计. 陈网桦,彭金华,陈利平,译. 北京:科学出版社,2009.

[3] Grewer T. Thermal hazards of chemical reactions. Amsterdam: Elsevier,1994.

[4] 刘荣海,陈网桦,胡毅亭. 安全原理与危险化学品测评技术. 北京:化学工业出版社,2004.

[5] 陈镜泓,李传儒. 热分析及其应用. 北京:科学出版社,1985.

［6］ 刘振海，陆立明，唐远望. 热分析简明教程. 北京：科学出版社， 2013.

［7］ 蔡正干. 热分析. 北京：高等教育出版社， 1993.

［8］ 刘振海，徐国华，张洪林，等. 热分析与量热仪及其应用. 北京：化学工业出版社， 2011.

［9］ 胡荣祖，高胜利，赵凤起，等. 热分析动力学. 2版. 北京：科学出版社，2008.

［10］ Vyazovkin S，Burnham A K，Criado J M， et al. ICTAC Kinetics Committee recommendations for performing kinetic computations on thermal analysis data. Thermochimica Acta， 2011，520：1-19.

［11］ Roduit B，Hartmanna M，Follyb P，et al. Parameters Influencing the Correct Thermal Safety Evaluations of Autocatalytic Reactions. Chemical Engineering Transactions， 2013，31.

［12］ 杨庭，陈利平，陈网桦，等. 分解反应自催化性质快速鉴别的实验方法. 物理化学学报，2014，30（7）：1215-1222.

［13］ Bou-Diab L，Fierz H. Autocatalytic decomposition reactions，hazards and detection. Journal of Hazardous Materials， 2002，93（1）：137-146.

［14］ The tragedy of 8. 31 fire and explosion caused by man-made mistakes. http：//www. Chinabaike. com/z/aq/fh/265980. html （accessed Mar27，2014）.

［15］ Whitmore M W，Wilberforce J K. Use of the accelerating rate calorimeter and the thermal activity monitor to estimate stability temperatures. J Loss Prev Process Ind， 1993，6（2）：95-101.

［16］ Kotoyori T. The self-accelerating decomposition temperature （SADT） of solids of the quasi-autocatalytic decomposition type1. J Hazard Mater. 1999，64（1）：1-19.

［17］ 万伟. 油溶性偶氮类引发剂热危险性研究 ［D］. 南京：南京理工大学，2013.

［18］ Moukhina E. Thermal decomposition of AIBN Part A：Decomposition in real scale packages and SADT determination. Thermochimica Acta，2015，621：25-35.

［19］ Dubikhin V，Knerel' man V V A，Nazina E I A，et al. Thermal decomposition of solid azobisisobutyronitrile . Kinet Catal，2013，54（1）：20-23.

［20］ Dubikhin V，Knerel' man E I，Nazin G M，et al. Russ. J Phys Chem B 7，2013（2）：123-126.

［21］ Boros G E，Tüdös F. Investigation of decomposition of azo-iso-butyronitrile in the melt and in the solid state. Eur. Polym J， 1970，6（10）：1383-1390.

［22］ Kotoyori T. Critical temperatures for the thermal explosion of chemicals，Industrial Safety Series//vol 7. Amsterdam：Elsevier，2005.

［23］ Lazár A M，Ambrovi A P，Mikovi A J. Thermal Decomposition of azo-bis-isobutyronitrile in the solid phase. J Therm Anal，1973，5：415-425.

［24］ Kossoy A A，Belokhvostov V M，Koludarova E Y . Thermal decomposition of AIBN：Part D：Verification of simulation method for SADT determination based on AIBN benchmark. Thermochimica Acta，2015（621）：36-43.

［25］ Roduit B，Hartmann M，Folly P，et al. Determination of thermal hazard from DSC measurements. Investigation of self-accelerating decomposition temperature （SADT） of AIBN. J Therm Anal Calorim，2014，117（3）：1017-1026.

［26］ Roduita B，Hartmanna M，Folly P ，et al. Thermal decomposition of AIBN，Part B：Simulation of SADT value based on DSC results and large scale tests according to conventional and new kinetic merging approach. Thermochimica Acta，2015，621：6-24

［27］ 张彩星. 吸放热耦合情况下分解反应热效应的解耦方法研究［D］. 南京：南京理工大学， 2016.

［28］ Kartasheva Z S，Kasaikina O T. Decomposition kinetics of free radical initiators in micellar solutions . Russ Chem B＋，1994，10（43）：1657-1662.

［29］ Cheikhalard T，Tighaert L，Pascault J P. Thermal decomposition of some azo initiators. Influence of chemical structure. Macromol Mater Eng，1998，256（1）：49-59

［30］ Juang R S，Liang J F. Thermal decomposition of azobisisobutyronitrile dissolved in xylene in the presence of tin（Ⅳ）chloride. J Chem. Technol Biot，1992，55（4）：379-383.

［31］ 鲍士龙，陈网桦，陈利平，等. 2,4-二硝基甲苯热解自催化特性鉴别及其热解动力学. 物理化学学报， 2013，29（3）： 479-485.

［32］ 杨庭. 硝酸异辛酯的热稳定性及其合成过程的热危险性分析［D］. 南京：南京理工大学，2015.

第四章

热安全参数与评估模型

第一节　热失控致灾模型

从传统意义上说，风险被定义为潜在事故的严重度和发生可能性的组合。因此，风险评估必须既评估其严重度又评估其可能性。问题是"对于特定的化学反应等操作单元，其固有热风险的严重度和可能性到底是什么含义？"

第一章中已经指出，化工过程热风险就是由热失控引发因素及其相关后果所带来的风险。所以，搞清楚一个操作单元是怎样由正常过程"切换"到失控状态（即致灾过程）是我们开展热风险评估首先要解决的问题。由于反应单元相对复杂，热平衡项多，搞清楚反应单元的致灾过程对于我们理解其它单元具有重要的指导与借鉴意义。下面以反应单元为例说明热失控致灾过程。

反应单元的热失控事故通常是由具体的工艺偏差引起的，比如冷却失效、加料过快、加错物料等。在进行热失控风险评估前，首先需要利用科学的方法（如 HAZOP、HAZID、事故树、检查表等方法）辨识可能引起热失控的工艺偏差，然后针对工艺偏差引起热失控的风险，分别对其严重度和发生可能性进行评估；最后评估该工艺偏差引发热失控的风险度。这里需要强调的是，在进行热失控风险评估时要明确相应的操作单元、工艺偏差，从而有助于热安全参数的合理选择，例如 T_{D24} 主要针对合成单元，而对于运输单元就不可采用，对于闪蒸工序也不适用。

本节首先介绍热失控导致物理爆炸乃至气云爆炸的一般过程，该过程相对比较简单易于理解；然后介绍化工过程热爆炸的事故树模型，该模型虽然不能完全包括导致反应失控的所有因素，但它毕竟来自生产实际，具有较好的代表性；最后对热风险最糟糕的情形（worst case scenario）——反应器冷却失效情形进行描述，此时通常认为反应物料处于绝热状态。

一、热失控致灾的一般过程

就一个目标反应而言，如果反应器放大过程出现设计不合理、冷却装置故障、冷却介质断流或欠流等原因，反应物料的放热速率将无法被移热能力所平衡，引起反应热失控，导致反应物料温度升高，生成大量气体产物、导致溶剂大量挥发或引发二次分解反应，如果形成的可凝气、不可凝气体或两种的混合物不能及时泄放，则必然导致体系压力增长，当超过容器的承压极限，容器在经历延性变形后将突然破裂，将引起物理爆炸。

如果体系中存在低沸点易燃溶剂或者可燃气体，伴随着容器的物理爆炸，这些低沸点易燃溶剂将大量汽化并与空气混合，同时可燃气体也将于空气中扩散、混合，形成易燃易爆的蒸气云团或预混云团。这些易燃易爆云团在车间电气设备、气流高速流动过程产生的静电等点火源的作用下，将发生气云爆炸（vapor cloud explosion，VCE）或气体爆炸，于是由物理爆炸引发次生的化学爆炸。附录B所列出的美国T2 Laboratories有限公司反应失控导致的爆炸事故之所以导致如此大的破坏，或许与反应过程形成的氢气参与化学爆炸有关，至少无法完全排除这种可能性。

图4-1给出了热失控致灾的一般过程。

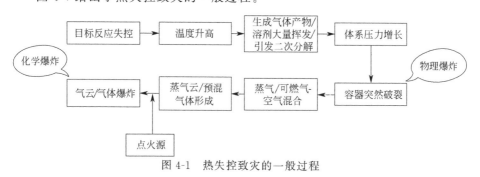

图 4-1 热失控致灾的一般过程

二、化工过程热爆炸的事故树模型

事故树（FTA）是一种典型的风险识别方法。其原理是从事故树的顶上事件开始，识别直接原因，这些直接原因往往是中间事件。对中间事件分析识别下个层次的原因。这样，就可以构建出层次清晰的上层原因与下层原因结构，有助于理解顶上事件发生的演化规律。

图4-2中显示了一个引发热爆炸的事故树模型。虽然该事故树不能完全包括反应失控的所有因素，但来源于实际案例，具有良好的代表性。

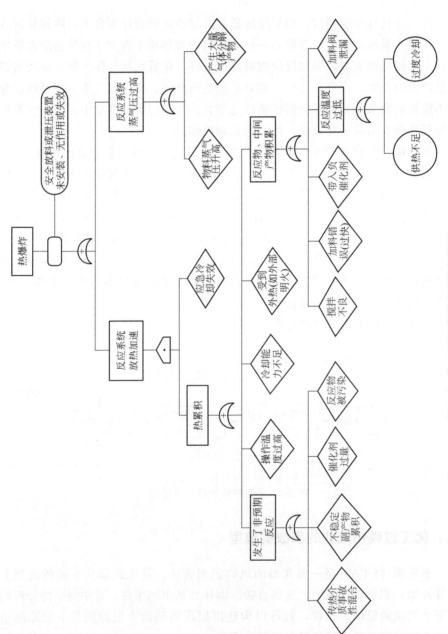

图 4-2 化工过程热爆炸事故树模型

三、基于冷却失效情形的热失控致灾模型

以一个放热间歇反应为例来说明失控情形时化学反应体系的行为。对此行为的描述，目前普遍接受的是 Gygax 提出的冷却失效模型[1]。该模型认为：在室温下将反应物加入反应器，在搅拌状态下将目标反应的物料体系加热到反应温度，然后使其保持在反应停留时间和产率都经过优化的水平上。反应完成后，冷却并清空反应器（图 4-3 中虚线）。假定反应器处于反应温度 T_p 时发生冷却失效（图中点 4），则冷却系统发生故障后体系的温度变化如该情形所示。在发生故障的瞬间，如果未反应物料仍存在于反应器中（即存在物料累积），则后续进行的反应将导致温度升高。此温升取决于未反应物料的累积量，即取决于工艺操作条件。温度将到达合成反应的最高温度（maximum temperature of the synthesis reaction，MTSR）。该温度有可能引发反应物料的分解反应（即二次分解反应），而二次分解反应放热会导致温度的进一步上升（图中阶段 6），到达最终温度 T_{end}。

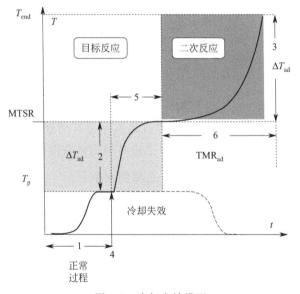

图 4-3　冷却失效模型

这里我们看到，由于目标反应的失控，有可能会引发一个二次反应。目标反应与二次反应之间存在的这种差别可以使评估工作简化，因为这两个由 MTSR 联系在一起的反应阶段事实上是分开的，允许分别进行研究。于是，对目标反应热风险的评估就转化为下列 6 个问题的研究[2]：

1. 正常反应时，通过冷却系统是否能控制反应物料的工艺温度？

正常操作时，必须保证足够的冷却能力来控制反应器的温度，从而控制反应历程，工艺研发阶段必须考虑到这个问题。为了确保能对反应体系的放热进行控制，冷却系统必须具有足够的冷却能力，以移出反应释放的能量。为此，必须获得反应的放热速率 q_{rx} 和反应器的冷却能力 q_{ex}，可以通过反应量热测试（将在第六章中介绍）得到这些数据。

在回答这个问题的过程中，还需要特别注意：①反应物料可能出现的黏度变化问题（如聚合反应）；②反应器壁面可能出现的积垢问题；③反应器是否处于动态稳定性区内运行（即反应器内的目标反应是否存在参数敏感的问题）。

2. 目标反应失控后体系温度会达到什么样的水平？

反应器发生冷却系统失效后，如果反应混合物中累积有未转化的反应物，则这些未转化的反应物将在不受控的状态下继续反应并导致绝热温升，累积物料产生的放热量与累积百分数成正比。所以，要回答这个问题就需要研究反应物的转化率和时间的函数关系，以确定未转化反应物的累积度 $X_{ac,max}$。由此可以得到合成反应的最高温度 MTSR：

$$MTSR = T_p + X_{ac,max} \times \Delta T_{ad,rx} \qquad (4\text{-}1)$$

式中，T_p 表示目标反应的工艺温度；$\Delta T_{ad,rx}$ 表示目标反应物料累积度为 100% 时的绝热温升；$X_{ac,max}$ 表示冷却系统失效时目标反应未转化物料的最大累积度。

这些数据可以通过反应量热测试获得。反应量热仪可以提供目标反应的反应热，从而确定绝热温升 $\Delta T_{ad,rx}$。对放热速率进行处理就可以确定反应物的累积度 $X_{ac,max}$，当然，累积度也可以通过其他测试获得，比如色谱测试。

3. 二次反应失控后温度将达到什么样的水平？

由于 MTSR 高于设定的工艺温度，有可能触发二次反应。不受控制的二次反应，将导致进一步的失控。由二次反应的热数据可以计算出绝热温升，并确定从 MTSR 开始物料体系将到达的最终温度：

$$T_{end} = MTSR + \Delta T_{ad,d} \qquad (4\text{-}2)$$

式中，T_{end} 表示二次反应失控后的可能达到的最高温度；$\Delta T_{ad,d}$ 表述物料体系发生二次分解时的绝热温升。

这些数据可以由量热法获得，量热法通常用于二次反应和热稳定性的研究。相关的量热设备有 DSC、Calvet 量热仪和绝热量热仪等。

4. 目标反应在什么时刻发生冷却失效会导致最严重的后果？

通常说来，反应器发生冷却系统失效的时间不定，更无法预测，为此必须假定其发生在最糟糕的瞬间，即假定发生在物料累积达到最大或反应混合物的热稳定性最差的时候。未转化反应物料的量会随时间发生变化，因此知道在什么时刻累积度最大（潜在的放热最大）是很重要的；反应物料的热稳定性也会随时间发生变化，这常常发生在反应需要中间步骤才能进行的情形中。因此，为了回答这个问题必须了解合成反应和二次反应。即具有最大累积或存在最差热稳定性的情况是最糟糕的情况，必须采取安全措施予以解决。

对于这个问题，可以通过反应量热获取物料累积方面的信息，并同时组合采用 DSC、Calvet 量热和绝热量热来研究物料体系的热稳定性问题。

5. 目标反应发生失控有多快？

从工艺温度开始到达 MTSR 需要经过一定的时间。然而，为了获得较好的经济性，工业反应器通常在物料体系反应速度很快的情况运行。因此，正常工艺温度之上的温度升高将显著加快反应速度。大多数情况下，这个时间很短（见图 4-3 阶段 5）。

可通过反应的初始比放热速率 q'_{T_p} 来估算目标反应失控后的最大反应速率到达时间 $TMR_{ad,rx}$：

$$TMR_{ad,rx} = \frac{c'_p R T_p^2}{q'_{T_p} E_{rx}} \qquad (4-3)$$

式中，E_{rx} 为目标反应的活化能。

6. 从 MTSR 开始，二次分解反应的绝热诱导期有多长？

由于 MTSR 温度高于设定的工艺温度，有可能触发二次反应，从而导致进一步的失控。二次分解反应的动力学对确定事故发生可能性起着重要的作用。运用 MTSR 温度下分解反应的比放热速率 $q'_{T_{MTSR}}$ 可以估算绝热条件下最大反应速率到达时间 $TMR_{ad,d}$：

$$TMR_{ad,d} = \frac{c'_p R T_{MTSR}^2}{q'_{T_{MTSR}} E_d} \qquad (4-4)$$

式中，E_d 为二次分解反应的活化能。

一般说来，式（4-4）基于零级反应，计算结果相对保守。对于评估要求很高的场合，建议采用更加精确的模型进行计算。

以上 6 个关键问题说明了工艺热风险知识的重要性。从这个意义上说，它体现了工艺热风险分析和建立冷却失效模型的系统方法。

四、热安全参数

从热失控风险评估的角度来说，热安全参数包括两类，分别对应严重度和可能性。在进行热失控风险评估前，热安全参数的选择一定要与具体的工艺偏差相关，这是因为热失控事故总是由具体的工艺偏差引起。比如，对于间歇反应器中发生的放热反应，当工艺偏差为冷却失效时，仅从热效应出发，目标反应发生热失控的可能性和严重度可分别由绝热温升（ΔT_{ad}）和最大反应速率到达时间（$\mathrm{TMR_{ad}}$）进行表征。另外，热安全参数的选择一定要与反应热力学、反应动力学、反应设备的传质传热特征参数有关，这是由热失控的演化规律决定的。

与热失控有关的参数很多，比如起始放热温度、绝热温升、分解热、反应热、反应活化能、放热速率、热累积度、产气速率、反应速率常数等。然而，并不是所有与热失控有关的参数都可以直接作为热安全参数使用，下面围绕严重度和可能性，分别介绍常见的热安全参数。

第二节　严重度表征参数

一、绝热温升

所谓严重度即指失控反应不受控的能量释放可能造成的破坏。由于精细化工行业的大多数反应是放热的，反应失控的后果与释放的能量有关。所以放热量可以作为热风险严重度的判据。

绝热温升与反应热成正比，这体现了一个简单易用的评估严重度的判据。绝热温升可以用比反应热除以比热容得到：

$$\Delta T_{ad} = \frac{Q'}{c_p'} \qquad\qquad (4\text{-}5)$$

式中，Q'表示目标反应或分解反应的比反应热。

最终温度越高，失控反应的后果越严重。如果温升很高，反应混合物中一些组分可能蒸发或分解产生气态化合物，导致体系压力增加。这可能引起容器破裂和其它严重破坏。

绝热温升不仅是影响温度水平的重要因素，而且对失控反应的动力学行为也有重要影响。通常而言，如果活化能、初始放热速率和起始温度相同，释放能量大的反应会导致快速失控或热爆炸，而释放能量低的反应（绝热温升低于100K）导致较低的温升速率。如果目标反应和分解反应在绝热条件下进行，则可利用所达到的温度水平来评估失控严重度。

表 4-1 建议性地给出了一个四等级的评估判据。严重度的这四个等级通常

用于精细化工行业，来源于由苏黎世保险公司提出的苏黎世危险性分析法 (Zurich hazard analysis，ZHA)[3]。如果按照三等级进行评估，则位于四等级顶层的两个等级（"灾难性的"和"危险的"）可合并成一个等级（"高的"）。

严重度的评估基于这样的事实：一方面，如果绝热条件下温升达到或超过 200K，则温度-时间的函数关系将产生急剧的变化（图 2-4），导致剧烈的反应和严重的后果；另一方面，对应于绝热温升为 50K 或更小的情形，反应物料不会导致热爆炸，这时的温度-时间曲线较平缓，相当于体系自加热而不是热爆炸，因此，如果没有类似溶解气体导致压力增长带来的危险时，则这种情形的严重度是"低的"。

表 4-1　失控反应严重度的评估准则

简化的三等级分类	扩展的四等级分类	$\Delta T_{ad}/K$	Q' 的数量级/(kJ/kg)
高的(high)	灾难性的(catastrophic)	>400	>800
	危险的(critical)	200~400	400~800
中等的(medium)	中等的(medium)	50~200	100~400
低的(low)	可忽略的(negligible)	<50 且无压力	<100

二、压力升高

压力主要来源于体系的蒸气或反应产生的气体。此外，体系是否开放（反应器是密闭的还是开放的）及开放程度将决定体系压力的增长情况。对于具有足够开放程度的反应体系，气体或蒸气将从反应器释放出来，而对于密闭体系，反应失控将带来压力的增长。

对于目标反应产生的气体，只有累积的反应物才会释放出气体。这部分气体可以通过化学方法或适当的量热方法（如 VSP 等）测试得到，具体的计算过程可参考第六章第四节相关内容。累积反应物的产气量可根据式（6-41）获得。

对于密闭反应体系，反应的压力增长（Δp）由三部分组成：反应器上部空间气体（有时也将这部分气体的压力称为背压）、蒸气和反应产生的不可凝气体。在计算反应失控后密闭体系的压力升高 Δp 时，需要用所涉及的温度（如图 4-8 中，1 级和 2 级危险度对应 MTSR、3 级和 4 级危险度对应 MTT）对这三部分的压力升高同时进行修正。

反应器上部空间气体压力增长 Δp_0 可根据理想气体状态方程计算：

$$\Delta p_0 = p_0 \left(\frac{T}{T_0} - 1 \right) \tag{4-6}$$

式中 p_0——密闭反应体系初始压力；

T——修正涉及的温度（图 4-8 中，1 级和 2 级危险度对应 MTSR、3 级和 4 级危险度对应 MTT）；

T_0——密闭反应体系初始温度。

反应释放气体导致的压力增长 Δp_g 也可根据理想气体状态方程计算：

$$\Delta p_g = \frac{GRT}{V_{r,g}} \qquad (4\text{-}7)$$

式中 G——累积反应物的产气量，mol；

R——理想气体常数；

T——校正涉及的温度（图 4-8 中，1 级和 2 级危险度对应 MTSR、3 级和 4 级危险度对应 MTT）；

$V_{r,g}$——反应器中气体自由空间体积。

密闭体系的蒸气压通常与溶剂的挥发有关，可以由 Clausius-Clapeyron 方程描述

$$\frac{p}{p_0} = \exp\left[\frac{-\Delta H_v}{R}\left(\frac{1}{T} - \frac{1}{T_0}\right)\right] \qquad (4\text{-}8)$$

或由 Antoine 方程得到

$$\ln p = A - \frac{B}{C+T} \qquad (4\text{-}9)$$

在获得反应失控后密闭体系的压力增长 Δp 后，便获得密闭体系失控后的最高压力 p_{end}。然后可以将 p_{end} 作为严重度表征参数（表 4-2）。该严重度的分级标准可以根据设备的特征压力限值对体系的压力效应进行评估，这些特征压力限值包括泄压系统的设定压力（也称整定压力、开启压力）p_{set}、最大允许工作压力（也称最高工作压力）p_{max} 和设备的（耐压）试验压力 p_{test}。

表 4-2   压力作为严重度表征参数的分级标准

四等级分类	灾难性的	危险的	中等的	可忽略的
p_{end}	$> p_{test}$	$p_{max} \sim p_{test}$	$p_{set} \sim p_{max}$	$< p_{set}$

三、泄漏影响半径

在开放体系中，体系产生的气体或蒸气可能释放到设备之外的环境中，密闭体系由于内部压力过高，也可导致气体或蒸气的泄漏。这时主要考虑泄漏物的毒性危害及燃爆危害。由于距离比体积更直观、更便于描述，因此泄漏出来的易燃易爆有毒有害的气体或蒸气的范围常用半球的半径来计算。

对于毒性危害，如采用"会立即对生命和健康有危险"（IDLH）的值作为毒性限值，则毒害半径为：

$$V_{\text{tox}} = \frac{V_g}{\text{IDLH}} \Rightarrow r = \sqrt[3]{\frac{3V_{\text{tox}}}{2\pi}} \tag{4-10}$$

式中，V_{tox} 为有毒有害气体泄漏体积。

对于可能出现的预混云团半径，则可以根据爆炸下限 LEL 计算（易燃易爆蒸气云团的半径同此处理）：

$$V_{\text{ex}} = \frac{V_g}{\text{LEL}} \Rightarrow r = \sqrt[3]{\frac{3V_{\text{ex}}}{2\pi}} \tag{4-11}$$

式中，V_{ex} 为易燃易爆气体泄漏体积。

这种方法可给出气体或蒸气释放时可能影响区域几何参数的数量级。当然，这样计算给出的是简化的、完全静态的估算结果，不考虑扩散和传播。将影响范围与设备、车间和现场的特征尺寸相比较，就可以进行有关的评估（表4-3）。设备的特征尺寸通常为数米，车间通常为 $10\sim20\text{m}$，生产场所一般大于 50m。

表 4-3　气体泄漏影响半径作为严重度表征参数的分级标准

四等级分类	灾难性的	危险的	中等的	可忽略的
影响范围	＞生产场所	生产场所	车间	设备

第三节　可能性表征参数

一、最大反应速率到达时间 TMR_{ad}

目前还没有可以对事故发生可能性进行直接定量的方法，或者说还没有能直接对工艺热风险领域中的失控反应发生可能性进行定量的方法。然而，如果考虑如图 4-4 所示的失控曲线，则发现这两个案例的差别是很大的。在案例 1 中，由目标反应导致温度升高后，将有足够的时间来采取措施，从而达到对工艺的再控制，或者说有足够的时间使系统恢复到安全状态。如果比较两个案例发生失控的可能性，显然案例 2 比案例 1 引发二次分解失控的可能性大。因此，尽管不能轻易地对可能性进行定量，但至少可以半定量化地对其进行比较。

利用时间尺度（time-scale）可对事故发生的可能性进行评估，如果在冷

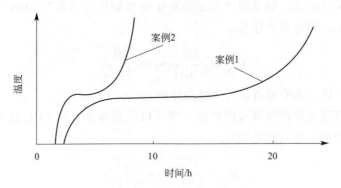

图 4-4　评价可能性的时间尺度

却失效（问题 4）后，有足够的时间（问题 5 和问题 6）在失控变得剧烈之前采取应急措施，则发生失控的可能性就降低了。

就热效应而言，通常使用由 ZHA 法提出的[3] 六等级准则对可能性进行评估（表 4-4）。

表 4-4　失控反应发生可能性的评估判据

简化的三等级分类	扩展的六等级分类	TMR_{ad}/h
高的（high）	频繁发生的（frequent）	<1
	很可能发生的（probable）	1～8
中等的（medium）	偶尔发生的（occasional）	8～24
低的（low）	很少发生的（seldom）	24～50
	极少发生的（remote）	50～100
	几乎不可能发生的（almost impossible）	>100

如果使用简化的三等级评估体系，则等级"频繁发生的"和"很可能发生的"可以合并为同一级"高的"，而等级"很少发生的""极少发生的"和"几乎不可能的"合并为同一级"低的"，等级"偶尔发生的"变为"中等的"。对于工业规模的化学反应（不包括存储和运输），如果绝热条件下失控反应最大速率到达时间超过 1d，则认为其发生可能性是"低的"。如果最大速率到达时间小于 8h（1 个班次），则发生可能性是"高的"。这些时间尺度仅仅反映了数量级的差别，实际上取决于许多因素，如自动化程度、操作者的培训情况、电力系统的故障频率、反应器大小等等。只有对已知严重度采取了一些措施，其可能性的分级才有意义。另外，这种分级仅适合于反应过程，而不适用于储存过程。

对于绝热条件下失控反应最大反应速率到达时间（TMR_{ad}）等于 24h 或 8h 的引发温度，可以用 T_{D24} 和 T_{D8} 来表征。也可以将有关温度参数与 T_{D24}、

T_{D8} 来进行比较，以判断一定工艺条件下的 TMR_{ad} 落在什么时间区间内。

二、给定温度下反应失控可能性参数

1. 目标反应的热反应性

对于 3 级、4 级危险度工艺（图 4-8），如果目标反应失控发生，温度将首先达到技术原因的最高温度（maximum temperature for technical reasons，MTT）。通过评估 MTT 时目标反应的热反应性（thermal activity），并通过热反应性预测此温度下反应混合物的行为，有助于判断该温度下目标反应失控后能否后续控制的可能性。反应性低意味着温度变化过程容易控制，反之，则难以控制，进一步失控的可能性大。针对本书所关注的放热反应，其热反应性主要通过放热速率 q 或比放热速率 q' 来表征。不论目标反应还是分解反应，其放热速率都会随温度和时间而发生变化。这里主要考虑在发生失控后体系进入绝热状态的放热速率。

根据 Arrhenius 定律，从工艺温度 T_p 开始，反应在温度升高到 MTT 的过程中一直被加速。同时，反应物被消耗，导致反应物浓度降低，从而使反应速率降低。因此，反应过程中同时存在两种相反的因素：温度的升高使反应加速、反应物的消耗使其减速。将这两种因素综合起来得到加速因子（acceleration factor）f_{acc}，将此乘以放热速率，可得：

$$q_{(MTT)} = q_{(T_p)} \underbrace{\exp\left[\frac{E}{R}\left(\frac{1}{T_p} - \frac{1}{MTT}\right)\right]}_{\text{增加反应速率}} \underbrace{\frac{MTSR - MTT}{MTSR - T_p}}_{\text{降低反应速率}} = q_{(T_p)} f_{acc} \quad (4\text{-}12)$$

上式是以一级反应为例进行说明的，这是一种保守的近似，因为对于较高反应级数，其反应物的消耗更大。零级反应的计算结果更保守，但通常不实际。

工艺温度下的放热速率可用反应量热实验来评估。如果放热速率未知（最坏情况下），则可用反应器的冷却能力来代替，因为对于等温工艺，反应的放热速率显然必须低于冷却系统的冷却能力。

2. 二次反应的反应性

对于 2 级危险度情形，由于 MTT 高于 T_{D24}，这意味着在长期热累积状态下，二次反应的反应性不可忽略。而对于 5 级危险度的工艺，反应失控后将先达到 T_{D24}，引发二次反应。对于二次反应，常用绝热条件下最大反应速率到达时间 TMR_{ad} 来表征。TMR_{ad} 较长意味着有足够的时间可以采取各种降低风险的措施；反之，则说明在给定的温度下的失控可能无法停止。TMR_{ad} 等于 24h 时所对应温度下的放热速率，可根据下式计算得到：

$$q'_{T_{D24}} = \frac{c'_p R T_{D24}^2}{24 \times 3600 \times E_{dc}} \tag{4-13}$$

式中，E_{dc} 为二次反应的活化能；$q'_{T_{D24}}$ 为 T_{D24} 时二次反应的比放热速率。

对于其它给定温度 T（按照确定 T_{D24} 的要求）下的比放热速率，因为放热速率是温度的指数函数，因此给定温度 T 下二次反应的比放热速率可由下式计算：

$$q'_{(T)} = q'_{T_{D24}} \exp \left[\frac{E_{dc}}{R} \left(\frac{1}{T_{D24}} - \frac{1}{T} \right) \right] \tag{4-14}$$

3. 气体释放速率

对于放热反应而言，假如其反应过程中释放出气体，且认为热效应是反应失控的推动力，那么我们可以假设气体释放也取决于同样的反应。因此，MTT 时的气体释放速率可以由下式计算：

$$\dot{v}_g = V'_g M_r \frac{q'_{(MTT)}}{Q'} \tag{4-15}$$

式中 $\dot{v}_g$ ——气体释放流率，m^3/s；

V'_g ——单位质量反应物产气量，m^3/kg；

M_r ——反应物质量，kg；

$q'_{(MTT)}$ ——MTT 的比放热速率，W/kg；

Q' ——比放热量，J/kg。

由此计算设备中的气体速率：

$$u_g = \frac{\dot{v}_g}{S} \tag{4-16}$$

式中 u_g ——气体速率，m/s；

S ——管道系统如气体泄放系统中最窄部分的截面积，m^2。

释放的气体经过容器中液体表面时，可能会导致液位上涨（swelling）。该因素也可根据容器的截面来评估。气体洗涤器的能力也可作为评估判据。

4. 蒸气释放速率

蒸气的质量流率 $\dot{m}_v$ 与放热速率成正比，故蒸气释放速率由下式计算：

$$\dot{m}_v = \frac{q'_{(MTT)} M_r}{\Delta H'_v} \tag{4-17}$$

式中 $q'_{(MTT)}$ ——MTT 时对应的比放热速率，W/kg；

$\Delta H'_{\text{v}}$——比蒸发焓，J/kg；

M_{r}——反应物质量，kg。

将蒸气的质量流率转化成体积流率，结合蒸气管路的截面，可计算得到装置中的蒸气速率：

$$\dot{v}_{\text{v}} = \frac{\dot{m}_{\text{v}}}{\rho_{\text{v}}} \quad u_{\text{v}} = \frac{\dot{v}_{\text{v}}}{S} \tag{4-18}$$

式中　$\dot{v}_{\text{v}}$——蒸气体积流率，m^3/s；

ρ_{v}——蒸气密度，kg/m^3；

u_{v}——蒸气速率，m/s；

S——蒸气管路截面积，m^2。

评估装置中的蒸气流动能力（vapor flow capacity）时，还应考虑冷凝器的冷却能力，并将之与放热速率进行比较。此外，对于高装载率（也称为投料率，degrees of filling）情形的反应器，如果存在气泡使反应物料液位上涨，也可能导致危险。若同时释放气体和蒸气，显然必须用此两个流速的和来评估反应的危险性。

三、蒸气管溢流及反应物料膨胀问题

1. 蒸气管的溢流问题

第二章中对蒸气管的溢流问题进行了表述。为了能对现有设备是否发生溢流现象进行预测，国外学者曾对实验室规模、中试规模以及工业规模的装置进行了大量的实验研究，实验溶剂涉及多种有机溶剂和水，实验用蒸气管内径在 $6\sim141\text{mm}$ 之间，并建立了一个经验关系来确定最大允许放热速率[4]。最大允许放热速率是蒸发潜热和管体横截面积的函数：

$$q_{\max} = (4.52\Delta H'_{\text{v}} + 3.37 \times 10^6) S \tag{4-19}$$

式中　$q_{\max}$——最大允许放热速率，W；

$\Delta H'_{\text{v}}$——比蒸发焓，J/kg；

S——蒸气管横截面积，m^2。

由于蒸气的极限表面速度（limit superficial velocity）$u_{\text{g,max}}$ 可以通过下式计算得到：

$$u_{\text{g,max}} = \frac{q_{\max}}{\Delta H'_{\text{v}}\rho_{\text{g}}S} \tag{4-20}$$

于是，可根据溶剂的物理化学性质来计算 $u_{\text{g,max}}$：

$$u_{g,max} = \frac{4.52\Delta H'_v + 3.37 \times 10^6}{\Delta H'_v \rho_g}$$
(4-21)

该表达式可以计算与蒸发冷却相适应的最大允许放热速率（图 4-5）。一些常见溶剂的计算结果（表 4-5）表明极限速度反映了不同溶剂的特性。通过蒸气速率可以计算给定放热速率情况下，蒸气管直径与所采用溶剂之间的关系。反之，也可以计算给定设备情况下，最大允许放热速率与所采用溶剂之间的关系。

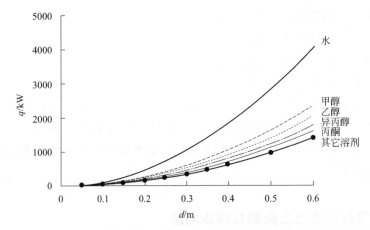

图 4-5　溢流时，不同溶剂情况下的最大放热速率与蒸气管直径的函数关系

表 4-5 与蒸气管中液体逆流时不同溶剂的最大蒸气速率（计算条件：大气压力 1013mbar）

溶剂	水	甲醇	乙醇	丙酮	二氯甲烷	氯苯	甲苯	间二甲苯
$\Delta H_v/(\text{kJ/kg})$	2260	1100	846	523	329	325	356	343
沸点 $T_b/℃$	100	65	78	56	40	132	111	139
$M_w/(\text{g/mol})$	18	32	46	58	85	112	92	106
$\rho_g/(\text{kg/m}^3)$	0.59	1.15	1.60	2.15	3.31	3.37	2.92	3.13
$u_{g,max}/(\text{m/s})$	10.2	6.6	5.3	5.1	4.5	4.4	4.8	4.6

注：1mbar＝100Pa。

2. 反应物料的膨胀

反应物料在沸腾过程中，在液相中形成气泡并上升到气-液界面。在气泡上升到表面的这段时间内，它们会在液相中占据一定的体积，这导致反应器中液体的表观体积增加，这就是所谓的膨胀。反应物料表观体积的增加或膨胀可利用 Wilson 关系式进行估算，当然这个关系式起先描述的是水中空气泡的情形[5,6]。这个关系式很便于使用，且实验发现[4]，在描述液体因产生蒸气泡而膨胀的问题时也具有足够的精度[4]：

$$\alpha = K \left(\frac{\rho_g}{\rho_L - \rho_g} \right)^{0.17} (d_h^*)^{-0.1} (u_g^*)^a \tag{4-22}$$

式中　α——相对体积增量；

$\quad d_h^*$——无量纲反应器直径；

$\quad u_g^*$——无量纲气-液界面蒸气速率。

其中 d_h^* 的计算式为

$$d_h^* = \frac{d_h}{\sqrt{\dfrac{\sigma}{g(\rho_L - \rho_g)}}} \tag{4-23}$$

式中　σ 为表面张力，N/m；g 为重力加速度，m/s^2。

u_g 的计算式为

$$u_g^* = \frac{u_g}{\sqrt{g\sqrt{\dfrac{\sigma}{g(\rho_L - \rho_g)}}}} \tag{4-24}$$

式（4-22）系数 K 和 a 取决于 u_g^*：

如果 $u_g^* < 2$，$K = 0.68$ 且 $a = 0.62$；

如果 $u_g^* \geqslant 2$，$K = 0.88$ 且 $a = 0.40$。

根据式（4-22）可以得到沸腾条件下釜内物料的相对体积增量 α 值，将此值代入式（4-25）后便可得到沸腾条件下的液位高度 h_b：

$$h_b = \frac{h_0}{1 - \alpha} \tag{4-25}$$

式中，h_0 为沸点以下时的液位。

如果已知反应器的尺寸以及物料的装载情况，便可以得到反应器内最大允许液位增量（maximum admissible level increase）。利用最大允许液位增量及沸腾条件下的液位高度 h_b 便可以开展评估及有关装载率的设计。

通过式（4-22）反推，可以得到沸腾时的气-液界面上蒸气的极限表面速度（图4-6）。

对给定温度下反应失控的可能性，可以基于失控的时间尺度 TMR$_{ad}$、气体或蒸气速率等参数，可按照表4-6进行评估。表中判据提出的思路如下：

① 可以将 TMR$_{ad}$ 作为一个很好的标尺，该时间越长，给定温度下反应失控的可能性越低，意味着工艺的可控性越强。

② 对于密闭体系，评估时可以采用有关的特征压力参数。然而遗憾的是，使用该判据很难判别。因为当设备装载率很高时，即使释放少量的气体，压力

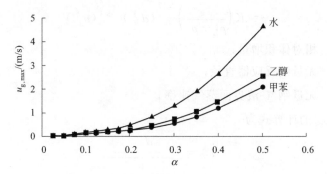

图 4-6 不同溶剂情况下气-液界面上蒸气的极限表面速度与允许的相对体积增量
（allowed relative volume increase）之间的函数关系

也会急剧上升。

③ 对于开放体系，可以将蒸气或气体的速率作为评估判据。这些流速要适合，因为这里的目的是确定给定温度下反应失控的可能性，所以这些值将不同于应急泄压时的流速。通过对液体膨胀（swelling）情况的评估，可为确定管道系统中的气体流速和容器中液体表面的气体流速提供依据。

表 4-6 反应失控时中止失控可能性的评估判据[①]

可控性等级	TMR$_{ad}$/h 由 MTT 开始	q'/(W/kg) 搅拌	q'/(W/kg) 无搅拌	u/(m/s) 管路中	u/(cm/s) 容器中[②]
几乎不可能的	<1	>100	>10	>20	>50
困难的	1～8	50～100	5～10	10～20	20～50
临界的	8～24	10～50	1～5	5～10	15～20
可行的	24～50	5～10	0.5～1	2～5	5～15
容易的	50～100	1～5	0.1～0.5	1～2	1～5
没问题的	>100	<1	<0.1	<1	<1

① 从现有国外文献看,此表中多个判据的等级划分尚有待在工程实践中更多地验证与完善。
② 可以用于对液体的膨胀效应进行评估。

四、其它可能性表征参数

表征热失控可能性的参数除了上述可以半定量评估的参数之外，还有一些可以做定性判断的数据。

1. 起始分解温度

起始分解温度（T_{onset}）在很多测试手段中都能获得，它体现了在一定测试条件下样品出现明显分解放热的温度。需要特别强调的是，起始分解温度并不能理解为样品分解温度，只能理解为样品分解放热达到测试设备检测限时的样品温度。当然，在同样的测试条件下，将不同样品的起始分解温度进行比较，可以判断这些样品发生分解反应的难易程度。此外，也可以将起始分解温度与工艺温度进行比较，初步判断工艺温度引发分解反应的可能性及难易程度。

当然起始分解温度属于定性的方法，并不能定量地说明反应失控的可能性。这是由于目标反应的机理和动力学过程不同，导致即使具有相同的起始分解温度，从工艺温度到起始分解温度所需的时间也不相同。

2. 自加速分解温度

自加速分解温度（SADT）是装于运输容器内的物料可能发生自加速分解的最低且恒定的环境温度。SADT 是衡量环境温度、分解动态、包件大小、物质及其容器传热性质等综合效应的尺度，在橘皮书中通过 H 系列试验获得[7]。

和上述样品不同的是，SADT 表征的是运输过程中在一定包装条件下物质的稳定性参数。该参数除了与样品本身的传热性质、热稳定性有关之外，还与包装形式、包装大小、包装材质等有关，是一个反映综合性能的参数。显然，当 SADT 越接近于环境温度时，意味着在运输过程中样品分解越容易被引发。所以 SADT 体现了物质分解的难易性，也可以作为表征热分解可能性的一种参数。

第四节 危险度分级与评估流程

一、风险矩阵评估方法

风险评估包含对风险可能性和严重度的评估，有时需要将风险与可接受标准（预先定义）进行比较，这可通过风险图（risk diagram）或风险矩阵（risk matrix）进行。在国内化学反应热安全评估方面，国家安全监管总局在 2017 年 1 月发布了《国家安全监管总局关于加强精细化工反应安全风险评估工作的指导意见》（安监总管三〔2017〕1 号，以下简称《指导意见》）[8]。该《指导意见》要求精细化工企业对涉及重点监管危险化工工艺和金属有机物合成反应（包括格氏反应）的间歇和半间歇反应，如若满足以下情形之一的，要开展反应安全风险评估工作：

① 国内首次使用的新工艺、新配方投入工业化生产的以及国外首次引进

的新工艺且未进行过反应安全风险评估的;

② 现有的工艺路线、工艺参数或装置能力发生变更,且没有反应安全风险评估报告的;

③ 因反应工艺问题,发生过生产安全事故的。

《指导意见》的附件中给出了精细化工反应安全风险评估导则(试行)。导则指出要综合失控体系绝热温升和最大反应速率到达时间(即 TMR_{ad}),对失控反应进行复合叠加因素的矩阵评估,判定失控过程风险可接受程度。该风险矩阵评估法将 TMR_{ad} 作为风险发生的可能性判据,将失控体系绝热温升作为严重度判据,通过组合不同的严重度和可能性等级,对化工反应失控风险进行评估(图 4-7)。

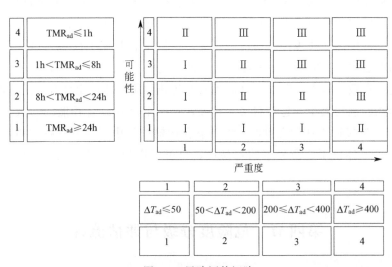

图 4-7 风险评估矩阵

该风险矩阵评估方法认为:

Ⅰ级风险为可接受风险:可以采取常规的控制措施,并建议适当提高安全管理和装备水平。

Ⅱ级风险为有条件接受风险:在控制措施落实的条件下,可以通过工艺优化及工程、管理上的控制措施降低风险等级。

Ⅲ级风险为不可接受风险:应当通过工艺优化、技术路线的改变,工程、管理上的控制措施,降低风险等级,或者采取必要的隔离方式,全面实现自动控制。

如果为可接受风险,说明工艺潜在的热危险性是可以接受的;如果为有条件接受风险,则需要采取一定的技术控制措施,降低反应安全风险等级;如果为不可接受风险，说明常规的技术控制措施不能奏效，工艺不具备工程放大条件，需要重新进行工艺研究、工艺优化或工艺设计，保障化工过程的安全。

二、基于特征温度的危险度评估方法及简化评估流程

1. 基于特征温度的危险度评估方法

对于间歇及半间歇反应工艺，一旦发生冷却失效，釜内温度将从工艺温度（T_p）出发，上升到合成反应的最高温度（MTSR），对该温度点须检查是否会引发二次反应。这个问题可以通过 MTSR 到达二次反应最大放热速率的时间（即 TMR_{ad}）来回答。这段时间越长，MTSR 引发二次反应的可能性就越低。此处的时间概念对应于二次反应的 TMR_{ad}，从实际热失控风险评估的角度出发，可以寻找特定的温度点（如 T_{D24}），通过比较 MTSR 与 T_{D24} 的大小，来评估冷却失效情形下，二次反应被引发的可能性情况。如果 MTSR 低于 T_{D24}，则表明 MTSR 温度到达二次反应最大放热速率的时间大于 24h，根据表 4-4 中分类标准，此时失控反应发生的可能性低。

除了以上三个温度（T_p、MTSR、T_{D24}）之外，还有另外一个重要的温度参数：技术原因的最高温度（MTT）。该温度参数取决于结构材料的强度、反应器的设计参数（如压力或温度等）、安全装置、产品质量控制等。对于开放的反应体系，常常将反应体系的沸点作为 MTT。对于封闭体系（即带压运行的情况），MTT 是密闭体系最大允许压力对应的温度，这里最大允许压力可以从多个角度考虑，比如压力泄放系统设定压力、传感器工作范围、密封稳定性等（目前，我国主要将压力泄放系统设定压力对应的温度作为 MTT）。由于泄放过程存在很多不确定性因素，容易导致意外事故（如火灾）的发生，所以实际工艺过程中往往是不希望泄放系统（比如爆破片）启动的。基于这样的考虑，MTT 对应的压力可以比实际泄放系统设定压力低一点，比如泄放系统设定压力为 6.0bar，则可以将压力为 5.5bar 对应的温度设置为 MTT。当然，到底比 6.0bar 低多少可以由企业自行设置，且对于自行设置压力（此处为 5.5bar）应该建立相应的报警或联锁措施，在起到警示作用的同时便于人为或自动干预。此外，企业也可以从产品质量角度考虑，规定反应物料的温度必须低于一个特定的温度（可能略高于工艺温度），那么这个特定的温度也可以视为 MTT。总之，MTT 的设置可以从不同的角度考虑问题。

综上，对于放热化学反应，存在 4 个特征温度：

（1）工艺操作温度（T_p）　冷却失效情形的初始温度。一旦出现非等温过程，且冷却失效具有最严重的后果（最糟糕情况）时，要马上考虑到这个初

始温度。

（2）合成反应的最高温度（MTSR）　这个温度本质上取决于未转化反应物料的累积度，因此，该参数强烈地取决于工艺设计。

（3）TMR$_{ad}$ 为 24h 的温度（T_{D24}）　这个温度取决于反应混合物的热稳定性，它是反应物料热稳定性不出现问题（unproblematic）时的最高温度。

（4）技术原因的最高温度（MTT）　对于开放体系而言即为沸点，对于封闭体系是最大允许压力对应的温度。也可以是企业出于设备控制、产品质量等技术原因而确定的一个温度值。

根据上面所述 4 个特征温度出现的不同次序，可以将冷却失效情形从低危险度（1 级、2 级）到中等危险度（3 级、4 级）及高危险度（5 级）分为 5 个不同的等级，见图 4-8。

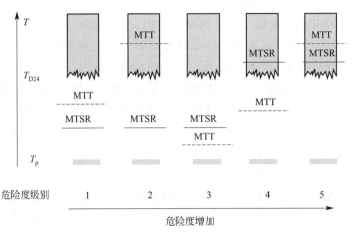

图 4-8　根据 T_p、MTSR、T_{D24} 和 MTT 4 个温度水平对危险度分级

该分级不仅对风险评估有用，对选择和定义足够的风险降低措施也非常有帮助。然而需要注意的是，该分级方法的危险度级别高低实际上反映的是二次分解反应引发可能性的高低；同时该分级方法假设目标反应发生失控的速度很快（问题 5），因而失控发生的时间尺度上只考虑了二次分解反应 TMR$_{ad}$（忽略目标反应的 TMR$_{ad}$）；且该方法没有考虑到二次反应失控后温度将达到什么样的水平（问题 3），而只是假设二次反应引发的后果严重度远高于目标反应。因此，对于目标反应速度非常慢或者二次反应的绝热温升很小的反应体系，该评级方法是否适用值得斟酌。

另外，该危险度分级方法的建立是基于最糟糕情形（worst scenario）——冷却失效导致体系处于绝热状态。实际生产过程中的失效/偏差情景会有很多种，如加料过快、加料顺序错误、搅拌失效等，而该危险度评级方法并不完全适用于加料错误等场景（参见第八章第一节中缩合反应的案例），因此再次建议根据生产过程中偏差的实际情况采用/选用恰当的测试方法、评估参数与评估方法。

（1）1级危险度情形　在目标反应发生失控后，MTSR没有达到技术极限（MTSR<MTT），且由于MTSR<T_{D24}，也不会触发分解反应或者引起二次分解反应的诱导期足够长，因此发生事故的可能性很低。只有当反应物料在热累积情况下停留很长时间，才有能达到MTT，然后，蒸发冷却能充当一个辅助的安全屏障。这样的工艺热风险低。

所以，对于1级危险度的情形不需要采取特殊的措施，但是反应物料不应长时间停留在热累积状态。只要其设计适当，蒸发冷却或紧急泄压可起到安全屏障的作用。《指导意见》要求对于反应工艺危险度为1级的工艺，应配置常规的自动控制系统，对主要反应参数进行集中监控及自动调节（DCS或PLC）。

（2）2级危险度情形　目标反应发生失控后，温度达不到技术极限（MTSR<MTT），且不会触发分解反应或者引起二次分解反应的诱导期足够长（MTSR<T_{D24}）。情况类似于1级危险度情形，但是由于MTT高于T_{D24}，如果反应物料长时间停留在热累积状态，会引发分解反应，达到MTT。在这种情况下，如果MTT时的放热速率很高，到达沸点可能会引发危险。只要反应物料不长时间停留在热累积状态，则工艺过程的热风险较低。

如果能避免热累积，不需要采取特殊措施。如果不能避免出现热累积，蒸发冷却或紧急泄压最终可以起到安全屏障的作用。同时《指导意见》要求，对于反应工艺危险度为2级的工艺过程，在配置常规自动控制系统，对主要反应参数进行集中监控及自动调节（DCS或PLC）的基础上，要设置偏离正常值的报警和联锁控制，在非正常条件下有可能超压的反应系统，应设置爆破片和安全阀等泄放设施。根据评估建议，设置相应的安全仪表系统。

（3）3级危险度情形　目标反应发生失控后，温度达到技术极限（MTSR>MTT），但不触发分解反应或者引起二次分解反应的诱导期足够长（MTSR<T_{D24}）。这种情况下，工艺安全取决于MTT时目标反应的放热速率。

第一个措施就是利用蒸发冷却或减压来使反应物料处于受控状态。必须依照这个目的来设计蒸馏装置，且即使是在公用工程发生失效的情况下该装置也必须能正常运行。还需要采用备用冷却系统、紧急卸料（dumping）或骤冷（急冷，quenching）等措施。也可以采用泄压系统，但其设计必须能处理可能出现的两相流情形，为了避免反应物料喷撒出设备之外必须安装一个集料罐（catch pot）。当然，所有的这些措施都必须依照这样的目的来设计，而且必须在故障发生后立即投入运行。除此之外，还要根据《指导意见》要求，对于反应工艺危险度为 3 级的工艺过程，在配置常规自动控制系统，对主要反应参数进行集中监控及自动调节，设置偏离正常值的报警和联锁控制，以及设置爆破片和安全阀等泄放设施的基础上，还要设置紧急切断、紧急终止反应、紧急冷却降温等控制设施。根据评估建议，设置相应的安全仪表系统。

（4）4 级危险度情形　在合成反应发生失控后，温度将达到技术极限（MTSR＞MTT），并且从理论上说会触发分解反应（MTSR＞T_{D24}）。这种情况下，工艺安全取决于 MTT 时目标反应和分解反应的放热速率。一般来说，如果 MTT 值显著低于 T_{D24} 时，可以认为 MTT 时分解反应的放热速率基本为零。对于该工艺危险度情形，蒸发冷却或紧急泄压能有效控制温度，从而起到安全屏障的作用。情况类似于 3 级危险度情形，但有一个重要的区别：如果技术措施失效，则将引发二次反应。

所以，需要一个可靠的技术措施。它的设计与 3 级危险度情形一样，但还应考虑到二次反应附加的放热速率。《指导意见》中指出，针对 4 级工艺危险度情形，要与 5 级工艺危险度情形一样，要努力优先开展工艺优化或改变工艺方法降低风险。其它的具体要求可参见 5 级危险度情形。

（5）5 级危险度情形　在目标反应发生失控后，将触发分解反应（MTSR＞T_{D24}），且温度在二次反应失控的过程中将达到技术极限。这种情况下，蒸发冷却或紧急泄压很难再起到安全屏障的作用。这是因为在温度为 MTT 时二次反应的放热速率太高，会导致一个危险的压力增长。所以，这是一种很危险的情形。5 级反应体现的主要是 T_{D24}＜MTSR，MTSR 和 MTT 的大小顺序可以不同。

因此，对于 5 级危险度情形，目标反应和二次反应之间没有安全屏障。所以，只能采用骤冷或紧急卸料措施。由于大多数情况下分解反应释放的能量很大，必须特别关注安全措施的设计。为了降低严重度或至少是降低触发（分解反应）失控的可能性，非常有必要重新设计工艺。作为替代的工艺设计，应考虑到下列措施的可能性：降低浓度、由间歇反应变换为半间歇反应、优化半间歇反应的操作条件从而使物料累积最小化、转为连续操作等。

《指导意见》要求，对于反应工艺危险度为 4 级和 5 级的工艺过程，尤其是风险高但必须实施产业化的项目，要努力优先开展工艺优化或改变工艺方法降低风险，例如通过微反应、连续流完成反应；要配置常规自动控制系统，对主要反应参数进行集中监控及自动调节；要设置偏离正常值的报警和联锁控制，设置爆破片和安全阀等泄放设施，设置紧急切断、紧急终止反应、紧急冷却等控制设施；还需要进行保护层分析，配置独立的安全仪表系统。对于反应工艺危险度达到 5 级并必须实施产业化的项目，在设计时，应设置在防爆墙隔离的独立空间中，并设置完善的超压泄爆设施，实现全面自控，除装置安全技术规程和岗位操作规程中对于进入隔离区有明确规定的，反应过程中操作人员不应进入所限制的空间内。

（6）MTT 作为安全屏障使用时应注意的事项　在 3 级和 4 级危险度情形中，技术极限（MTT）发挥了重要的作用。在开放体系中，这个极限可能是沸点，这时应该按照这个目的来设计蒸馏或回流系统，其能力必须足够以至于能完全适应失控温度下的蒸气速率。尤其需要注意可能出现的蒸气管溢流问题（flooding of the vapor tube）或反应物料膨胀（swelling）导致液位上涨的问题。冷凝器也必须具备足够的冷却能力，即使是在蒸气流速很高的情况也必须如此。此外，设计回流系统时，必须采用独立的冷却介质，以避免可能出现的共模故障（common mode failure）。

在封闭体系中，技术极限可能为反应器压力达到泄压系统设定压力时的温度。这时，在压力达到设定压力之前，有可能在受控状态下对反应器减压。这就可以在温度仍然可控的情况下对反应进行调节。

如果反应体系的压力升高到紧急泄压系统的设定压力，压升速率可能足够快，从而导致两相流和相当高的释放流率。紧急泄压系统（安全阀后爆破片）的设计，应该采用紧急泄放系统设计协会（Design Institute of Emergency Relief System，DIERS）等组织最新且权威的技术标准。

2. 简化评估流程

下面介绍基于冷却失效情形的危险度简化评估流程。本章第一节中关于冷却失效情形的 6 个关键问题使得我们能够对化工工艺的热风险进行识别和评估。但如前所述，基于特征温度的分级方法对于二次反应的绝热温升很小的反应体系不太适用。因此，为了保证评估工作的经济性（只对所需的参数进行测定），评估的第一步是对目标反应的放热量、反应物料的稳定性进行测试，见图 4-9。在进行稳定性分析时，反应物料应该考虑反应前、反应期间和反应后 3 个阶段。显然，在评估反应物料的热稳定性时，可以选择具有代表性的反应物料进行分析。如果目标反应和二次反应均没有明显放热效应，且挥发性物质（即气体）可忽略，则表明工艺基本没有危险性，那么在此阶段就可以结束评估工作了。

在实际的热风险评估（危险度分级）过程中，为了保证评估工作的经济性

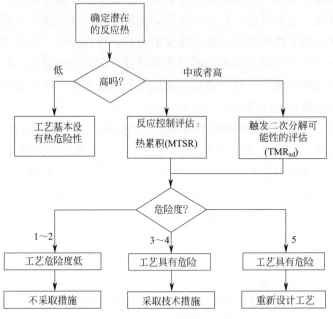

图 4-9   简化热风险评估流程

（只对所需的参数进行测定），图 4-10 中的系统评估程序是比较实用的。具体思路如下：

① 首先考虑目标反应为间歇反应（即物料累积度为 100％），计算间歇反应的 MTSR。

② 评估二次反应 TMR_{ad} 为 24h 的温度 T_{D24}。结合累积度为 100％时的 MTSR 和 MTT，确定反应风险等级；如果风险等级可接受则直接分级，评估终止，否则进入下一步。

③ 确定目标反应中反应物的真实累积情况。反应量热测试可以确定物料的真实累积情况，因此可以得到真实的 MTSR。反应控制过程中要考虑最大放热速率与反应器冷却能力相匹配的问题，气体释放速率与反应器的气体处理能力相匹配的问题等。

④ 如果真实的 MTSR 高于 T_{D24}，则工艺的危险度等级至少为 4 级。

⑤ 如果真实的 MTSR 低于 T_{D24}，则结合 MTT 确定具体的危险度等级。

三、多因素危险度综合评估方法及综合评估流程

根据上述 4 个特征温度确定的危险度级别有利于人们对反应的热失控风险有初步的认识。但是需要注意的是，基于这些特征温度确定危险度级别首先假

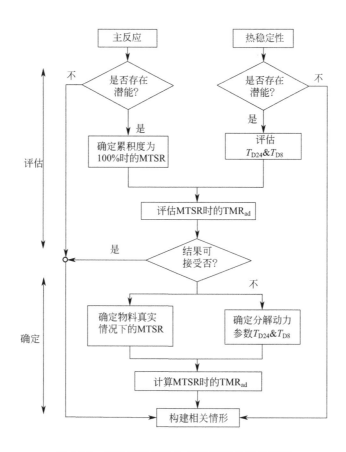

图 4-10 基于参数准确性递增原则的评估流程

设开放体系的蒸发冷却和密闭体系的压力泄放这些技术措施是有效的，不存在失效概率问题。但是，实际上蒸气流速过快，或冷凝器冷却能力不足或压力泄放时两相流的出现都可能会导致技术措施失效或不能发挥其预期效果，严重时会导致反应器破裂，气体或蒸气的意外释放，引起中毒或爆炸等（图 1-9）。为此，应进一步分析不同级别的失控情景，考虑压力效应、有毒有害易燃易爆气体或蒸气泄漏、MTT/MTSR 下物料的热反应性等多方面因素，对反应工艺存在的风险进行更综合的评估。

1. 1 级危险度情形

温度既不会达到 MTT，也不会引发二次反应。只有当反应物料在热累积的状态下长时间停留于 MTSR 时，才会导致二次反应的缓慢温升。这时建议检测气体的产生情况，因为产生的气体可能导致密闭体系中的压力增长，或开放体系中的蒸气或气体的释放。这可以通过图 4-11 所示的流程来评估。通常情况下，由于 MTT$<T_{D24}$，所以气体的释放速率比较低。

2. 2 级危险度情形

该级别类似于 1 级，只是此级别 MTT$>T_{D24}$。这意味着在热累积条件下，二次反应的反应性不可忽略，而这将导致缓慢但明显的压力增长，或气体、蒸气的释放。不过，只有当反应物料在 MTSR 停留很长时间时，才会导致危险情形。这时可采用与 1 级相同的流程进行评估，具体如图 4-11 所示。对于设计所需的保护措施（如冷凝器、气体洗涤器或其它处理方法），气体或蒸气的流速是重要参数。

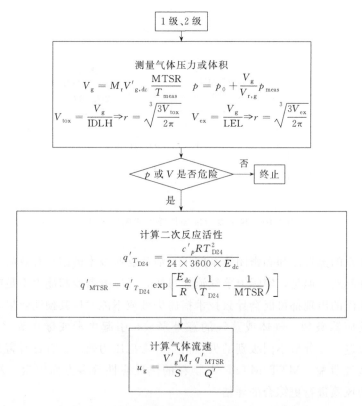

图 4-11 1 级、2 级危险度情形时的综合评估程序

对半间歇反应，要确认其归为 2 级的原因（是否是通过加料速率控制物料累积），而这一点很重要。如果发生故障时加料不能立即停止，则反应的危险度常可以归于 5 级。能识别出这些可能由加料故障导致危险度级别发生变化的

反应是非常重要的，因为当温度偏离目标值过高或过低时，就需要可靠的联锁装置来停止加料，以避免出现非预期的反应物的累积。

3.3 级危险度情形

如果目标反应失控时，温度将首先达到 MTT。由于不会引发二次反应，所以只要根据目标反应的放热就可对潜在的压力增长和气体、蒸气的释放进行必要的评估。由于仅仅取决于目标反应，所以 MTT 时的热反应性可由式（4-12）得到。同时，通过式（4-13）～式（4-15）可将放热速率转换为气体或蒸气的释放速率。这样可以判断 MTT 下能否进一步失控的可能性。得到的气体或蒸气的流速也有利于保护措施（如冷凝器、气体洗涤器或其它气体、蒸气处理设备）的设计。具体评估流程见图 4-12。

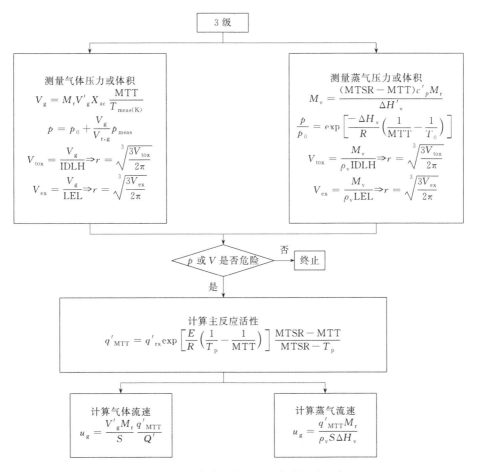

图 4-12　3 级危险度情形时的综合评估程序

4.4 级危险度情形

4 级和 3 级的情形相似，但 MTSR>T_{D24}，这意味着如果温度不能稳定在 MTT 水平，则可能引发二次反应。因此，二次反应的潜能不可忽略，必须包括在反应严重度的评估中。同时，计算产生的气体体积时也必须将二次反应考虑在内。

温度在 MTT 时能否进一步失控的可能性类似于 3 级情形，可以通过热反应性进行评估。这里，可以忽略二次反应的热反应性，但是需要检查确认二次反应的产气速率是否在可接受的范围内。得到的气体或蒸气的流速也有利于保护措施（如冷凝器、气体洗涤器或其它气体、蒸气处理设备）的设计。针对 4 级危险度工艺的综合评估流程见图 4-13。

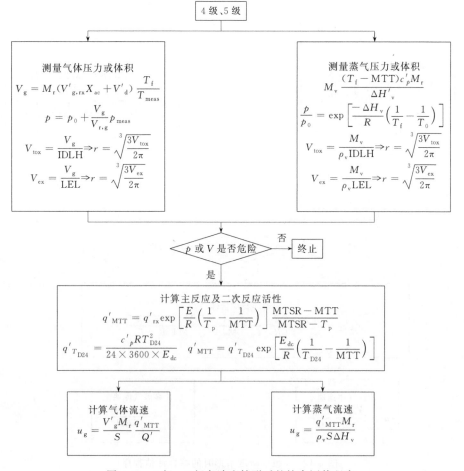

图 4-13 4 级、5 级危险度情形时的综合评估程序

5.5 级危险度情形

在这种情况下，若目标反应发生失控，将会引发二次反应。因此，其严重度的评估同 4 级一样，需同时考虑到目标反应及二次反应的潜能。不过，与 4 级不同的是，5 级工艺的 MTT 值处于二次反应的温度范围内。因此，温度稳定在 MTT 水平的可能性很小。为了评估 MTT 时的热反应性，必须考虑两种情况：①MTT 低于 MTSR，即温度到达 MTT 时目标反应尚未结束，而二次反应却已经被引发。因此必须同时考虑目标反应和二次反应。②MTT 高于 MTSR，即温度到达 MTT 时目标反应已反应完全，所以只需考虑二次反应。不过，此时气体或蒸气的速率往往太高而很难保证 MTT 时的稳定性。5 级工艺危险度时需要采取的综合评估程序见图 4-13。

失控无法避免时，必须采取应急措施如泄压系统或封闭的方法来减轻其后果。到目前为止，更好的方法应是重新设计工艺，使 MTSR 降到低于 T_{D24} 的水平。可通过一些手段实现这个目的，如采用半间歇反应器取代间歇反应器，并保证已对加料速率进行了适当的限制，且将其与温度和搅拌进行了联锁，从而将物料的累积保持在一个可接受的水平内。另外，采用较低的反应物浓度也可得到相同的结果，但这以降低工艺的经济效益为代价。当然，还可以考虑到其它的工艺方案，比如采用连续反应器、避免使用不稳定物料（提高 T_{D24} 水平）的合成路线等。这些情况再次表明：如果有足够的时间可以用来改变工艺的话，那么在工艺研发阶段就进行评估是非常重要的。

四、热安全评估的一般流程

如第一章所述，对合成过程的热安全评估应该考虑全面，若仅仅考虑"冷却失效"或绝热失控的最糟糕情形，则可能会出现两种情况：

① 评估结果过于严苛，牺牲工艺的可实现性；

② 评估不够全面，隐患无法排除。

为此，这里给出化学反应热危险评估的一般流程以供参考（图 4-14）。需要强调的是应该结合工艺本身的特点、热风险评估的目的，借鉴评估人员的经验，对该流程进一步细化，从而形成适合企业自身特点的评估思路与流程。

其中，化学反应中可能出现的偏差有：反应物的种类或规格、催化剂、加料次序、混合情况、反应条件、公用工程、加热或冷却情况等[9]。可以采用 HAZOP 方法等过程危险分析（PHA）方法帮助我们确定偏差。

需要指出的是，目前的评估方法还不完备，尚存在大量有志之士拓展完善的空间。

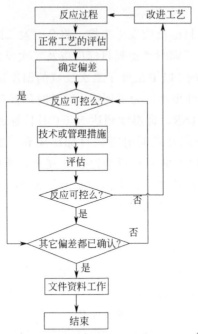

图 4-14　化学反应安全评估的一般流程[9]

参考文献

[1]　Gygax R. Chemical reaction engineering for safety. Chemical Engineering Science， 1988，43
　　　（8）：1759-1771.

[2]　弗朗西斯·施特塞尔. 化工工艺的热安全——风险评估与工艺设计. 陈网桦，彭金华，陈利平，
　　　译. 北京：科学出版社，2009.

[3]　Zurich "Zurich" Hazard Analysis，A brief introduction to the "Zurich" method of Hazard
　　　Analysis. Zurich：Zurich Insurance，1987.

[4]　Wiss J. A systematic procedure for the assessment of the thermal safety and for the design of
　　　chemical processes at the boiling point. Chimia，1993，47（11），417-423.

[5]　Wilson J F，Grenda R J，Patterson J F. Steam volume fraction in a bubbling two‐phase mix-
　　　ture. Transactions of the American Nuclear Society，1961，4（Session 37）：356-357.

[6]　Wilson J F，Grenda R J，Patterson J F. The velocity of rising steam in a bubbling two‐phase
　　　mixture. Transactions of the American Nuclear Society，1962，5（Session 25）：151-152.

[7]　United Nations. Recommendations on the Transport of Dangerous Goods. 20th revised edition， 2017.

[8]　国家安全监管总局. 国家安全监管总局关于加强精细化工反应安全风险评估工作的指导意见//
　　　安监总管三 （2017）1号.2017.

[9]　Federal Ministry for the Environment. Nature Conservancy and Reactor Safety. Announcement of
　　　a safety technology rule of the Commission for Plant Safety. Germany，2012.

第五章

传热受限

在反应器的有关章节中，认为热稳定状态取决于反应器的有效冷却，即其相对较高的热移出能力（移热速率）与反应高放热速率间的平衡。如果发生冷却失效，可用绝热条件预测反应物料温度的变化趋势。这是很正确的，因为在某种意义上它代表了最坏的事故情形。然而，在有效冷却与绝热状态两种极端情形之间，还存在这样的情形：慢反应的放热速率小，此时较小的移热速率便可控制此类反应。这些与有效冷却相比移热量、移热能力减少的情况，称为热累积或传热受限。传热受限的情形常出现在反应性物质的储存和运输过程中，但也有可能在生产设备发生故障（如搅拌失效、泵故障等）时出现。

工程实践中很难实现真正的绝热状态，也很少会遇到这种情况，它仅出现于很短的时间段中。因此，考虑完全绝热状态可能会导致过于严重的且不切实际的评估（即"过评估"），以至于放弃一个工艺。但如果能对该工艺开展更加切合实际的评估，实际上还是有可能实现安全操作的。

本章围绕传热受限进行介绍，包括回顾和分析在工业过程中出现的不同类型的热累积情况，介绍评估传热受限情形中不同类型的热量平衡，研究热量平衡的时间尺度问题，研究纯粹热传导的热量平衡，最后对工业传热受限情形的实际评估问题进行讨论[1]。

第一节　工业过程中不同类型的热累积

本节重点介绍工业过程中常见的一些热累积情形，这对人们选择合适的热评估模型具有重要的指导意义。从膜理论模型（参见第六章第六节）出发，传热阻力主要由三方面的因素决定，这也可以视为传热阻力的三种典型情形[2]：

（1）典型情形———夹套式搅拌容器（传热的主要阻力位于器壁处）　由于

搅拌的强制对流作用,反应器内的物料间实际上不存在温度梯度,只有靠近器壁的薄膜存在阻力。在反应器外部的夹套里也存在同样的情况,即器壁的外膜存在阻力。器壁本身也存在着一定阻力。所以,总的来说,传热阻力主要在器壁处。

(2) 典型情形二——不带搅拌的液体储罐(传热的主要阻力位于器壁外部)　由于没有搅拌,自然对流会平衡储罐的内部温度。由于器壁本身不隔热,有较好的传热作用(传热阻力较小)。而外界自然对流的空气膜的阻力相当大,因此外部热阻起主要作用。

(3) 典型情形三——固体物料的储存容器(传热的主要阻力位于物料内部)　器壁和器壁外膜的传热阻力相对于容器内部堆积物料而言小,传热阻力主要存在于容器(料仓)内大量堆积的物料中。

在上述三种情形中,传热受限的严重程度依次增加。

一般地,对于一个热风险评估对象,应该搞清楚其传热机制属于对流(自然对流与强制对流)、热辐射还是热传导,这对于确定具体的传热阻力很必要。

此外,在对传热受限情况进行评估时,必须考虑反应物料的性质和数量,因为反应物料的热行为及所在容器的尺寸是分析过程中的重要因素。表 5-1 的例子对此进行了说明。表中,选择传热环境温度时尽量让放热速率相差一个数量级[2]。为简化计算,假设储存容器为球形,从左到右,随着容器尺寸(物料量)的增大,热累积也增大。

表 5-1　储存容器尺寸对热累积的影响

放热速率/(W/kg)	$T/℃$	质量为 0.5kg	质量为 50kg	质量为 5000kg	绝热
10	129	0.9h 后 191℃	0.9h 后 200℃	0.9h 后 200℃	0.9h 后 200℃
1	100	8h 后 105.8℃	7.4h 后 200℃	7.4h 后 200℃	7.4h 后 200℃
0.1	75	12h 后 75.5℃	64h 后 88.2℃	64h 后 200℃	64h 后 200℃
0.01	53	—	154h 后 53.7℃	632h 后 165℃	548h 后 200℃

从表 5-1 中可以得出这样的结论:

① 从横向数据可以看出,在严重热累积的情况下(物料量越大,空间尺寸越大,热累积情况越严重,越接近绝热状态),体系达到最终温度的时间与绝热状态下达到最大速率的时间 TMR_{ad} 差异不大。因此,严重热累积的情况接近于绝热条件。

② 在样品规模相同的情况下,环境温度越高,诱导期越短。

③ 物料量越大,体系建立热平衡的时间越长。对于存在大量反应物料的情形,达到热量平衡所需的时间尺度很长。这一点在储存和运输中尤为危险。

④ 在高的环境温度、较大的比放热速率情况下,即使在小的容器(数百克至数十千克物料)中也会出现失控,此时仅有少部分放热可穿过固体而耗散

到环境中。实际工程处理时，就可以视为"满足绝热假设"。

第二节　热　量　平　衡

这里主要从热累积的特定角度重新考虑热量平衡。先介绍通过时间尺度实现的热量平衡问题，然后介绍三种不同机制的传热（强制对流、自然对流和热传导）。

一、时间尺度与热量平衡

在评估热累积状况时，常用时间尺度来判断热量平衡及热失控。这与赛跑的原则一样：最快的（耗时最短者）赢得比赛。对于放热而言，显然可用绝热条件下最大反应速率到达时间 TMR_{ad} 来表征，而对于热移出，则可以用取决于实际条件的冷却时间来表征，该内容将在下文详细讨论。如果 TMR_{ad} 比冷却时间长，则此状态是稳定的，即移热较快。反之，当 TMR_{ad} 比冷却时间短时，放热比冷却快，从而导致失控。

二、强制对流

在夹套式搅拌容器（典型情形一）中，传热主要通过器壁进行，则移热速率可以由下式给出：

$$q_{ex}=UA(T_c-T) \tag{5-1}$$

与遵循 Arrhenius 定律的反应放热速率比较，可得 Semenov 图（参见图 2-7）。根据该图可以计算出临界温差，以及容器中反应物料的临界放热速率与 q_0 的函数关系：

$$q_{crit}=q_0\,e^{\frac{-E}{R}(\frac{1}{T_{NR}}-\frac{1}{T_{c,crit}})} \tag{5-2}$$

式中，各物理量的含义见图 2-7。

将其代入热平衡方程，得到

$$\rho VQ'k_{(T_0)}\,e^{\frac{-E}{R}(\frac{1}{T_{NR}}-\frac{1}{T_{c,crit}})}=UA\,\Delta T_{crit} \tag{5-3}$$

式中，$k_{(T_0)}$ 为 T_0 温度时的反应速率常数，即 $k_{(T_0)}=k_0\,e^{\frac{-E}{RT_0}}$。

由于 $\Delta T_{crit}=\dfrac{RT_{c,crit}^2}{E}$ [式(2-40)]，且临界温差不大，于是方程(5-2) 右边

指数项简化为：

$$\frac{-E}{R}\left(\frac{1}{T_{NR}}-\frac{1}{T_{c,crit}}\right)\approx\frac{-E}{R}\frac{T_{c,crit}-T_{NR}}{T_{c,crit}^2}=1 \tag{5-4}$$

则热平衡变为

$$\rho V Q' k_{(T_0)}\,\mathrm{e}=UA\,\frac{RT_{c,crit}^2}{E} \tag{5-5}$$

两边同除以 $\rho V c_p'$，整理后得

$$k_{(T_0)}\,\mathrm{e}\Delta T_{ad}=\frac{UA}{\rho V c_p'}\times\frac{RT_{c,crit}^2}{E} \tag{5-6}$$

这里，涉及热时间常数

$$\tau_c=\frac{\rho V c_p'}{UA}$$

通过引入热半衰期

$$t_{1/2}=\ln 2\tau_c$$

并注意到绝热条件下存在

$$\frac{1}{k_{(T_0)}\Delta T_{ad}}\times\frac{RT_{c,crit}^2}{E}=\mathrm{TMR}_{ad} \tag{5-7}$$

得到

$$\mathrm{TMR}_{ad}=\frac{\mathrm{e}}{\ln 2}t_{1/2}=3.92t_{1/2} \tag{5-8}$$

因此稳定状态应符合以下条件：

$$\mathrm{TMR}_{ad}>3.92t_{1/2}=\mathrm{e}\tau_c \tag{5-9}$$

该表达式比较了热失控特征时间 TMR_{ad} 和冷却特征时间 τ 的关系。这样，如果知道质量、比热容、综合传热系数和传热面积，便可进行评估。

该情形也可以称为基于强制对流的 Semenov 模型。

三、自然对流

对于不带搅拌的反应性液体储罐，液体物料反应放热后，温度升高，密度减小，产生浮力并形成上升流。因此，反应性液体沿容器中心向上流动，而由于器壁的冷却作用，在器壁处则会形成向下的流动，此类流动就叫作自然对流。当器壁处的热交换达到一定程度时，这种状态相当于一个带搅拌的反应器发生搅拌失效后的情况。通过联立求解热量方程和有关传递方程可得到其确切的数学描述。也可运用基于物理相似的简化方法得到其数学描述。流体内的传

热模式可通过一个无量纲判据即 Rayleigh 数（Ra）来表征。和在强制对流中的作用一样，Rayleigh 数也可以表征自然对流中的流动情况：

$$Ra = \frac{g\beta\rho^2 c_p' L^3 \Delta T}{\mu\lambda} \tag{5-10}$$

式中，g 为重力加速度；β 为体膨胀系数；c_p' 为比热容；L 为液体高度；ΔT 为物料温度与其熔点温度的差；μ 为动力黏度；λ 为热导率。

对于沿着垂直壁面的对流运动，$Ra > 10^9$ 时表示形成了湍流，且对流传热占主导。当 $Ra < 10^4$ 时，则为层流，且热传导占主导。因此，可用 Rayleigh 数来区分热传导和热对流。

对于自然对流，可以建立 Nusselt 数（Nu）与 Rayleigh 数之间的相互关系，其中前者比较了传热的对流热阻和热传导热阻，后者则比较了浮力和黏性摩擦力：

$$Nu = C^{\text{te}} Ra^m \tag{5-11}$$

其中，

$$Nu = \frac{hL}{\lambda}$$

式中，Cte 为与搅拌器种类有关的常数；m 取 $1/3 \sim 2/7$；h 为体系表面的热阻，见式(5-14)。

Rayleigh 数也可写为 Grashof 数（Gr）和 Prandtl 数（Pr）的函数式，其中 Grashof 数比较了对流传热和热传导传热，Prandtl 数则比较了动量扩散系数（运动黏度）和热扩散系数：

$$Ra = Gr \cdot Pr$$

其中，

$$Pr = \frac{v}{a} = \frac{\mu c_p'}{\lambda} \tag{5-12}$$

$$Gr = \frac{g\beta L^3 \rho^2 \Delta T}{\mu^2}$$

对于沿着垂直面的自然对流，可运用以下关系式：

$$Ra > 10^9 \quad 湍流 \quad Nu = 0.13 Ra^{1/3}$$
$$10^4 < Ra < 10^9 \quad 过渡流（intermediate\ flow） \quad Nu = 0.59 Ra^{1/4} \tag{5-13}$$
$$Ra < 10^4 \quad 层流 \quad Nu = 1.36 Ra^{1/6}$$

实际上，计算 Rayleigh 数主要是用来判断沿着器壁的薄膜是否存在湍流。如果发生了湍流，则很可能是自然对流形成的热交换。对于较高的容器可能会出现温度分层（上部的温度要比底部的高）。因此，Rayleigh 数中的高度 L 要相当小（典型值：1m）。如果用于计算搅拌容器薄膜传热系数的物理参数 γ 已知，则通过重新整理 Rayleigh 数可得如下因数：

$$h = 0.13\gamma \sqrt[3]{\beta \Delta T} \tag{5-14}$$

其中

$$\gamma = \sqrt[3]{\frac{\rho^2 \lambda^2 c_p'}{\mu}} \tag{5-15}$$

为了给出数量级，通常认为自然对流的薄膜传热系数大约是带搅拌情形传热系数的 10%[3]。

四、高黏液体和固体

这里考虑这样一种情况：在一个已知几何尺寸的容器中装有高黏甚至是固态的反应性物质。此时，传热完全通过热传导的方式进行：反应性物料内部不存在流动。当通过热传导散失的热量能够抵消物料中的放热时，则状态是稳定的。因此，必须回答以下几个问题：在什么条件下会引发热爆炸？在什么条件下移热足以抵消放热？

热传导仅需要分子或原子间的相互作用即可进行。可用 Fourier 定律来描述热流密度（即热通量，W/m^2）：

$$\vec{q} = -\lambda \ \vec{\nabla T} \tag{5-16}$$

该方程反映了物料中的热通量和温度梯度之间的比例关系。传热的方向与温度梯度的方向相反，而比例常数 λ 为物料的热导率，单位为 $W/(m \cdot K)$。如果假设热量沿轴传递（一维问题），则等式变为：

$$\vec{q} = -\lambda \frac{\partial \vec{T}}{\partial x} \tag{5-17}$$

如果考虑厚度为 dx、截面积为 A 的薄片中的热量平衡，则薄片中的热累积等于流入热通量与流出热通量的差（图 5-1）：

$$(\vec{q}_{x+dx} - \vec{q}_x)A \, dt = \frac{\partial \vec{q}_x}{\partial x} A \, dx \, dt = -\lambda \left[\frac{\frac{\partial T}{\partial x}\Big|_{x+dx} - \frac{\partial T}{\partial x}\Big|_x}{\partial x} \right] A \, dx \, dt \tag{5-18}$$

因而：$\dfrac{\partial q_x}{\partial x} = -\lambda \dfrac{\partial^2 T}{\partial x^2}\Big|_x$

根据热力学第一定律，可得温度变化率为：

$$q = \rho c_p' \frac{\partial T}{\partial t} A \, dx \tag{5-19}$$

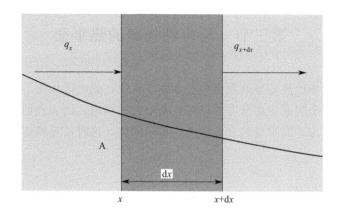

图 5-1　在厚度为 $\mathrm{d}x$ 薄层中的热平衡

联立式(5-18)和式(5-19)，并假定热导率为常量，得到我们关注的描述温度空间分布与时间分布的目标方程（Fourier 第二定律）：

$$\frac{\partial^2 T}{\partial x^2}=\frac{\rho c'_p}{\lambda}\times\frac{\partial T}{\partial t}=\frac{1}{a}\times\frac{\partial T}{\partial t} \tag{5-20}$$

这里

$$a=\frac{\lambda}{\rho c'_p}$$

a 表示热扩散系数，单位为 m^2/s，与 Fick 定律中用到的扩散系数具有相同的数量级。值得注意的是这两个定律的数学相似性：两个定律的数学处理过程一模一样。

常常采用无量纲判据——Biot 数（Bi）表征体系的传热是以热传导为主还是以热对流为主。Biot 数对内部传热的热阻（λ）和表面的热阻（h）进行了比较：

$$Bi=\frac{hr_0}{\lambda} \tag{5-21}$$

式中，r_0 为容器半径。

Biot 值大意味着热传导的作用比热对流大，且此情形接近于下文的 Frank-Kamenetskii 模型。反之，较小的 Biot 值，即 $Bi<0.2$，意味着对流传热起主导作用，此时情形近似于 Semenov 模型。

式（5-20）描述的热传导问题可用代数方法或基于无量纲坐标的诺莫（Nomograms）图求解[4,5]。

第三节　反应性物料的热平衡

惰性固体中的热传导问题可用代数方法解决，此时固体中不存在反应放热源。然而，这个问题不在所考虑的传热受限的范围内，因为我们关注的是反应性固体的热行为，即本身包含反应性热源的固体，这时需要特定的数学方法进行处理。

一、Frank-Kamenetskii 模型

Frank-Kamenetskii 模型描述了含有热源的反应性固体中的热传导问题[5]。该模型建立了特征尺寸为 r 的固体的热量平衡，其初始温度 T_0 等于环境温度，固体中含有单位体积的放热速率为 q（单位为 W/m³）的热源。其目的是为了确定在什么条件下能建立稳定状态，即能获得温度随时间变化始终恒定的关系。Frank-Kamenetskii 模型的物理含义参见图 5-2。

假定在壁面上不存在传热阻力，即器壁上没有温度梯度。则根据式(5-20)，则 Fourier 第二定律可写为：

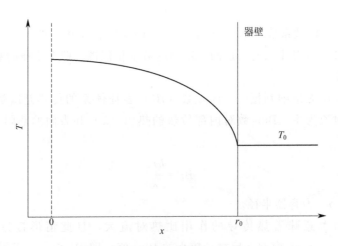

图 5-2　反应性固体中的温度分布

$$\lambda \frac{\partial^2 T}{\mathrm{d}x^2} = q_{\mathrm{rx}} \tag{5-22}$$

式中，q_{rx} 的单位为 W/m³。

边界条件为：

壁面处：
$$x = r_0 \qquad T = T_0$$

中心处：
$$x = 0 \qquad \frac{\partial T}{\partial x} = 0 \tag{5-23}$$

如果该微分方程的解存在，则其描述了固体中的温度分布关系。为了解这个方程，必须假设固体中发生的放热反应遵循零级反应动力学，即反应速率与转化率无关。然后将变量转换为无量纲坐标，这样便可得到方程的解：

温度：
$$\theta = \frac{E(T - T_0)}{RT_0^2} \tag{5-24}$$

空间坐标：
$$z = \frac{x}{r_0} \tag{5-25}$$

于是微分方程变为：
$$\nabla_z^2 \theta = -\delta e^{\theta} \tag{5-26}$$

$$\delta = \frac{\rho_0 q_0'}{\lambda} \times \frac{E}{RT_0^2} r_0^2 \tag{5-27}$$

式中，q_0' 为比放热量，W/kg。

无量纲参数 δ 称为形状因子（form factor）或 Frank-Kamenetskii 数。方程(5-26) 的解存在意味着可以建立一个平稳的温度历程曲线，此时，对应的状态是稳定的。方程无解时，则不能形成稳态，反应性固体处于失控状态。微分方程(5-26) 的解是否存在取决于参数 δ 的值，因此 δ 可以视为一个稳定性判据。对于结构简单的固体，由于可以定义相应的 Laplace 算子，所以该微分方程可解：

厚度为 $2r_0$ 的无限大平板：
$$\frac{\mathrm{d}^2 \theta}{\mathrm{d}z^2} = -\delta e^{\theta} \qquad \delta_{\mathrm{crit}} = 0.88 \qquad \theta_{\mathrm{max, crit}} = 1.19 \tag{5-28}$$

半径为 r_0 的无限长圆柱体：
$$\frac{\mathrm{d}^2 \theta}{\mathrm{d}z^2} + \frac{1}{z} \times \frac{\mathrm{d}\theta}{\mathrm{d}z} = -\delta e^{\theta} \qquad \delta_{\mathrm{crit}} = 2.0 \qquad \theta_{\mathrm{max, crit}} = 1.39 \tag{5-29}$$

半径为 r_0 的球体：
$$\frac{\mathrm{d}^2 \theta}{\mathrm{d}z^2} + \frac{2}{z} \times \frac{\mathrm{d}\theta}{\mathrm{d}z} = -\delta e^{\theta} \qquad \delta_{\mathrm{crit}} = 3.32 \qquad \theta_{\mathrm{max, crit}} = 1.61 \tag{5-30}$$

因此对于上述三种给定形状的容器，其 δ_{crit} 存在并可由式（5-27）求得临

界半径 r_{crit}。即可利用容器的几何特征（δ_{crit}）、初始环境温度（T_0）、容器内物质的物理特性（ρ_0、λ）和固体中反应的动力学特性（q_0'、E）来计算临界半径 r_{crit}：

$$r_{crit} = \sqrt{\frac{\delta_{crit}\lambda RT_0^2}{\rho q_0' E}} \qquad (5\text{-}31)$$

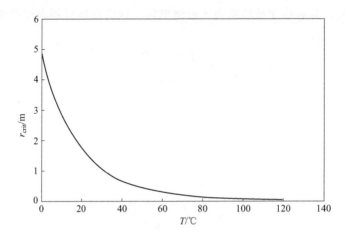

图 5-3 临界半径与温度的函数关系

这条曲线的计算条件：150℃时的 $q_{ref}' = 10W/kg$，$E = 75kJ/mol$，

$c_p' = 1.8J/(kg \cdot K)$，$\rho = 1000kg/m^3$，$\lambda = 0.1W/(m \cdot K)$，$\delta_{crit} = 2.37$

这个表达式在实际中很有用，因为它能够计算容器的最大尺寸，对于给定的环境温度 T_0 可提供一个稳定的温度曲线图（图 5-3），已知容器尺寸 r 便可计算最高的环境温度。

在第二种情况下，由于 q_0' 是温度的指数函数（Arrhenius 定律），则需要进行迭代求解。由于 $q_0' = f(T)$ [式（5-31）] 是非线性的，所以体系对参数的变化很敏感，即其中一个参数发生微小变化，体系就可能从稳定状态转变为失控。因此，我们再次发现，体系的参数灵敏性是热爆炸现象的一个特性：对于每个体系，都存在一个极限，超过这个极限系统将变得不稳定，进入失控状态。

图 5-4 给出的例子中，容器是半径为 0.2m 的球，里面装满了固体，在 150℃时的放热速率为 10W/kg，活化能为 160kJ/mol。

对于搅拌体系，可以采用特征时间来表示热量平衡，该参数通过比较反应的特征时间（TMR_{ad}）和固体的冷却特征时间得到：

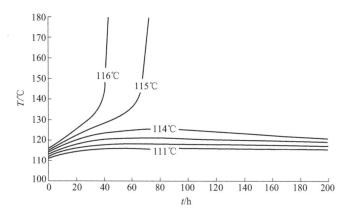

图 5-4　6种不同环境温度下传热受限的固体中心温度与时间的关系

环境温度分别为：111℃，112℃，113℃，114℃，115℃，116℃

$$r_{\mathrm{crit}}^2 = \frac{\delta_{\mathrm{crit}}\lambda}{\rho c_p'}\mathrm{TMR}_{\mathrm{ad}} = \delta_{\mathrm{crit}}\,a\,\mathrm{TMR}_{\mathrm{ad}} \qquad (5\text{-}32)$$

式中，a 为热扩散系数，m^2/s。

对于简单的几何形状，稳定性判据可表示为（这里，$\dfrac{r^2}{a}$ 可以视为冷却特征时间）：

$$\overbrace{\mathrm{TMR}_{\mathrm{ad}} > \frac{0.3r^2}{a}}^{\text{球体}} \quad \overbrace{\mathrm{TMR}_{\mathrm{ad}} > \frac{0.5r^2}{a}}^{\text{无限长圆柱体}} \quad \overbrace{\mathrm{TMR}_{\mathrm{ad}} > \frac{1.14r^2}{a}}^{\text{平板}} \qquad (5\text{-}33)$$

值得注意的是，在等式中容器的尺寸 r 在式中为平方项。换而言之，传热随尺寸平方的变化而变化。这不同于夹套强制对流情况下的搅拌容器，搅拌器中传热的增加与 r 成正比（圆柱形带夹套的搅拌容器，高度一定，则传热面积与半径成正比）。进一步说来，反应性固体的最外层，也就是最靠近壁面的固体物质，其温度始终接近于环境温度。这具有实际意义，即不能通过测量壁温来判断大量堆积物料是否发生自加热。此外，如果发现失控后，对壁面层物料进行冷却也是没有用的，因为实际上无法通过这种方法将热量从反应性固体中转移出来。这也是附录 A 中案例 9 中需将容器内的物质平铺于防水油布上进行冷却的原因。这样，可以改变固体的特征尺寸，使其变成很薄的平板，以改善散热情况。

对于实际情况的处理，除了平板、无限长圆柱体或球体，还需要对其它的形状进行评估。于是，对于一些常见形状的 Frank-Kamenetskii 判据进行了计算。

对于半径为 r、高为 h 的圆柱体，Frank-Kamenetskii 判据的临界值为[5]：

$$\delta_{crit} = 2.0 + 3.36 \left[\frac{h}{r}(ad+1) \right]^{-2} \tag{5-34}$$

式中，如果底部绝热，则参数 ad 等于 1，在其它情况下，ad 为 0。

也可以用热等效的方法，将圆柱体的半径转换成球的半径：

$$r_{sph} = r_{cyl} \sqrt{\frac{3.32}{\delta_{crit}}} \tag{5-35}$$

二、Thomas 模型

Frank-Kamenetskii 模型假设环境温度等于反应性固体的初始温度。因此，在物料和器壁之间只存在很小的温度梯度，所以向环境传递的热量有限（传热受限）。基于这样的简化，建立了上述判据，但是它并不能真正代表一些工业实际情况。事实上，很多时候环境温度都不同于物料的初始温度（如将干燥设备中热的物料装入室温下的容器中等情形），也就是说容器壁处存在温度梯度。为此，Thomas 发展了一个模型来描述器壁处的热传递[6]。他在热量平衡中添加了一个对流项：

$$\text{在 } x = r_0 \text{ 处} \qquad \lambda \frac{dT}{dx} + h(T_s - T_0) = 0 \tag{5-36}$$

式中，h 为器壁外侧的对流传热系数；T_s 为环境温度。

式(5-36)忽略了器壁的热容，这在大多数工业情况下是可接受的。等式的边界条件和 Frank-Kamenetskii 模型一样，即假设温度是对称的：

$$\text{在 } x = 0 \text{ 处} \qquad \frac{dT}{dx} = 0 \tag{5-37}$$

引入无量纲变量：

$$z = \frac{x}{r_0}$$

$$\theta = \frac{E(T - T_0)}{RT_0^2} \tag{5-38}$$

对于零级反应动力学，可以得到：

$$\nabla_z^2 \theta = \frac{d^2\theta}{dz^2} + \frac{k}{z} \times \frac{d\theta}{dz} = \frac{d\theta}{\tau} - \delta e^{\theta} \tag{5-39}$$

变量 τ 为无量纲的热弛豫时间（thermal relaxation time）或 Fourier 数：

$$\tau = \frac{at}{r_0^2} = \frac{\lambda t}{\rho c_p' r_0^2} \tag{5-40}$$

Thomas 证明该方程在 δ 值低于临界值 δ_{crit} 时有解：

$$\delta_{crit} = \frac{1+k}{e\left(\dfrac{1}{\beta_\infty} - \dfrac{1}{Bi}\right)} \tag{5-41}$$

参数 β_∞ 为有效 Biot 数，k 为容器的形状系数，其值如下确定：

① $\beta_\infty = 2.39$，厚度为 $2r_0$ 的无限平板：$k=0$；

② $\beta_\infty = 2.72$，半径为 r_0 的无限长圆柱体：$k=1$；

③ $\beta_\infty = 3.01$，半径为 r_0 的球体：$k=2$。

Frank-Kamenetskii 数或参数 δ 为：

$$\delta = \frac{\rho_0 q_0'}{\lambda} \times \frac{E}{RT_0^2} r_0^2 \tag{5-42}$$

通过计算参数 δ 和 δ_{crit}，可以对热平衡的状态进行评估：如果 $\delta > \delta_{crit}$ 则发生失控；反之，如果 $\delta < \delta_{crit}$ 则可得到稳定的温度分布曲线。δ 和 δ_{crit} 相等的温度，即给定容器中稳定状态的最高允许温度。由于 q_0' 是温度的指数函数，所以该方程必须用迭代方法求解。

三、有限元模型

上述热传导问题的解都是基于零级反应动力学假设。当零级动力学近似不成立，尤其是自催化反应时，就需要进行数值求解。此时，采用有限元方法特别有效。储存容器的几何形状可用单元网格来描述，并对每个单元建立热量平衡（图 5-5），然后可以运用迭代方法对问题进行求解。例如，球形罐可由一系列的同心外壳组成（像洋葱皮）。在各个单元中分别建立物料平衡方程和热量平衡方程。如果考虑不同单元的温度，便可得到温度分布，或获得温度-时间、转换率-时间的函数关系。

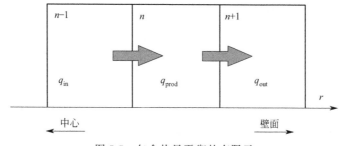

图 5-5 包含热量平衡的有限元

此外，还可以得到不同单元网格中的转化率（可以作为评估产品质量损失的一个重要参数）。图 5-6 给出了一个这样的示例。图（a）的初始温度为124.5℃，可以观察到反应性物质的自加热可使体系达到的最高温度约为160℃。这意味着可能导致了质量损失，但最后温度再次稳定了。图（b）的初始温度为 124.75℃，只比前述温度高出 0.25℃，却导致了热爆炸，造成严重的后果。这里，再次强调了参数敏感性的问题。图中同样值得注意的是，靠近器壁的物料并没有显示出显著的温升，说明即将发生的热爆炸是不能通过检测壁温来发现的。这类问题可以采用 Roduit 等[6] 提出的先进动力学的方法（advanced kinetic methods）予以解决。

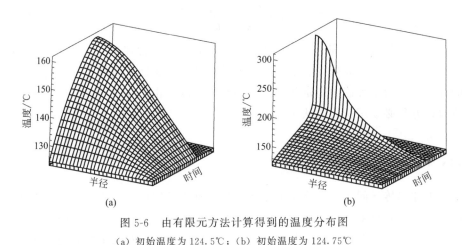

图 5-6　由有限元方法计算得到的温度分布图
（a）初始温度为 124.5℃；（b）初始温度为 124.75℃

第四节　基于决策树的热累积评估

一、基于决策树的热累积评估流程

在热安全问题研究中，解决热累积问题可采取两种常用方法：简化法和最坏情形法。这里，用一个实例来介绍一个遵循这些原则的典型评估程序，该例子采用决策树的方法评估了由传热受限导致的风险（图 5-7）。

第一步，假设其为绝热状态，这显然是最坏情况的一种假设，因为它假定体系完全没有热散失。将传热受限时间（confinement time，t_{conf}）与绝热条件下特征反应时间 TMR_{ad} 进行比较。如果 TMR_{ad} 远大于受限时间（如计划中的储存时间），则此条件是稳定的，可在这一阶段就停止分析。此阶段仅需

获得 TMR_{ad} 的值，该参数为温度的函数。在这种情况下，存在热散失将有利于安全。由于评估时忽略了热散失情况，所以在确定安全条件时也不需要获得热散失信息。在此阶段，如果根据反应性物质的潜能可以认为被评估的状态是安全的，则仅需建议对温度进行监控。如果安全条件不满足，即 TMR_{ad} 接近甚至小于受限时间，则需要进一步获得更详细的数据。

第二步，通过比较 TMR_{ad} 和搅拌体系的冷却特征时间来检验搅拌体系的稳定性。显然，此种比较仅对存在搅拌或规定必须需要搅拌才能确保安全的情况有意义。除了必须知道 TMR_{ad}，还应知道热交换数据，即综合传热系数和热交换面积等。如果没有搅拌或无法安装搅拌设施（如固体体系），则还需要知道更详细的参数。

第三步，检查自然对流是否足以维持散热（即能满足足够的冷却要求）。此阶段还需要的数据包括密度随温度变化的函数关系、动力黏度和热导率等。这也只有在反应物料黏度较低，能够产生浮力时才有意义。如果数据不够充分或不能形成自然对流（如固体），则该体系中的传热问题应理解为纯粹的热传导。

第四步，考虑纯粹热传导体系，体系的环境温度等于反应物料的初始温度，即相当于 Frank-Kamenetskii 模型。除了已知的 TMR_{ad} 与温度的函数关系外，其它需要知道的参数有体系的密度、热导率以及装有反应物容器的几何形状，也即形状系数 δ 和容器尺寸。如果在这种传热受限相对严重的情况下，状态是稳定的，则评估步骤可以在此阶段就停止。若评估得到状态是危险的，则需要继续进行下一步。

第五步，同样需要考虑到体系与周围环境的热交换，环境温度不同于反应物的初始温度。这个评估需要得到器壁向周围环境传热的热导率，同时还需要用到 Thomas 模型。如果在这些条件下被评估的状态是危险的，可运用真实的动力学模型获得更精确的评估结果。

第六步，仍然认为是纯粹的热传导体系，在器壁与周围介质之间存在热交换，用更符合实际的动力学模型来替代零级动力学近似。这个方法对于自催化反应非常有用，因为零级近似会导致一种非常保守的情况，即反应一开始就达到最大放热速率，并在整个反应阶段保持此水平，同时，随着温度的升高反应将加速。而实际上，最大放热速率并不会马上发生。因此，在自催化反应的诱导期内，热损失会有利于温度的降低。

按此六个步骤进行评估，将用到上述所需数据，而不至于把时间、精力浪费在其它无用的数据上。

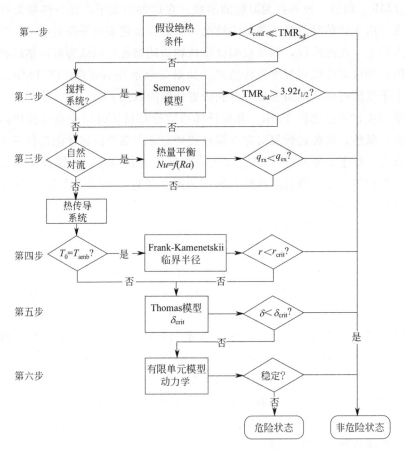

图 5-7 评估传热受限情况的决策树

二、储料罐传热受限评估的应用实例

将熔点为 50℃ 的中间产物储存在一个圆柱形储罐中，储存时间为 2 个月，储存温度为 60℃。储罐设有夹套，夹套中有热水循环。储罐不设搅拌，底部和盖子不加热。该储罐的容积为 $4m^3$，高 1.8m，直径 1.2m，对应的形状系数 $\delta_{crit}=2.37$。夹套的综合传热系数为 $50W/(m^2 \cdot K)$。物料的物理性质为：$c'_p=1.8J/(kg \cdot K)$，$\rho=1000kg/m^3$，$\lambda=0.1W/(m \cdot K)$，$\mu=100mPa \cdot s$。

物料发生缓慢的放热分解反应，分解热为 400kJ/kg。通过 TMR_{ad} 表征的有关分解时间为：20℃ 为 3500d、30℃ 为 940d、40℃ 为 280d、50℃ 为 92d、60℃ 为 32d 和 70℃ 为 12d。

问题：

对拟储存过程物料的热安全性进行评估。给出改善安全性的技术方案。

解答：

这个问题可用图 5-7 的决策树来解答。

第一步，假设储存处于绝热状态：60℃时 TMR_{ad} 为 32d，显然比预期的储存时间 2 个月短。因此，根据该假设，储存过程会失控。

第二步，主要评估搅拌体系的热交换，但由于储罐没有配备搅拌系统，所以这一步不符合实际情况。

第三步，考虑自然对流情况。这可能很难达到，因为物料储存温度 60℃，仅高于熔点 10℃，其黏度相对于有效自然对流情形来说可能太高了。这一点可通过计算 Rayleigh 数来检验。储罐高为 1.8m，但由于它并不总是满的，所以高度可以按照 0.9m 考虑。其动力黏度为：

$$\mu = 100 \text{mPa} \cdot \text{s}$$

热膨胀系数为：$\beta = 10^{-3} \text{K}^{-1}$

于是得到：

$$Ra = \frac{g\beta L^3 \rho^2 c_p' \Delta T}{\mu\lambda} = 1.3 \times 10^9$$

Rayleigh 数对应于沿着容器壁面的湍流层，但是计算得到的值很接近湍流的下限值。此外，并不能确定在圆柱体的整个垂直高度上能形成对流，也就是说可能会发生分层。因此，并不能确保上述体系可通过自然对流传热。

第四步，可认为该体系纯粹通过热传导方式传热，其传热方式遵循 Frank-Kamenetskii 模型。热扩散系数为：

$$a = \frac{\lambda}{\rho c_p'} = \frac{0.1}{1000 \times 1800} = 5.56 \times 10^{-8} (\text{m}^2/\text{s})$$

于是，按照无限长圆柱体考虑，可得到冷却特征时间为：

$$t_{cool} = \frac{0.5r^2}{a} = \left(\frac{0.5 \times 0.6^2}{5.56 \times 10^{-8}}\right) \text{s} = 3.24 \times 10^6 \text{s} \approx 900\text{h}$$

该时间约为 37.5d，太长了。也可利用临界半径对上述情形进行评估：

$$r_{crit} = \sqrt{\frac{\delta_{crit} \lambda R T_0^2}{\rho q_0' E}} = \sqrt{\frac{2.37 \times 0.1 \times 8.314 \times 333^2}{1000 \times 0.006 \times 100000}} = 0.603 (\text{m})$$

临界半径仅略大于储罐半径。所以，上述体系将不能形成稳定的温度分布曲线，会发生失控。

第五步：也可认为壁面上综合传热系数为 $50 \text{W}/(\text{m}^2 \cdot \text{K})$ 的热交换遵循 Thomas 模型。因此，将 Frank-Kamenetskii 判据 (δ) 和 Thomas 判据 (δ_{crit}) 进行比较：

Biot 数为：

$$Bi = \frac{hr_0}{\lambda} = \frac{50 \times 0.6}{0.1} = 300$$

对于圆柱体而言，

$$\delta_{crit} = \frac{1+k}{e\left(\frac{1}{\beta_\infty} - \frac{1}{Bi}\right)} = \frac{1+1}{2.71828 \times \left(\frac{1}{2.72} - \frac{1}{300}\right)} = 2.019$$

反应的 δ 为：

$$\delta = \frac{\rho_0 q_0'}{\lambda} \times \frac{E}{RT_0^2} r_0^2 = \frac{1000 \times 0.006}{0.1} \times \frac{100000}{8.314 \times 333^2} \times 0.6^2 = 2.34$$

由于 $\delta > \delta_{crit}$，所以状态不稳定，将发生失控。这两个参数在 55℃ 时相等，表明这样储存接近稳定极限。

作为一个初步结论，可认为计划采用的储存方案的热风险高（严重度和可能性均高），因此，上述情形必须予以改善。

第一种尝试是降低储存温度，但这意味着要降低温度到 50℃，而这恰好是熔点，因此不可行。

第二种尝试是在储罐中安装一个搅拌装置。

安装搅拌装置后，综合传热系数可以增加到 200W/(m² · K)。由于满载储罐的传热面积为 2.26m²，所以热时间常数为：

$$\tau_c = \frac{\rho V c_p'}{UA} = \left(\frac{1000 \times 4 \times 1800}{200 \times 2.26}\right) s = 1.6 \times 10^4 s = 4.4h$$

半衰期为：

$$t_{1/2} = \ln2 \cdot \tau_c = 0.693 \times 4.4 = 3.1(h)$$

由于 TMR_{ad} 必须为半衰期的 3.92 倍，所以要求 TMR_{ad} 为 12.1h，其对应温度为 105℃。因此，60℃ 时可轻易将分解反应放热移出（即放热速率能被移热速率平衡）。不过，此时也必须考虑到搅拌引入的附加热量。最终认为这种解决方案是可行的。

与第二种尝试相关的方法则是通过外部换热器加强储罐内物质的循环。

第三种尝试是改善自然对流，这可以提高储存温度来实现，同时也会使黏度降低，Rayleigh 数增加。但这也将造成放热速率的指数增长。因此不能通过该方法来改善上述储存的安全状态。

第四种尝试是采用一个较小的储罐，例如直径仅为 1m 的储罐。根据 Frank-Kamenetskii 模型，该方法将使储存达到稳定状态，半径 0.5m 小于临界半径 0.603m。但该解决方法意味着要建造一个新的储罐。

　　第五种尝试是根据 Thomas 模型增加器壁的传热不可行且无效，因为传热阻力的主要部分在于物料自身的热传导性。如 Biot 数高达 300，这更接近于 Frank-Kamenetskii 条件而非 Semenov 条件。

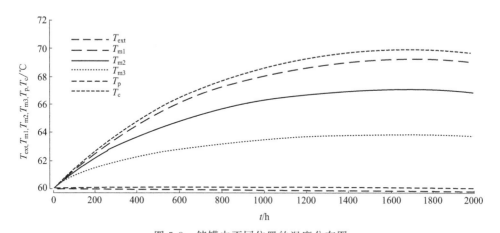

图 5-8　储罐中不同位置的温度分布图

T_c 位于中心，T_{m1} 位于半径 25% 处，T_{m2} 位于半径 50% 处，T_{m3} 位于半径 75% 处，

T_p 位于壁面处，T_{ext} 为环境温度。壁面的传热系数为 $50W/(m^2 \cdot K)$

　　如此，最后一个方法是利用有限元模型来评估上述储存状态。此计算采用了 40 个网格（同心外壳单元），结果见图 5-8。该图显示储存状态的危险程度比假设的情况（采用了更保守模型）小。在约 1700h，也即 70d 后，温度将达到最大值 68℃。因而，时间尺度较长，这一点值得注意。然而，另一点也必须考虑到，储存了 60d 后，转化率约为 12%，即有着显著的质量损失。

　　最终的建议：考虑到分解热较高，所以应对温度进行监控，并配备报警装置（通过报警装置能开启搅拌装置或者外部换热装置）。由于该放热现象很缓慢，所以冷却系统可采用手动方式启动。此外，应对储罐物料中心部位的温度进行监控，且温度探头尽可能靠近上层液面，但考虑到储罐液位发生变化时，可能会导致一些问题，因此，应在不同水平上设置温度探头。

参考文献

[1]　弗朗西斯·施特塞尔. 化工工艺的热安全——风险评估与工艺设计. 陈网桦，彭金华，陈利平，译. 北京：科学出版社，2009.

[2]　Gygax R. Thermal Process Safety，Assessment，Criteria，Measures//Vol 8. ESCIS ed. Lucerne：ESCIS，1993.

[3]　Perry R，Green D. Perry's Chemical Engineer's Handbook. 7th ed. New York：McGraw-

Hill，1998.

[4] Bourne J R，Brogli F，Hoch F，et al. Heat transfer from exothermically reacting fluid in vertical unstirred vessels—Ⅱ. Free-convection heat transfer correlations and reactor safety. Chemical Engineering Science，1987，42（9）：2193-2196.

[5] Frank-Kamenetskii D A. Diffusion and heat transfer in chemical kinetics//The Theory of Thermal Explosion. Appleton J P，ed. New York：Plenum Press，1969.

[6] Roduit B，Borgeat C，Berger B，et al. The prediction of thermal stability of self-reactive chemicals. Journal of Thermal Analysis and Calorimetry，2005，80（1）：91-102.

第六章

热安全参数的获取

由第二章及第四章可知，评估所需要的热安全参数或计算热安全参数所需测试的参数有：

① 总反应热 Q；

② 比反应热 Q'；

③ 比热容 c_p'；

④ 绝热温升 ΔT_{ad}；

⑤ 单位质量下的产气量 V_g'；

⑥ 蒸气压 p_v；

⑦ 技术原因的最高温度 MTT；

⑧ 最大反应速率到达时间 TMR_{ad}；

⑨ 比放热速率 q'；

⑩ 目标反应冷却失效时可以达到的最高温度 MTSR；

⑪ $TMR_{ad}=24h$ 或 8h 对应的起始温度 T_{D24}、T_{D8}；

⑫ 起始分解温度 T_{onset}；

⑬ 反应器的综合传热系数 U 和传热面积 S；

⑭ 自加速分解温度 SADT（获取方法见第八章）。

这些参数有的适用于目标反应（主反应），有的适用于二次分解反应（副反应），有的两种都适用。另外，即使是目标反应与二次反应均适用的参数，获取方法也会有所不同。本章将具体介绍获得上述热安全参数的测试手段及参数获取方法。

第一节　理论计算和评估方法

对于上述大部分热安全参数，大多难以通过文献调研获得，因为即使是同类反应，其反应动力学参数也可能有很大的差别[1]。然而，除了实测之外，有部分参数也可以通过计算获得。这里能计算获得的主要有比反应热 Q'，计算方法主要参考赫斯定律（盖斯定律，Hess's law）。该方法首先计算出反应焓：

$$\Delta H_r^{298} = \sum_{products} \Delta H_{f,i}^{298} - \sum_{reactants} \Delta H_{f,i}^{298} \tag{6-1}$$

如果能知道反应物（reactants）、产物（products）及它们对应的标准生成焓，则通过上式便可以计算出对应的反应焓。所以，该问题便转化为如何得到反应方程式和反应物、产物的标准生成焓，进一步将计算结果除以对应的分子量，便可以得到比反应焓。

一、反应方程

对于目标反应，往往在研发阶段就可以获得其反应方程式，但是由此计算的反应热和实际测试值之间往往有差距。以常见的硝硫混酸中的硝化反应为例，实测反应热除了硝化反应热之外，还包括物料间的混合热，反应产物水溶于酸中的混合热等（尤其是后者，其热量往往是不可以忽略的）。此外，反应体系中还可能存在过硝化或氧化等副反应。

对于分解反应，其最大的困难在于分解反应往往比较复杂，因而难以获得分解机理。对此，一般可以采用最大放热原则来获得保守的结果，即将被研究的物质分解为构成它的元素的原子，再按着由经验决定的先后顺序给出生成物，剩余的原子则以单质或分子状态存在。其中，CHON 系有机物反应产物以 N_2、H_2O、CO_2 的顺序生成，剩余者为 C、H_2、O_2。这种方法比较适用于安全评估，为此，目前已有美国材料试验协会（ASTM）E-27.07 委员会开发的 CHETAH 程序（The ASTM Chemical Thermodynamic and Energy Release Evaluation Program）和日本东京大学吉田忠雄研究室开发的 REITP2 程序。它们都是先算出生成热、反应热和燃烧热，然后经一定的分析处理，按一定的标准给出危险性大小的评价。

二、标准生成焓

物质的标准生成焓，有的可从文献中查到。查不到的可用各种量热设备实测，但对不安定物质不易测试，且测定结果可靠性较低。于是，根据它的化学结构式，推算其生成热的方法可以有效地弥补这一点。

估算化合物生成热的方法有很多，如 Benson 基团加和法、比键加和法、量子化学计算方法等，其中比较简便易行、手算即可完成而又基本能满足估算需要（误差在 400J/g 以内）的是 Benson 基团加和法。CHETAH 便是采用了该法计算物质的标准生成焓。

但需要注意，采用 Benson 法计算得到的生成焓是假定分子处于气相状态中，因此，对于液相反应必须通过冷凝潜热（latent enthalpy of condensation）来修正，这些值可以用于初步的、粗略的近似估算。

三、物料热分解危险性的评估

CHETAH 程序为美国材料试验协会从事化学品危险性研究的 E-27.07 委员会开发的化学热力学与能量释放（危险性）的评价程序，其初版（Ver 4.2）于 1974 年发行。此程序的主要功能有：① 根据有机化合物的分子结构，利用 Benson 基团加和原则推算该化合物的热力学量；② 利用这些热力学量计算出若干个特性值，并按拟定的标准评定其能量危险性。

进行危险性判定的标准（criteria）或特性值参数，在初版中只有 4 个，第二版增至 5 个，第三版（Ver.7）已达 6 个。但实际工作中应用得最多的是前 3 个[2]。即

（1）标准 1 最大比分解焓 ΔH_{max}。

危险性"高"：$\Delta H_{max} \leqslant -2.9kJ/g$；

危险性"中"：$-2.9kJ/g < \Delta H_{max} < -1.3kJ/g$；

危险性"低"：$\Delta H_{max} \geqslant -1.3kJ/g$。

（2）标准 2 比燃烧焓与最大比分解焓的差，即 $|\Delta H_c - \Delta H_{max}|$。

危险性"高"：$|\Delta H_c - \Delta H_{max}| \leqslant 13kJ/g$；

危险性"中"：$13kJ/g < |\Delta H_c - \Delta H_{max}| < 21kJ/g$；

危险性"低"：$|\Delta H_c - \Delta H_{max}| \geqslant 21kJ/g$。

把标准 1 与标准 2 组合为图 6-1，就更为形象直观。

需要注意的是，这里将文献［2］中的评估标准的单位由 kcal/g 换算为 kJ/g。

另有第三个判定标准是氧平衡 OB。其意义和标准 2 相近，这里不再给出。

因此评估流程如下：

① 调研文献或基团加和法获取不稳定物质的标准生成焓 ΔH_f。

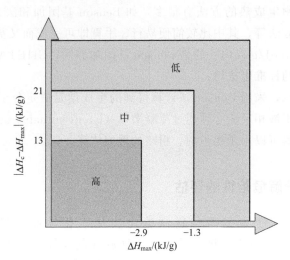

图 6-1 用 CHETAH 标准 1 和标准 2 判定危险性[2]

② 写出分解反应式。

③ 求解最大比分解焓 ΔH_{max}，$\Delta H_{max} = \dfrac{\Delta H_{r1}}{M}$，其中 ΔH_{r1} 为基于式(6-1)计算得到的分解焓，M 为不稳定物质的分子量。

④ 求解最大比燃烧焓 ΔH_c，$\Delta H_c = \dfrac{\Delta H_{r2}}{M}$，其中 ΔH_{r2} 为基于式（6-1）计算得到的燃烧焓。

⑤ 根据上述评估标准评估物质危险。

四、算例

1. 间二硝基苯的分解热危险性评估

间二硝基苯，室温下为液态。对于该物质分解热危险性评估可以进一步参见文献［3］。

根据 Benson 基团法得到间二硝基苯　　　　的基团主要

有：$4[C_B{-}(H)] + 2[C_B{-}(NO_2)]$，由此计算得到标准生成焓为：

$\Delta H_f = [4 \times 1.95 + 2 \times (-5.95)] \text{kcal/mol} = -4.1 \text{kcal/mol} = -17.2 \text{kJ/mol}(l)$（文献值为 -17.1kJ/mol）

间二硝基苯的分子量为 168。

该物质的分解反应方程式可以写为：

$$C_6H_4O_4N_2(l) \longrightarrow N_2(g) + 2H_2O(g) + CO_2(g) + 5C(s)$$

燃烧反应方程式为：

$$C_6H_4O_4N_2(l) + 5O_2(g) \longrightarrow N_2(g) + 2H_2O(g) + 6CO_2(g)$$

水和 CO_2 的标准生成焓分别为 $-242kJ/mol$ 和 $-394kJ/mol$，间二硝基苯的摩尔质量为 $168g/mol$，基于上述方法计算得到：

比分解焓 $\Delta H_{max} = \dfrac{-394 - 242 \times 2 - (-17.2)}{168} = -5.1(kJ/g)$

比燃烧焓 $\Delta H_c = \dfrac{6 \times (-394) - 242 \times 2 - (-17.2)}{168} = -16.9(kJ/g)$

比燃烧焓与比分解焓的差，即 $|\Delta H_c - \Delta H_{max}| = |-16.9 + 5.1| = 11.8$ (kJ/g)

将上述参数代入标准 1、标准 2 和两者的组合进行判别，得到其危险性级别分别为："高""高""高"。该评估结果与实际认知基本一致。

2. 乙炔分解的热危险性评估

乙炔，室温下为气态。对于该物质分解热危险性评估可以进一步参见文献 [3]。

根据 Benson 基团法得到乙炔 CH≡CH 的基团主要有：$2[C_t-(H)]$，由此计算得到标准生成焓为：

$\Delta H_f = 2 \times 26.93 kcal/mol = 53.86 kcal/mol = 225.1 kJ/mol$（g）（文献值为 $227kJ/mol$）

乙炔的分子量为 26。

该物质的分解反应方程式可以写为：

$$C_2H_2(g) \longrightarrow H_2(g) + 2C(s)$$

燃烧反应方程式为：

$$C_2H_2(g) + 2.5O_2(g) \longrightarrow H_2O(g) + 2CO_2(g)$$

水和 CO_2 的标准生成焓分别为 $-242kJ/mol$ 和 $-394kJ/mol$，乙炔的摩尔质量为 $26g/mol$，基于上述方法计算得到：

比分解焓 $\qquad \Delta H_{max} = \dfrac{0 + 0 - 225.1}{26} = -8.7(kJ/g)$

比燃烧焓 $\qquad \Delta H_c = \dfrac{-242 - 394 \times 2 - 225.1}{26} = -48.3(kJ/g)$

比燃烧焓与比分解焓的差，即

$$|\Delta H_{c}-\Delta H_{max}|=|-48.3+8.7|=39.6(kJ/g)$$

将上述参数代入标准 1、标准 2 和两者的组合进行判别，得到其危险性级别分别为："高""低""低"。

乙炔在液态和固态下或在气态和一定压力下有猛烈爆炸的危险，受热、震动、电火花等因素都可以引发爆炸。这里判断出乙炔的分解危险性高，这与实际一致，但在上述判定标准中，除 ΔH_{max} 之外，还增加了 $|\Delta H_{c}-\Delta H_{max}|$ 的评估标准，这是为了修正估算 ΔH_{max} 所带来的误差。一般认为这里标准 2、标准 1 及标准 2 的组合对乙炔判定错误是对乙炔过度修正的结果。

五、CHETAH 方法的不足之处

CHETAH 对危险性的评价方法完全基于热力学原理，即只有反应过程的 Gibbs 自由能 G 降低的反应（即 $\Delta G<0$）才会自动进行，而 $\Delta G=\Delta H-T\Delta S$，$\Delta H$ 和 ΔS 分别为产物与反应物的焓差与熵差。$T\Delta S$ 一般很小，所以 ΔG 主要决定于 ΔH，只有放热反应（$\Delta H<0$）才会自发进行；放热越多者，自发进行的倾向越大，危险性与危害性就可能越大。这种预测基本上是符合实际的，但对反应的动力学问题则无能为力，所以无法获取热安全参数中涉及动力学信息的 TMR_{ad} 等参数的信息。

另外，由于基团加和法中有些基团没有值，所以方法的应用范围受限，此外基团加和法无法考虑立体障碍、环变形和生成螯合物等空间结构对标准生成焓的影响，所以计算和评估结果可能与实际有一定的偏差[2]。

第二节　量热方法分类及量热原理

一、量热仪的样品规模及运行模式

1. 量热仪简介

量热仪，顾名思义是测试反应过程热量变化的设备。热量不能直接测量，尽管有些量热仪可以直接测量放热速率或热功率。大多数情况是通过温度的测量来间接测量热量。

量热仪按照样品规模可以有毫克量级、克量级、百克量级乃至千克量级；按照量热单元的个数，常见的有单个量热单元和两个量热单元，有一些甚至有多个量热单元。

2. 量热仪的运行模式

大多数量热仪都可以在不同的温度控制模式下运行。常用的温控模式有[1]：

（1）等温模式（isothermal mode） 采用适当的方法调节环境温度从而使样品温度保持恒定。这种模式的优点是可以在测试过程中消除温度效应，不出现反应速率的指数变化，直接获得反应的转化率。缺点是如果只单独进行一个实验不能得到有关温度效应的信息，如果需要得到这样的信息，必须在不同的温度下进行一系列这样的实验。

（2）动态模式（dynamic mode） 样品温度在给定温度范围内呈线性（扫描）变化，也即前文所述"线性升温"或"恒定温升速率"模式。这类实验能够在较宽的温度范围内显示热量变化情况，且可以缩短测试时间。这种方法非常适合反应放热情况的初步测试。对于动力学研究，温度和转化率的影响是重叠的。因此，对于动力学问题的研究还需要采用更复杂的评估技术。

（3）绝热模式（adiabatic mode） 样品温度源于自身的热效应。这种方法可直接得到热失控曲线，但是测试结果必须利用热修正系数进行修正，因为样品释放的热量有一部分用来升高样品池温度。

（4）恒温模式（isoperibolic） 环境温度保持恒定，而样品温度发生变化。

反应量热仪由于测试样品量大（数百克乃至千克量级），其等温模式和恒温模式有明显区别。但是，对于 DSC 等样品量很小（毫克量级）的设备，其所谓的等温模式往往是保持炉腔的温度不变（实际上为恒温模式），此时由于样品量较小，样品产生或吸收的热量能及时转移，因而，视为等温模式。换句话说，就样品量为毫克量级的 DSC 而言，虽然采取的控温方式为恒温模式，也可以认为体系处于等温状态。

二、常见的量热设备及量热原理

1. 常见量热设备

在市场上有很多量热仪可供选择。但是由于化学反应及其产品具有各种各样的特点，而量热仪由于量热原理、设备构造、材质特征等的影响，一种量热仪不可能适用于所有的研究对象，所以用于获取安全评估所需的参数时，量热仪的选择余地其实很有限。选择时主要应该考虑其耐用性，因为安全问题的研

究常涉及一些特殊条件，必须能模拟待研究反应的正常操作条件，或者在失控
反应及热稳定性的研究中能承受最恶劣的条件。有几种仪器在设计时专门考虑
了这方面的要求，其中部分列于表 6-1 中[1]。

表 6-1　安全实验室常用的不同量热设备的比较[1]

设备	测量原理	适用范围	样品量/g	温度范围/℃	灵敏度/(W/kg)①
DSC（差示扫描量热仪）	差值、理想热流或恒温	筛选实验、二次反应	1~50mg	-50~500	(2)②~10
Calvet 量热仪，如 C80	差值、理想热流	目标反应和二次反应	0.5~3	30~300	0.1
ARC（加速度量热仪）	理想热累积	二次反应	0.5~3	30~400	0.5
SEDEX（放热过程灵敏探测器）	恒温、绝热	二次反应、储存稳定性	2~100	0~400	0.5③
RADEX 量热仪	恒温	筛选实验，二次反应	1.5~3	20~400	1
SIKAREX 量热仪	理想热累积、恒温	二次反应	5~50	20~400	0.25
RC（反应量热仪）	理想热流	目标反应	300~2000	-40~250	1.0
TAM（热反应性监测仪）	差值、理想热流	二次反应、储存稳定性	0.5~3	30~150	0.01
杜瓦瓶量热仪	理想热累积	目标反应和热稳定性	100~1000	30~250	④

①典型值；
②许多最新仪器进行了优化；
③取决于所用样品池；
④取决于容积和杜瓦瓶质量。

下面选择几种典型的量热设备介绍其量热原理。

2. 差示扫描量热仪

将样品装入坩埚（样品池），然后放入温控炉中。由于是差值方法，需要
采用另一个坩埚作为参比。参比坩埚可为空坩埚或装有惰性物质的坩埚。常见
的 DSC 有功率补偿型和热流型两类。其中，功率补偿型 DSC 是在每个坩埚下
面都装有一个加热电阻，来控制两个坩埚的温度并保持相等，这两个加热电阻
之间加热功率的差值直接反映了样品的放（吸）热功率[图 6-2(a)]；热流型
DSC 允许样品坩埚和参比坩埚之间存在温度差[图 6-2(b)]，记录温度差，并
以温度差-时间或温度差-温度关系作图。后者必须进行校准，来确定放热速率
和温差之间的关系。通常利用标准物质的熔化焓（melting enthalpy）进行校
准，包括温度校准和量热校准等。加热炉的温度控制主要采用动态模式（也称

扫描模式，加热炉温度随时间呈线性变化），特定的研究（例如自催化反应的鉴别等）也采用等温模式（加热炉的温度保持恒定）。

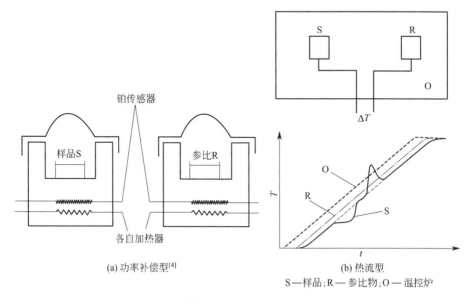

(a) 功率补偿型[4]　　　　(b) 热流型

S—样品;R—参比物;O—温控炉

图 6-2　DSC 的原理

　　尽管 DSC 测试的样品量少（仅为毫克量级），但却可以给出丰富的信息，且即使在很恶劣条件下进行测试对实验人员或仪器也没有危险。此外，扫描实验从环境温度升至 500℃甚至更高，如以 4K/min 的温升速率仅需要 2h。因此，对于筛选实验来说，DSC 已经成为非常广泛应用的仪器。

　　特别需要注意的是，由于 DSC 测试样品量为毫克量级，温度控制大多采用非等温、非绝热的动态模式，样品池、温升速率等因素对测试结果影响大，所以 DSC 的测试结果不能直接应用于工程实际。

　　另外，由于样品中可能含有挥发性物质，在动态模式的加热过程中，这些物质可能蒸发，而蒸发吸热对热平衡产生负影响，也就是说测量信号会掩盖放热反应；或者实验中部分样品的蒸发散失可能导致对测试结果的错误解释。因此，为测定样品的潜能值，实验必须采用密闭耐压坩埚。

　　DSC 非常适合测定分解热；如果反应物料在很低温度下混合（低温可以减慢反应速度），同时从很低的温度开始扫描，那么特定情况下也可以测量目标反应的反应热及反应混合液的分解热。但是，DSC 中的样品是无法搅拌的，也无法在反应过程中添加其它物料，所以对目标反应的测量有很大局限性[1]。

3. 加速度量热仪

加速度量热仪（adiabatic rate calorimeter，ARC）是一种绝热量热仪，其绝热性不是通过隔热而是通过调整炉腔（图 6-3）温度，使其始终与所测得的样品池（也称样品球）外表面热电偶的温度一致来控制热散失。因此，在样品池与环境间不存在温度梯度，也就没有热流动。

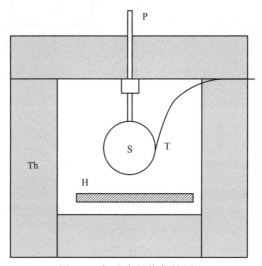

图 6-3　加速度量热仪的原理

图为加热炉以及放置在其中心位置的样品球

T—热电偶；H—加热器；Th—温度调节装置；P—压力传感器

测试时，样品置于约 $8 \sim 10 cm^3$ 的球形样品池（S）中（样品池材质可以是不锈钢、钛合金、哈氏合金等），试样量为克级（根据样品的放热量、放热速率调整试样量）。样品池安放于加热炉腔（Th）的中心，在炉体和加热器（H）的共同作用下，通过温度控制系统对样品池温度进行精确调节。样品池还可以与压力传感器（P）连接，从而进行压力测量。该设备的主要工作模式称为加热-等待-搜索（heating-waiting-seeking，HWS）模式：通过设定的一系列温度步骤来检测放热反应的温度（开始温度）。对于每个温度步骤，在设定的时间内系统达到稳定状态，然后控制器切换到绝热模式。如果在某个温度步骤中检测到放热温升速率超过某设定的水平值（一般为 $0.02 K/min$），炉腔温度开始与样品池温度同步升高，使其处于绝热状态。如果温升速率低于这一水平，则进入下一个温度步骤（见图 6-4）。

此外，在 ARC 中还有一个控温模式是等温老化（isothermal age）模式（有时也称为等温失效模式）。样品被直接加热到预定的初始温度，在此温度下

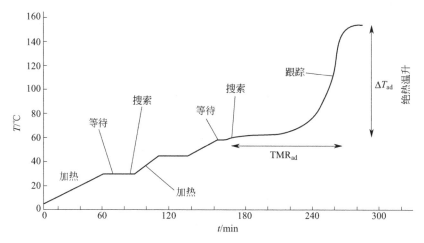

图 6-4　HWS 模式的加速度量热仪获得的典型温度曲线

停留较长时间并检测产生的热效应，一旦检测到样品的放热温升速率超过某设定值（一般为 0.01K/min），体系便进入绝热模式。等温老化实际上可以认为是在某个专门温度台阶上的等待（waiting）和长时间的搜索（seeking），这种方式测试时间更长，但是精度会更高。

　　然而，ARC 只能认为是在准绝热状态（pseudo-adiabatic conditions）下直接记录放热过程的温度、压力变化，之所以称为"准"，是因为样品释放热量的一部分用来加热样品池本身。为了得到大量物料的绝热行为，必须对测试结果进行修正。

4. 低 φ 绝热量热仪

　　除了 ARC 之外，还有很多种绝热量热仪，如泄放口尺寸测试装置（vent sizing package，VSP）、高性能绝热量热仪 PHI-TEC Ⅱ 等。和 ARC 相比，VSP 及 PHI-TEC Ⅱ 增加了一个压力补偿功能，即跟踪样品球中的压力变化，同时炉膛中充气，保持两者之间的压力差在一定范围内，从而起到降低样品池壁厚、减少热惯量（φ）、提高测试精度的作用。

　　VSP 量热仪（图 6-5）是按照美国化学工程师协会紧急泄放系统设计分委会（DIERS）的研究需要于 1985 年开发的一种新型绝热量热仪，其设计目的是用于获取紧急泄放系统设计中所需要的实验数据。利用该仪器可以测试各种不同失控反应，特别是两相流泄放中的温度压力变化数据。

　　该设备使用 120mL 的试样容器，呈圆柱形，带磁力搅拌。设备加热炉中可以外接气源，以平衡测试池内部和外部压力，这允许测试池具有相对薄的材料，因此其具有低热容、低 φ 的特点。测试池可以在密闭或敞开模式下操作，后者使用通气管进入外部泄放池。

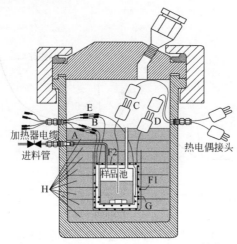

图 6-5　泄放尺寸测试装置（VSP）结构

A—加料管接头；B—控制用加热器插头；C—样品池温度（热电偶）；

D—控制用加热器温度（热电偶）；E—样品池加热器插头；

F1—控制用加热器底部；F2—控制用加热器上盖；G—样品池加热器；

H—绝热层

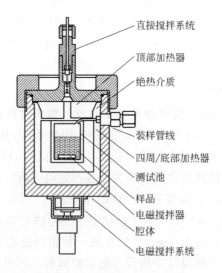

图 6-6　PHI-TECⅡ装置结构

PHI-TEC Ⅱ（图 6-6）的原理与 VSP 大致相似，均是通过温度补偿及压力补偿来实现样品池的低热容、低 φ 值，其功能也与 VSP 大致相当。

5. 杜瓦瓶量热仪

ARC、VSP 和 PHI-TEC 的绝热原理均为功率补偿，即通过加热炉加热，保证环境（加热炉）温度和样品（或样品池外壁）温度一致，从而使样品不向环境散热，实现绝热的目的。从传热方程 $q_{ex}=US(T_r-T_j)$ 而言，功率补偿型绝热量热通过 $T_r-T_j=0$ 来实现移热速率 $q_{ex}=0$。而杜瓦瓶则是通过增强隔热效果，使综合传热系数 $U\approx 0$ 来达到 $q_{ex}\approx 0$。

杜瓦瓶量热法也被视为最简单的量热法之一（图 6-7）。有关实验工作表明，$0.5m^3$ 和 $25m^3$ 工厂反应容器的冷却速率分别相当于 $250mL$ 和 $500mL$ 杜瓦瓶的冷却速率。因此，当以给定速率将反应物加入杜瓦瓶时，测量温度升高便能够估计在大规模制造中的放热量和放热速率[5]。

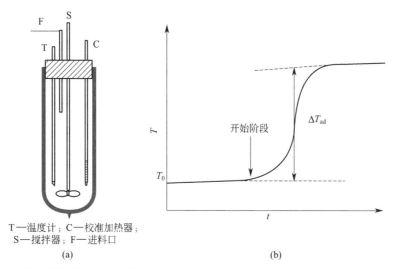

T—温度计；C—校准加热器；
S—搅拌器；F—进料口
(a)　　　　　　　　　　(b)

图 6-7　装有搅拌器和校准加热器的杜瓦瓶量热仪（a）与典型的温度时间曲线（b）[1]

杜瓦式量热仪可用于研究间歇及半间歇反应。可在加入反应物时开始反应，但加入反应物的温度必须与杜瓦瓶内物料的温度相同，以避免明显的热效应。然后记录温度-时间关系，所得曲线必须进行修正，修正时要考虑所有物料液面以下的杜瓦瓶容器、相关插件的热容，因为它们也被反应热所加热。温度升高源于反应热（待测）、搅拌器的热量输入以及热量损失。搅拌器的热量输入以及热量损失可以通过校准确定，校准时可采用化学法进行（利用一个已知的标准反应），也可以采用电学法校准（利用已知电压电流加热电阻器）[1]。

杜瓦瓶并不是绝对绝热，因为虽然能控制其热量损失很小，但并不为零，只是测试的时间范围有限且与环境温度的差异不大，可以忽略其热量损失而认为其是绝热的。为了降低热散失，杜瓦瓶通常放在温度可调的环境中，如液浴或者烘箱中。在有的实验室中，将环境温度设计成可调以追踪杜瓦瓶内物料温度的变化并避免热量损失，不过这需要配备一个有效的温度控制系统[5]。

将传统杜瓦瓶由玻璃材质替换为不锈钢材质便可得到耐压的杜瓦量热装置，当然为了保证操作人员的安全，该装置需要安装在一个结实牢固的保护单元中。与玻璃杜瓦装置一样，压力杜瓦式量热仪可以配备搅拌器、压力传感器、温度传感器，以及加热或冷却用夹套。它也可以连接到倾卸罐（图 6-8），用于研究发生反应失控后的最危险情形以及压力泄放等[5]。

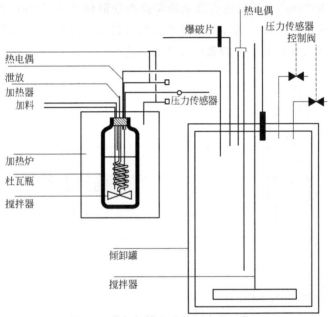

图 6-8　带倾卸罐的绝热压力杜瓦装置

除了上述典型绝热量热设备之外，绝热量热设备还有反应系统筛选装置（Reactive System Screening Tool，RSST）、差示加速度量热仪（dARC）等。

6. 热流型反应量热仪

以 Mettler-Toledo 公司的反应量热仪（RC1e）为例，说明此类反应量热仪的工作原理。

该型量热仪（图 6-9）以实际工艺生产的间歇、半间歇反应釜为模型，可在实际工艺条件的基础上模拟反应工艺的具体过程及详细步骤，并能准确地监控和测量化学反应的过程参量，例如温度、压力、加料速率、混合过程、反应热流、热传递数据等。所得出的结果可较好地放大至实际工厂的生产条件。其工作原理见图 6-10。

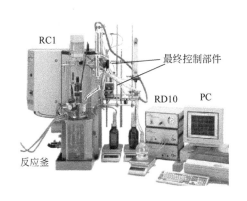

图 6-9　RC1e 实验装置图

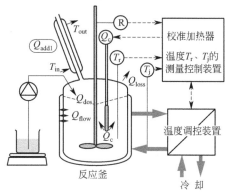

图 6-10　RC1e 的测量原理示意图

RC1e 的测试系统主要由 6 部分组成：RC1e 主机、反应釜、RD10、最终控制部件、PC 机以及各种传感器。实验过程中，计算机根据热传感器所测得的反应物料的温度 T_r、夹套温度 T_c（也可以用 T_j 表示）等参数来控制 RC1e 主机运行，RD10 根据相应传感器所测数据（例如压力、加料等），按照计算机设定的程序控制系统的加料、电磁阀、压力控制器等部件，从而实现对反应体系的在线检测和控制[6]。目前，新款 RC1e 中的 RD10 已经逐渐被更稳定的 UCB 取代。

RC1e 的测试主要是实验室规模下的反应釜中进行，所以第二章涉及的热平衡理论同样适用，即反应量热仪同样采用热量输入＝热累积＋热量输出的热平衡方程来测算放热速率[7]：

$$q_{rx}+q_c+q_s=(q_{acc}+q_i)+(q_{ex}+q_{fd}+q_{loss}+q_{add}) \tag{6-2}$$

式中　q_{rx}——化学反应过程中的放热速率，W；

　　　q_c——校准功率，即校准加热器（calibration heater）的功率，W；

　　　q_s——搅拌装置导入的热流速率，W；

　　　q_{acc}——反应体系的热累积速率，W；

　　　q_i——反应釜中插件的热积累速率，W；

　　　q_{ex}——通过夹套传递的热流速率，$q_{ex}=US(T_r-T_j)$，U、S 分别为传热系数 $[W/(m^2 \cdot K)]$ 和热传递面积（m^2），W；

　　　q_{fd}——半间歇反应物料加入所引起的加料显热，W；

　　　q_{loss}——反应釜的釜盖和仪器接续部分等向外的散热速率，W；

　　　q_{add}——自定义的其它一些热量流失速率，W，可能的热量流失速率有回流冷凝器中散发的热流速率（q_{reflux}）、蒸发的热流速率

(q_{evap}) 等。

当反应无需回流，且搅拌、反应釜釜盖和仪器连接部分等向外的散热可以忽略时，反应放热速率可以由下式求得：

$$q_{rx} = q_{acc} + q_i + q_{ex} + q_{fd} - q_c \tag{6-3}$$

对上式积分便可以得到反应过程中总的放热：

$$Q_r = \int_{t_0}^{t_{end}} q_{rx} dt \tag{6-4}$$

式中，t_0 为反应开始时刻；t_{end} 为反应结束时刻。

反应热使目标反应在绝热状态下升高的温度为 $\Delta T_{ad,rx}$ 可由下式得到：

$$\Delta T_{ad,rx} = \frac{Q_r}{M_r c_p'} = \frac{\int_{t_0}^{t_{end}} q_{rx} dt}{M_r c_p'} \tag{6-5}$$

由任意时刻反应已放出热量和反应总放热的比可得到反应的热转化率 X：

$$X = \frac{\int_{t_0}^{t} q_{rx} dt}{Q_r} = \frac{\int_{t_0}^{t} q_{rx} dt}{\int_{t_0}^{t_{end}} q_{rx} dt} \tag{6-6}$$

如反应物的实际转化率较高或完全转化为产物时，任意时刻的热转化率 X 即可认为是目标反应的实时转化率。

需要注意的是，如半间歇反应过程中物料稀释热、混合热等物理热效应相对于反应热效应可忽略，且反应物的实际转化率较高或完全转化为产物时，任意时刻的热转化率 X 即可认为是目标反应的实时转化率。但是如果物理热效应相对于反应热效应来说不能忽略，即使反应物完全转化为产物，热转化率 X 与反应物的实际转化率也可能存在较大误差。此外，对于多步连续反应，热转化率和实际的物料转化率也很有可能是不一致的。

上述量热方法中从夹套传递的热流率通过 $q_{ex} = US(T_r - T_j)$ 计算得到。即获得该参数需要测试通过反应釜壁的综合传热系数 U、反应釜壁的内外温差 $(T_r - T_j)$，结合人为读取或传感器识别的虚拟体积 V_v 计算得到的反应釜中润湿面积 S 方可获得。这种量热原理的反应量热仪一般被称为热流型反应量热仪。

7. 热通量型反应量热仪

Mettler-Toledo 公司新研发的 RTCal（应用温度范围 $-50 \sim +160$℃），可通过在反应釜壁外侧（夹套中）附着一组水平热通量（heat reflux）传感器直接测试通过反应釜壁的热流率 q_{s0}（W/m²），同时通过垂直传感器确定有效的热交换面积 S（m²），进而可计算得到通过釜壁传递的热流 q_{RTC}：

$$q_{\mathrm{RTC}}=q_{s0}S \tag{6-7}$$

此类反应量热仪即为热通量型。

8. 功率补偿型反应量热仪

此外，还有功率补偿型的反应量热仪，典型设备是英国 HEL 公司的 SIMULAR 反应量热仪。在功率补偿型的反应量热仪中，实验测定的变量为功率补偿控制加热器所输出的电功率。在基线校准阶段，该变量与体系本身的热损失一致；而发生吸热或放热的变化时，该量热仪和功率补偿型 DSC 相似，其输出功率会发生变化。当反应温度、控温模式等条件不发生变化时，通过对化学反应过程中测试得到的内部功率补偿器功率变化进行积分，就能够直接得到反应功率及反应能量。

当然，上述三种反应量热仪获得反应放热速率的方法仍然是基于热平衡，所以当体系中存在蒸发回流、加料、升降温等能影响热平衡的因素时，计算反应放热速率时仍然需要考虑所有涉及热平衡的因素，而不是仅仅考虑通过釜壁的热流率、补偿功率。

9. Calvet 量热仪

Calvet 量热仪来源于 Tian 的研究，后来由 Calvet 改进。目前，这类量热仪由 Setaram 公司生产，其中 C80、BT215 特别适合于安全研究。这类仪器也是采用差示量热的方法，与 DSC 一样可在等温模式或扫描模式下工作。通过对测试结果进行分析，可以求得各类化学物质化学反应过程的动力学参数和热力学参数（反应热、比热容等）。

就测试温度范围而言，C80 从室温到 300℃，BT215 从 -196℃到 275℃。这些设备有着高的灵敏度，可达 0.1W/kg 或更高，这样高的灵敏度本质上源于其测量方法：在样品池周围大量布置热电堆（pile of thermocouples）（图 6-11）[1]。

C80 微量量热仪是 Calvet 量热仪中的一种，其反应炉内有一个样品池（通常叫反应容器）和一个参比池，样品池内存放被测试样，实验样品量通常在几百毫克到几克之间（通常根据被测样品的反应剧烈程度和生成气体的量来确

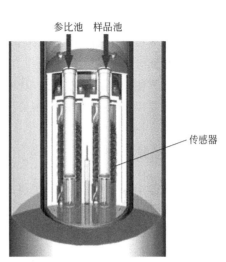

参比池　样品池

传感器

图 6-11　C80 内部结构示意[8]

定，一般反应越剧烈，生成的气体量越大，实验样品量越少）。参比池内放与样品池同等质量的惰性物质（一般为热力学性能稳定的 α-Al$_2$O$_3$）。

C80 样品池材料为不锈钢，有常压和高压之分。标准型常压反应容器的外径为 16.9mm，内径为 15.0mm，高为 80.0mm，容积为 12.3cm^3，最高耐压为 5atm（1atm = 101325Pa）。高压反应容器的外径为 16.9mm，内径为 13.8mm，高为 74.0mm，容积为 8.6cm^3，最高耐压为 100atm。此外，还有一些特殊用途的反应容器。如测压专用反应容器，它是由耐热、耐压的合金制成。该反应容器的外径为 16.9mm，内径为 13.8mm，高为 80.0mm，容积为 9.0cm^3，最高可测压力为 350atm。除测压容器之外，还有测定两种化学物质混合反应热的混合容器。

C80 可以通过设置不同的实验程序（等速升温、台阶升温、变速升温、恒温等）测定各类化学以及物理过程（溶解、熔解、重合、结晶、吸附和脱吸、化学反应等）的热效应，同时还可以测定诸如比热容、热导率等热物性参数。如果用测压专用反应容器，还可以测定各类物理化学过程的压力随时间的关系。通过解析测定得到的实验结果，可以求得各类化学物质化学反应过程的化学动力学参数（化学反应级数、活化能及指前因子等）和热力学参数（反应热、比热容等），从而可以求解其化学反应动力学机理[9]。

第三节　基于差示类量热仪的热安全参数获取

差热分析（differential thermal analysis，DTA）、DSC、Calvet 量热仪、热反应性监测仪（thermal activity monitor，TAM）等量热设备虽然精度和样品量各不相同，但具有类似的操作方式：都有至少 2 个量热单元，热量的测量采用差示的方法获得；操作模式以动态和等温为主，这里将其称为差示类量热仪。下面主要以 DSC 为例说明相关数据的获取。

一、实测数据

通过动态 DSC 测试，可以获得如下典型的 DSC 曲线（图 6-12），获得起始分解温度 T_a 或 T_0、峰值温度 T_p、最大放热速率 q_{max} 以及对峰面积的积分 Q'。这里的 T_a 指曲线偏离基线的温度，而 T_0 指放热峰最大斜率的切线与基线的交点，也称为外推起始温度[2]。

一般而言，T_a、T_p 均会随着温升速率的增加而往高温区移动，但如果物质的

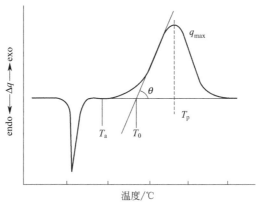

图 6-12　典型 DSC 曲线

分解机理一致，那么在不同温升速率下的比放热量 Q' 理论上应该是一致的。

　　DSC 一般适用于二次分解反应的筛选，但如果是配备有搅拌、加料、压力传感器等的 C80，则可以先通过等温实验模拟目标反应，进而对产物体系进行线性升温，从而获得物料二次分解的信息。图 6-13 中列举了一个特别有效的实验组合，首先反应在 30℃进行目标反应的等温实验，在信号返回到基线后，通过温度扫描测量反应料液的分解热和相应的压力效应。因此，通过一个组合实验，就可以研究目标反应及二次分解反应的能量特性，样品的量级为 $0.5\sim1.0\mathrm{g}$[1]。

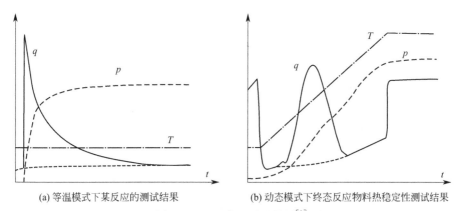

(a) 等温模式下某反应的测试结果　　　　(b) 动态模式下终态反应物料热稳定性测试结果

图 6-13　C80 典型测试结果[1]

q—放热速率；p—压力；T—温度；t—时间

二、动力学计算及有关参数的获取

　　基于这类量热仪动力学参数的获取，可以参考第三章热分析动力学的相关内容。简单来说，通过不少于 3 条的热分析曲线，建立反应速率方程，进而拟合获得动力学参数（不论是等转化率方法还是模型拟合方法），便可以进一步预测 TMR_{ad}、T_{D24}、T_{D8} 等参数，具体见本章第七节的应用实例。

三、比热容的测试

比热容是化学反应过程热安全参数之一，对于反应底料及产物体系通常可以采用反应量热仪获得，对于固体物料等可通过差示类量热设备获取。其中基于 DSC 获取比热容的方法有直接法、蓝宝石法、稳态 ADSC 法、步进扫描法、正弦温度调制方法、多频温度调制法（TOPEM）等。这里主要介绍最常用的直接法和蓝宝石法。

1. 直接法

直接法测试比热容仅需要进行两次动态测试：空白测试和样品测试。将样品测试结果直接减去空白测试结果，得到对应的 DSC 曲线。假设炉膛提供给样品的热量全部用于样品的动态升温，则有：

$$c'_p m \frac{dT}{dt} = q \qquad (6\text{-}8)$$

对于线性升温过程（温升速率为 β），有：

$$c'_p m \beta = q \qquad (6\text{-}9)$$

所以根据直接法测得的 q 曲线可以计算得到：

$$c'_p = \frac{q}{m\beta} \qquad (6\text{-}10)$$

式中　c'_p——比热容，$J/(mg \cdot K)$；

　　　m——质量，mg；

　　　q——扣除空白后的 DSC 信号。

2. 蓝宝石法

直接法测试样品比热容的影响因素较多，误差较大。相对而言，蓝宝石法操作步骤相对复杂，但是精度更高，也是目前使用较多的测试方法。

蓝宝石法共需进行三次测试，分别为：空白、蓝宝石和样品。三次测试的模式均为等温-线性升温-等温。将蓝宝石和样品测得的 DSC 曲线分别扣除空白曲线，得到蓝宝石和样品对应的 q 曲线。

根据式(5-8)，可得到蓝宝石和样品扣除空白后的 q 分别为：

蓝宝石：
$$q_{sap} = c'_{p,sap} m_{sap} \left(\frac{dT}{dt}\right)_{sap} \qquad (6\text{-}11)$$

样品：
$$q_{sam} = c'_{p,sam} m_{sam} \left(\frac{dT}{dt} \right)_{sam} \tag{6-12}$$

由于两者的测试条件一致，且蓝宝石的比热容和质量已知，所以可得到样品的比热容为：

$$c'_{p,sam} = c'_{p,sap} \frac{m_{sap} q_{sam}}{m_{sam} q_{sap}} \tag{6-13}$$

式中下标 sap、sam 分别代表蓝宝石和样品。

注意，为了获得尽可能准确的测试结果，上述测试中空白、样品及蓝宝石所用坩埚应尽可能一致。

四、热稳定性的实验筛选和评估

差示类量热仪的应用范围非常广泛，联合国《关于危险货物运输的建议书（试验和标准）》（橘皮书）建议在进行较大当量的物质实验之前，必须进行小规模的初步实验。对于确定热稳定性和放热分解能的实验，橘皮书建议采用适当的量热方法来评估，其中包括 DSC 方法[10]。

吉田忠雄研究室通过多种实验方法和大量的实际测试表明，用惰性物质（Al_2O_3 或水）稀释到 70% 的 2,4-DNT 和 80% 的 BPO 分别相当于爆轰临界物质和爆燃临界物质。即在强力起爆下，感度稍比 70%2,4-DNT 或 80%BPO 高的物质就可以爆轰或爆燃，或说它们具有爆轰或爆燃传爆性；感度稍低的物质，则不会爆轰或爆燃，或说它们不具爆轰或爆燃传爆性。

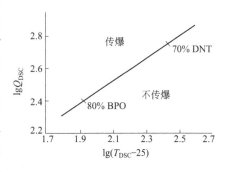

图 6-14 基于 DSC 测试结果
判别爆轰、爆燃示意图

他们建议对 70% 的 2,4-DNT 和
80% 的 BPO 用同一台仪器作 DSC 测定，测得的比放热量 Q_{DSC} 和起始温度 T_{DSC}，并以 $\lg Q_{DSC}$ 对 $\lg(T_{DSC}-25)$ 作图得两个点，连接此两点的直线就相当于有无传爆性的临界线（图 6-14）。用同样的仪器、同样的方法对待评估试样做同样的测定和处理，若试样点落在上述直线的上方，则具有传播爆轰或爆燃的可能性；落在直线的下方，则不具有传播爆轰或爆燃的可能性。该方法已为 1988 年修订后的日本消防法所采用[2]。

该方法建议采用密封池或者高压热分析设备开展实验。同时该方法认为，对于上述由自反应性物质和惰性物质的混合物作为临界物质的情况，也可以测定该纯自反应性物质的相应测试结果，将所得 Q_{DSC} 乘以该纯物质在混合物中的组分比例作为临界物质的 Q_{DSC}，同时直接采用纯物质的 T_{DSC} 作为临界物质的 T_{DSC} 进行评估[3]。因为，他们已经通过实验证明，2,4-DNT 和 BPO 这两种标准物质的 T_{DSC} 基本上不受惰性介质稀释的影响。

第四节　基于绝热量热的热安全参数获取

一、实测数据

基于 ARC 测试可以获得测试全程温度、压力数据，放热阶段的温度、压力、温升速率、压升速率、实测 TMR_{ad} 等参数，图 6-15 为质量分数为 20% 二叔丁基过氧化物（DTBP）甲苯溶液的实测数据。

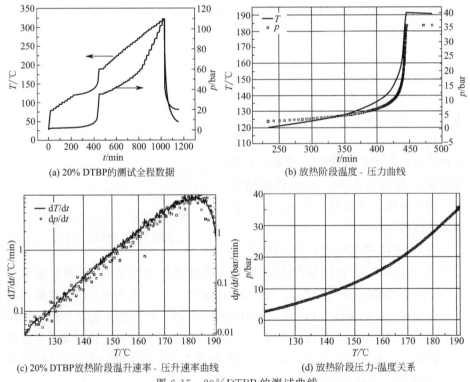

(a) 20% DTBP的测试全程数据　　　(b) 放热阶段温度、压力曲线

(c) 20% DTBP放热阶段温升速率、压升速率曲线　　　(d) 放热阶段压力-温度关系

图 6-15　20%DTBP 的测试曲线

$1bar = 10^5 Pa$

由此可以得到如下的实测结果。

样品名称：20%DTBP

样品质量（g）：5.263

样品比热容$c'_{p,s}$/[J/(g·K)]：2.0（输入值）

样品池材质：钛合金

样品池质量，g：7.024

样品池$c'_{p,c}$/[J/(g·K)]：0.523

Phi-factor：1.349

起始温度/℃：120.303

起始温度对应温升速率/（℃/min）：0.04

最大温升速率对应温度/℃：180.80

最大温升速率/（℃/min）：7.85

最大压升速率/（bar/min）：5.84

最终温度/℃：191.409

最大压力/bar：35.63

绝热温升/℃：71.11

反应热/J：1009.67

比反应热/(J/g)：191.84

二、基于 n 级模型的动力学参数获取方法

基于实测温升速率与温度关系可以进行动力学计算。Townsend 和 Tou[11] 基于他们所研制的绝热量热仪提出了相应的动力学计算方法。

首先假设化学反应速率与温度的关系遵循 Arrhenius 表达式，即反应速率常数随温度呈指数增长。如式（6-14）所示：

$$k = A\exp\left(-\frac{E_a}{RT}\right) \tag{6-14}$$

式中　k——温度 T 时对应的反应速率常数；

　　A——指前因子，s^{-1}；

　　E_a——反应的表观活化能，kJ/mol；

　　R——气体常数，8.314J/(K·mol)。

若某物质分解遵循单一物质的 n 级反应，其绝热条件下反应速率可表示为：

$$\frac{dc}{dt} = -kc^n \tag{6-15}$$

式中　c——t 时刻下反应物的浓度，mol/L；

　　t——反应时间，min；

　　n——反应级数。

对于某物质于绝热条件下的放热反应，其起始分解温度为 T_{on}，温度达到 T_{on} 时，样品分解放热使得反应体系温度升高，进而使得反应速率加快，如此循环，体系的热量累积越来越多，导致热失控的发生。但对于单步 n 级反应而言，反应速率加快会导致反应物的消耗速率加快，反应物浓度逐渐降低，由

此，存在反应速率达到最大值的温度 T_m，当温度大于 T_m 时，即使温度升高，反应速率逐渐降低为零，此时也到达放热的终止温度 T_f。因此，反应物浓度与反应体系温度的关系可近似表示如下：

$$c = \frac{T_f - T}{\Delta T_{ad}} c_0 \qquad (6\text{-}16)$$

式中 ΔT_{ad}——实测绝热温升，即 $T_f - T_0$，℃；

　　　　T_f——放热终止温度，℃；

　　　　T——任意时刻下的温度，℃；

　　　　c_0——反应物的初始浓度，mol/L。

将式(6-16) 代入到式(6-15) 中即可得到单步 n 级反应的物质于绝热条件下的温升速率，如下：

$$m_T = \frac{\mathrm{d}T}{\mathrm{d}t} = k \left(\frac{T_f - T}{\Delta T_{ad}} \right)^n \Delta T_{ad} c_0^{\,n-1} = A \exp\left(-\frac{E_a}{RT} \right) \left(\frac{T_f - T}{\Delta T_{ad}} \right)^n \Delta T_{ad} c_0^{\,n-1}$$

$$(6\text{-}17)$$

式中，m_T 和 $\mathrm{d}T/\mathrm{d}t$ 为温度 T 或时间 t 处的温升速率，℃/min。

将式(5-17) 进行整理变换，如下：

$$k^* = k c_0^{\,n-1} = \frac{\mathrm{d}T/\mathrm{d}t}{\left(\dfrac{T_f - T}{\Delta T_{ad}} \right)^n \Delta T_{ad}} \qquad (6\text{-}18a)$$

式中，k^* 为温度 T 时的准速率常数，将式 (6-14) 代入到式 (6-18a) 中并且两边取对数可得：

$$\ln k^* = \ln c_0^{\,n-1} A - \frac{E_a}{R} \frac{1}{T} \qquad (6\text{-}18b)$$

由式(6-18b) 可知，对于任一实验曲线，若选择合适的反应级数 n，使得 $\ln k^*$ 与 $1/T$ 的关系呈线性，则动力学参数中的表观活化能 E_a 和指前因子 A 可由直线的斜率和截距得到[2]。实际上，上式也可以 A、E_a、n 为未知参数，基于式 (6-17) 开展非线性拟合后得到。

三、TMR$_{ad}$ 的计算

最大反应速率到达时间（TMR$_{ad}$）指绝热条件下某一特定温度下到达最大反应速率所需要的时间，也称为热爆炸形成时间或者绝热诱导期。其代表的是失控条件下用于采取保护措施的时间，TMR$_{ad}$ 越长，可用于采取措施的时间越长，失控反应发生的可能性越低。T_{D24} 为 TMR$_{ad}$ 等于 24h 时对应的引发温度，$\mathrm{TMR_{ad}}$ 和 T_{D24} 均为热风险评估体系中常用的评价参数。

Townsend 和 Tou[11] 基于单一 n 级反应模型推导得到了 $\mathrm{TMR_{ad}}$ 的积分计算公式［见式（6-19）］，并通过数值计算得到其近似解析表达式［见式（6-20）］。

$$\mathrm{TMR_{ad}} = \int_{T}^{T_\mathrm{m}} \frac{\mathrm{d}T}{A\exp\left(-\dfrac{E_\mathrm{a}}{RT}\right)\left(\dfrac{T_\mathrm{f}-T}{\Delta T_\mathrm{ad}}\right)^{n}\Delta T_\mathrm{ad}c_0^{\,n-1}} \qquad (6\text{-}19)$$

$$\mathrm{TMR_{ad}} = \frac{RT^2}{m_\mathrm{T}E_\mathrm{a}} - \frac{RT_\mathrm{m}^2}{m_\mathrm{m}E_\mathrm{a}} \approx \frac{RT^2}{m_\mathrm{T}E_\mathrm{a}} \qquad (6\text{-}20)$$

式中，T_m 为温升速率最大处对应的温度，℃，与初始温度有关，可由温度对时间的二阶导计算获得，具体计算方法见式（6-21）；m_m 为温升速率最大值，℃/min，在已知动力学参数的基础上，可由式(6-22)计算获得。

$$\frac{\mathrm{d}^2T}{\mathrm{d}t^2} = 0 \Rightarrow nRT_\mathrm{m}^2 + E_\mathrm{a}T_\mathrm{m} - E_\mathrm{a}T_\mathrm{f} = 0$$

$$T_\mathrm{m} = \frac{E_\mathrm{a}}{2nR}\left(\sqrt{1+\frac{4nRT_\mathrm{f}}{E_\mathrm{a}}}-1\right) \qquad (6\text{-}21)$$

一定温度 T 下的 m_T 可用下式进行估算：

$$\frac{\mathrm{d}T}{\mathrm{d}t} = \left(\frac{\mathrm{d}T}{\mathrm{d}t}\right)_0\left(\frac{T_\mathrm{f}-T}{\Delta T_\mathrm{ad}}\right)^{n}\exp\left[\frac{E_\mathrm{a}}{R}\left(\frac{1}{T_0}-\frac{1}{T}\right)\right] \qquad (6\text{-}22)$$

另外，对于式（6-20），若活化能 E_a 较大，式中后一项相比于前一项足够小可忽略，同时将等式两边进行如下变形：

$$\ln\mathrm{TMR_{ad}} = \ln\frac{RT^2}{c_0^{\,n-1}\left(\dfrac{T_\mathrm{f}-T}{\Delta T_\mathrm{ad}}\right)^{n}\Delta T_\mathrm{ad}E_\mathrm{a}} - \ln A + \frac{E_\mathrm{a}}{R}\frac{1}{T} \qquad (6\text{-}23)$$

$$\approx \frac{E_\mathrm{a}}{R}\frac{1}{T} - \ln A$$

由式(6-23)可近似认为起始温度处的 $\ln\mathrm{TMR_{ad}}$ 与 $1/T$ 呈线性关系。由于实测温度较高，测得的 $\mathrm{TMR_{ad}}$ 往往较短，实际应用中人们更关注更低温度条件下的 $\mathrm{TMR_{ad}}$，并且低温处物料的转化率较低。假设更低温度处物料的转化率与实测起始分解温度处的转化率相近，此温度条件下 $\mathrm{TMR_{ad}}$ 与温度 T 的关系式仍然符合式（6-23），由此通过对起始分解温度处的实测数据进行线性拟合、外推分析即可获得更低温度条件下的 $\mathrm{TMR_{ad}}$，T_{D24} 也可由此获得，具体见图 6-16[12,13]。

由此可见，计算 $\mathrm{TMR_{ad}}$ 与 $1/T$ 关系的方法有两种，一种为采用公式（6-

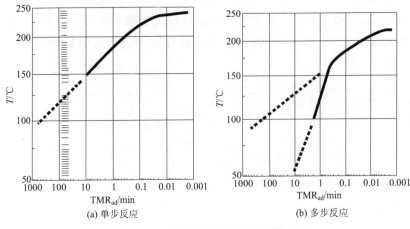

(a) 单步反应   (b) 多步反应

图 6-16 基于实测数据外推方法估算 TMR_{ad}

20）计算得到，另一种根据实测数据外推得到。这两种方法都是基于 0 级反应推算得到的，这里称其为 TMR_{ad} 的"传统算法"。

四、热惯量的计算和应用

绝热量热测试体系中，样品释放的热量有一部分不可避免被样品球吸收，好似样品的温升、温升速率、温度-时间关系（T-t 关系）等实测结果被样品球"钝化"了一般。因此，需对实测结果进行绝热修正。

由于样品和样品球在热力学上存在如下热平衡：

$$M_s c'_{p,s} \Delta T'_{ad} = (M_s c'_{p,s} + M_b c'_{p,b}) \Delta T_{ad} \tag{6-24}$$

$$\Delta T'_{ad} = \frac{M_s c'_{p,s} + M_b c'_{p,b}}{M_s c'_{p,s}} \Delta T_{ad} \tag{6-25}$$

式中 M_s，M_b——样品和样品球的质量，g；

$c'_{p,s}$，$c'_{p,b}$——样品和样品球的平均比热容，J/(K·g)；

ΔT_{ad}——测试过程中样品和样品球体系的绝热温升，即实测绝热温升，℃；

$\Delta T'_{ad}$——仅存在样品时的绝热温升，即理想绝热条件下样品的绝热温升，℃。

记式(6-25) 中的 $(M_s c'_{p,s} + M_b c'_{p,b})/(M_s c'_{p,s})$ 为热惯量因子 φ（有的文献也称为热修正系数、热惰性因子等），即：

$$\varphi = \frac{M_s c'_{p,s} + M_b c'_{p,b}}{M_s c'_{p,s}} = 1 + \frac{M_b c'_{p,b}}{M_s c'_{p,s}} \tag{6-26}$$

Townsend 和 Tou[11] 首先对样品的绝热温升、比放热量、起始温升速率、起始分解温度处最大反应速率到达时间进行修正：

$$\Delta T'_{ad} = \varphi \Delta T_{ad} \tag{6-27}$$

$$Q' = \varphi c'_{p,s} \Delta T_{ad} \tag{6-28}$$

$$\left(\frac{dT}{dt}\right)'_{ad,0} = \varphi \left(\frac{dT}{dt}\right)_{ad,0} \tag{6-29}$$

$$TMR'_{ad,0} = \frac{TMR_{ad,0}}{\varphi} \tag{6-30}$$

式中　　　　　　　　$\Delta T'_{ad}$——修正后的绝热温升，℃；

Q'——修正后的比放热量，J/g；

$(dT/dt)_{ad,0}$，$(dT/dt)'_{ad,0}$——修正前和修正后样品的起始温升速率，℃/min；

$TMR_{ad,0}$，$TMR'_{ad,0}$——修正前和修正后起始分解温度 T_0 处对应的最大反应速率到达时间，min。

由上可知，理想绝热条件下 TMR_{ad} 的传统算法有两种：

（1）方法 1　对实测曲线进行动力学分析，通过基于动力学参数的 TMR_{ad} 近似解析表达式（6-20）计算获得非理想绝热条件下的 TMR_{ad}，再采用式（6-30）进行绝热修正获得理想绝热条件下的评估结果；

（2）方法 2　直接采用式（6-30）对实测绝热数据进行绝热修正，基于 n 级模型的 $\ln(TMR_{ad})$ 与 $1/T$ 线性关系的外推以获得更低温度条件下的 TMR_{ad}。

Fisher 等在 Townsend 和 Tou 研究的基础上提出了反映整个放热过程的修正模型[14]，其修正参数包括绝热条件下样品的起始分解温度、放热过程温度变化曲线、放热过程温升速率曲线，但该方法仅适用于单一 n 级反应的修正，对于多步反应或自催化反应等复杂反应的修正需要进一步研究。Fisher 方法的修正公式具体如下：

$$\frac{1}{T'_{0,ad}} = \frac{1}{T_0} + \frac{R}{E_a} \ln\varphi \tag{6-31}$$

$$T'_{ad} = T'_{0,ad} + \varphi(T - T_0) \tag{6-32}$$

$$\left(\frac{dT}{dt}\right)'_{ad} = \varphi \frac{dT}{dt} \exp\left[\frac{E_a}{R}\left(\frac{1}{T} - \frac{1}{T'_{ad}}\right)\right] \tag{6-33}$$

式中　T_0——实测起始分解温度，℃；

$T'_{0,ad}$——Fisher 方法修正后的起始分解温度，℃；

T'_{ad}——Fisher 方法修正后整个放热过程的温度，℃；

dT/dt——实测样品和样品球体系的起始温升速率，℃/min；

$(dT/dt)'_{ad}$——Fisher 方法修正后理想绝热条件下样品的起始温升速率，℃/min。

然而，上述过程实际上没有对温升过程中的时间变量进行修正，Kossoy[15] 在 Fisher 修正的基础上增加了对时间的修正，使得修正结果更加科学、合理，并将这种方法称为"增强的 Fisher 方法（Enhanced Fisher's method）"：

$$t = \int_{T'_{0,ad}}^{T'_{ad}} \frac{dT}{\left(\frac{dT}{dt}\right)'_{ad}} \tag{6-34}$$

五、基于绝热数据的动力学参数及压力数据改进算法

1. 动力学计算的改进

上述动力学计算方法实际上只适用于 n 级液相反应，对于固相反应等无法估算摩尔浓度的情形实际上是不适用的。Kossoy 等[15] 将热转化率 α 的概念引入绝热数据中，扩展了动力学计算。首先令：

$$\alpha = \frac{T-T_0}{\Delta T_{ad}}, \Delta T_{ad} = T_f - T_0 = \frac{Q^\infty}{\varphi c'_{p,s}}, \frac{d\alpha}{dt} = \frac{1}{\Delta T_{ad}}\frac{dT}{dt} \tag{6-35}$$

式中，Q^∞ 为反应总放热量。

于是，原来适用于热分析的动力学方程也就适用于绝热过程：

$$\frac{d\alpha}{dt} = k(T)f(\alpha) \tag{6-36}$$

进而可以选择类似于热分析动力学的计算方法对绝热反应量热进行动力学计算。

2. 压力数据的获取

文献 [15] 对绝热量热中的数据进一步分析，认为压力由如下三部分组成：

$$p = p_p + p_v + p_g \tag{6-37}$$

式中　p_p——样品球中空气的压力（可以视为背压。如果样品在惰性气体中测试，则该项为惰性气体的压力）；

　　　p_v——样品体系的蒸气压；

　　　p_g——样品分解产生气体产物的压力。

由于测试开始前的温度 T_0 和压力 p_0 可知，所以对于空气所致的随温度增长的压力，可以直接根据理想气体状态方程进行估算：

$$p_{p,ad}(t) = p_0 T_{ad}(t)/T_{p0} \tag{6-38}$$

对于蒸气压的修正，首先是根据未发生分解前压力数据去掉空气压力后进行拟合。如果数据中蒸气压的对数与温度呈线性，那么可以用 August 方程式 [(6-39a)] 进行拟合，如果呈曲线，则可选用 Antoine 方程式 [(6-39b)] 拟合[16]。两个方程的表达式分别如下：

$$p_v[T(t)] = p \exp\left[-\frac{\Delta H_v}{RT(t)}\right] \tag{6-39a}$$

$$p_v[T(t)] = p \exp\left\{-\frac{\Delta H_v}{R[C+T(t)]}\right\} \tag{6-39b}$$

然后便可以通过下式得到产生气体所致压力：

$$p_g = p - p_p - p_v \tag{6-40}$$

在上述计算时需要考虑测试球体中空余体积 V_v 随时间的变化，考虑气体在样品体系中可能的溶解。

由上式借助 Clapeyron 方程，可进一步计算样品比产气量随时间的变化 （mol/kg）：

$$G'(t) = \frac{p_g(t)V_v}{m_s RT(t)} \tag{6-41}$$

当然，如果仅仅是为了计算不凝气体总的产气量，而不需要获得过程量，可以在实验结束后让样品池降温至实验开始前温度，此时 p_p 和 p_v 理论上和测试前一致，所以压力的增长主要由反应产生气体导致。因此根据理想气体状态方程，由反应前后的压力增长，可估算样品测试过程中总的产气量，获得一定温度和压力下单位质量样品总的产气量 V_g' 和产气物质的量 G'。

六、反应类型对动力学参数和 TMR$_{ad}$、T_{D24} 的影响

传统计算 TMR$_{ad}$ 获取方法有个明显的不足之处，即只适用于 n 级或者 0 级化学反应；另外，采用 HWS 测试模式时，在检测到放热之前，被测物料或多或少已经被分解，这也可能影响动力学参数的获取。笔者团队[17] 首先在假设动力学已知、$\varphi=1$ （理想绝热），且体系和样品球在测试过程中均没有温度梯度的理想条件下，借助 Matlab 模拟了两种状态下的温度、温升速率曲线：①HWS 测试模式的状态；②直接从某温度开始进入绝热的状态，进而比较了两种传统算法（方法 1 及方法 2）TMR$_{ad}$ 的计算结果和理论值之间的偏差。结果发现：

① 不论是 n 级反应还是自催化反应，HWS 条件下都会有热量损失，导致 HWS 测试条件下放热数据本身有偏差，由此必然会影响动力学参数的获取。计算所用模型和参数：n 级反应，$A = 2.64 \times 10^{16} \, \mathrm{s}^{-1}$，$E_a = 161.09 \mathrm{kJ/mol}$，$n = 1.04$，$\Delta T_{ad} = 80 \mathrm{K}$ 的计算条件下，相关结果见图 6-17 和图 6-18。

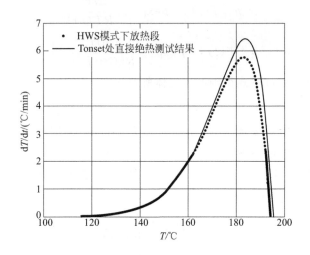

图 6-17　HWS 测得放热段及直接绝热测试结果

② 采用与图 6-17 同样的条件参数，计算得到单步 n 级反应 TMR_{ad} 的两种传统算法与理论值的趋势基本一致，偏差相对较小（见图 6-18）。但是统计结果显示，当 HWS 阶段损失能量较大，导致 ΔT_{ad} 偏差较大的时候，其对应的 T_{D24} 偏差较大。不过两种传统算法中，方法 2 出乎意料地具有更好的稳定性（见图 6-19）。

③ 当采用 n 级动力学计算参数对自催化反应的绝热量热数据进行动力学拟合时，其拟合相关性可能会很好，但是两种传统算法获得的 TMR_{ad} 与起始温度 T 的关系会与理论值出现偏差，且这种偏差会随着预测温度的降低而进一步加大（见图 6-20）。传统算法预测得到 T_{D24} 的偏差最多可达 100℃ 以上（见图 6-21）。

④ 对于更复杂的平行反应或连续反应，如果平行反应只测得一个明显的放热过程，可以对其按照单步反应来考虑；连续反应则会可能出现两段放热过程。对于均为 n 级的平行或连续反应，传统方法的计算偏差明显小于含有自催化反应的复杂反应。

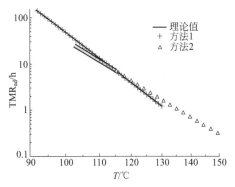

图 6-18 单步 n 级反应 TMR_{ad} 对比

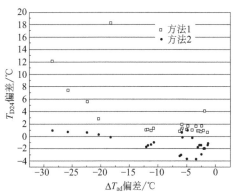

图 6-19 单步 n 级反应 T_{D24} 偏差统计分析

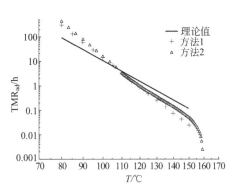

图 6-20 自催化反应 TMR_{ad}
传统算法与其理论值

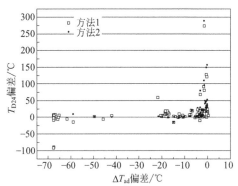

图 6-21 自催化反应 T_{D24}
的偏差统计分析

七、热惯量对计算结果的影响分析

笔者团队[17] 在 $\varphi=1$ 的计算基础之上，进一步考察了 $\varphi>1$ 的情况，结果显示：

① 即使是单步 n 级反应，在 $A=2.64\times10^{16}\,s^{-1}$、$E_a=161.09\,kJ/mol$、$n=1.04$、$\Delta T_{ad}=300K$ 的计算条件下，对于方法 1，当 $\varphi=10$ 时，TMR_{ad} 曲线会出现明显偏差；而当 $\varphi=15$ 和 20 时，其 TMR_{ad} 明显不准确。对于方法 2，情况略好，当 $\varphi=15$ 时出现明显偏差，$\varphi=20$ 才会出现 TMR_{ad} 的不准确预测（见图 6-22）。

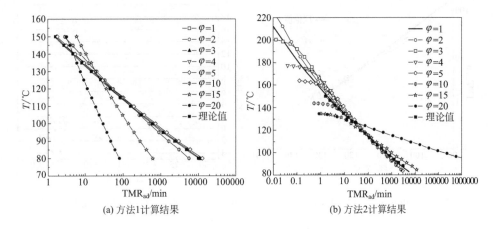

图 6-22 n 级反应不同 φ 下传统算法 $\mathrm{TMR_{ad}}$ 计算结果与其理论真值的对比

② 对于单步自催化反应（假设遵循 Benito-Perez 模型），在 $A_1 = 9.87 \times 10^{11}\,\mathrm{s^{-1}}$、$E_{a1} = 125.59\,\mathrm{kJ/mol}$、$n_1 = 0.95$、$A_2 = 2.07 \times 10^{12}\,\mathrm{s^{-1}}$、$E_{a2} = 120.86\,\mathrm{kJ/mol}$、$n_2 = 1.10$、$n_3 = 0.88$、$\Delta T_{ad} = 300\mathrm{K}$ 的计算条件下，两种传统方法均表现出相同的特征：φ 越大，$\mathrm{TMR_{ad}}$ 偏差越大（见图 6-23）。

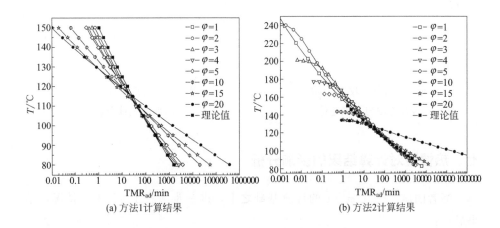

图 6-23 自催化反应不同 φ 下传统算法 $\mathrm{TMR_{ad}}$ 与其理论真值的对比

③ 对同一个反应（不论是 n 级还是自催化）都采用 n 级模型的动力学方法进行处理时，不同 φ 下活化能和指前因子之间表现出明显的动力学补偿效应，即 $\ln A$ 和 E_a 之间存在明显的线性关系，具体见图 6-24。

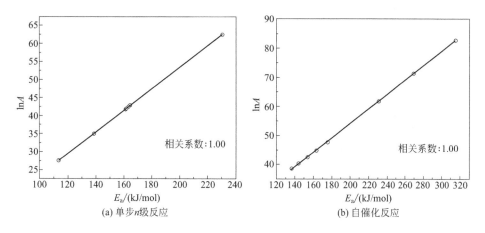

图 6-24　不同热修正系数下传统算法动力学参数计算结果的 $\ln A$ 和 E_a 拟合结果

八、自催化特性分级方法

如前所述，自催化反应有强自催化和弱自催化之分，但到底如何区分或分级？有学者对此进行了一些研究。笔者团队[18]基于绝热量热实验提出了一种自催化强弱的半定量方法——无量纲标准曲线方法。

该方法选用的是 Benito-Perez 模型的简化形式：

第 1 步：$A \xrightarrow{k_1} B$（引发步骤）　　　　　　　　　　　　　　　　　（6-42a）

第 2 步：$A + B \xrightarrow{k_2} 2B$（自催化步骤）　　　　　　　　　　　　　　（6-42b）

由此得到上述两步反应的反应速率 r 的表达式如下：

$$r = r_1 + r_2 = k_1(1-\alpha) + k_2\alpha(1-\alpha) = A_1$$
$$\exp\left(-\frac{E_1}{RT}\right)(1-\alpha) + A_2\exp\left(-\frac{E_2}{RT}\right)\alpha(1-\alpha) \quad (6\text{-}43)$$

提取出 $k_1(1-\alpha)$，得到：

$$r = k_1(1-\alpha)\left(1+\frac{k_2}{k_1}\alpha\right) = k_1(1-\alpha)(Z+\alpha)$$
$$= A_1\exp\left(-\frac{E_1}{RT}\right)(1-\alpha)\left[1+\frac{A_2}{A_1}\exp\left(-\frac{E_2-E_1}{RT}\right)\alpha\right] \quad (6\text{-}44)$$

式中，Z 为自催化因子，$Z = \dfrac{k_2}{k_1} = \dfrac{A_2}{A_1}\exp\left(-\dfrac{E_2-E_1}{RT}\right)$。

　　显然，Z 是两步反应的反应速率常数之比，体现了两个反应的反应速率。由于存在相互竞争，当第一步反应速率较快时，反应所表现出来的自催化特征减弱，而更多地体现 n 级反应的特征；反之，当第二步的比例增大时，其自催化强度也随之增强，所以初步可以判断，Z 增大时，反应自催化特性增强。

　　若两步反应的放热量已知，则得到对应的放热速率（$\dfrac{\mathrm{d}Q}{\mathrm{d}t}$）：

$$\frac{\mathrm{d}Q}{\mathrm{d}t} = \sum_{i=1}^{2} Q_i^{\infty} r_i \tag{6-45}$$

　　再结合反应速率表达式、物料比热及热惰性因子 φ，则可以得到绝热条件下反应的温升速率可表示为：

$$c'_{p,s}\varphi \frac{\mathrm{d}T}{\mathrm{d}t} = \frac{\mathrm{d}Q}{\mathrm{d}t} = Q_1^{\infty} k_1 \exp\left(-\frac{E_1}{RT}\right)(1-\alpha) + Q_2^{\infty} k_2 \exp\left(-\frac{E_2}{RT}\right)\alpha(1-\alpha) \tag{6-46}$$

　　式中，$c'_{p,s}$ 为样品比热容，kJ/(kg·K)。

　　由此得到绝热条件下的温度为：

$$T = \int_{t=0}^{t=t_1} \frac{\mathrm{d}T}{\mathrm{d}t}\mathrm{d}t \tag{6-47}$$

　　为了能定量地根据 Z 的数值对反应自催化强弱进行判断，这里采用 TSS (Thermal Safety Software) 软件，基于式(6-45)～式(6-47)，对不同自催化因子 Z（涉及 4 个动力学参数 A_1、A_2、E_1、E_2）下的绝热情况进行模拟，得到 $\varphi=1$（理想绝热）情况下的温度-时间关系曲线［见图 6-25（a）示例］。对其进行无量纲化方法处理（也称归一化处理），即将计算得到的温度和时间起点位置均定为 0，然后分别除以绝热温升和放热总时间，从而得到的无量纲温度和无量纲时间均在 0～1 的范围内。通过这种方法可以使曲线特点得到放大。

　　由这些归一化的标准曲线可以发现自催化因子小的温度曲线在无量纲化后都处于曲线群的上方，而自催化因子大的温度曲线都处于曲线群的下方，也就是说无量纲化后温度-时间弯曲度越大的曲线其自催化强度越强［见图 6-25（b）］。

　　基于此，提出了无量纲标准曲线分级法：$Z \geqslant 100$ 时，自催化强度为"强"；$100 > Z \geqslant 10$ 为"较强"；$10 > Z \geqslant 1$ 为"中等"；$1 > Z \geqslant 0.01$ 为"较弱"；$Z < 0.01$ 为"弱"（图 6-25）。

　　为了对该方法进行考证，分别采用二甲基亚砜（DMSO）和过氧化二异丙

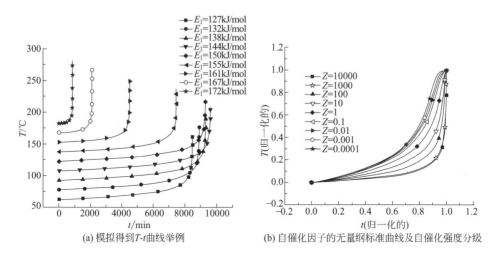

(a) 模拟得到 T-t 曲线举例　　(b) 自催化因子的无量纲标准曲线及自催化强度分级

图 6-25　不同自催化因子下温度曲线模拟及自催化强度分级

苯（DCP）作为示例，进行绝热量热测试，并对实测得到的 T-t 曲线基于 Fisher 方法进行修正并无量纲处理，得到结果显示，基于该方法的自催化强弱判别结果和文献结果一致：DMSO 的分解具有自催化特征（强自催化），而 DCP 则表现出 n 级反应特征（弱或者无自催化）。

　　该方法的优点显而易见，不足之处在于实测的绝热量热数据往往 $\varphi > 1$，而上述标准曲线适用于 $\varphi = 1$ 的情况，因此要与该标准曲线进行比较只有两种方法：①获得准确的动力学参数，对 $\varphi = 1$ 的绝热量热过程进行预测，获得温度-时间关系曲线，进而归一化得到相应曲线；②对绝热量热实验实测获得的温度-时间关系曲线采用 φ 进行修正，得到 $\varphi = 1$ 的曲线，进而再归一化进行比较。这第二个方法的缺点在于目前对温度曲线进行修正的方法只有 Fisher 提出的方法，其对自催化的适用性尚有待考察。

第五节　基于反应量热方法的热安全参数获取

一、实测数据

　　通过反应量热实验可以获得放热速率 q_{rx} 曲线和加料曲线，通过对放热速率曲线积分可得到反应总放热量 Q_{rx}。此外，对于热流法的测试原理还可以通过校准（calibration）获得反应前后的比热容 c'_p、反应体系及反应釜的综合传

热系数 U、传热面积 A（由虚拟体积计算得到）。此外，由于体系质量 M_r 已知，所以可以根据式（6-48）计算得到比放热量 Q'_{rx} 和目标反应总的绝热温升 $\Delta T_{ad,rx}$：

$$Q'_{rx} = \frac{Q_{rx}}{M_r} \tag{6-48}$$

$$\Delta T_{ad,rx} = \frac{Q_{rx}}{M_r c'_p} = \frac{Q'_{rx}}{c'_p} \tag{6-49}$$

需要注意：①对于间歇反应而言，反应物料 M_r 在反应前后一般不发生变化，但是对于半间歇反应，反应前物料质量 $M_{r,0}$ 一般小于加料结束之后物料总质量 $M_{r,f}$，所以需要确认绝热温升 $\Delta T_{ad,rx}$ 究竟是用加料前反应釜中的底料质量还是加料后体系的总质量换算得到的，以便后面获得准确的 MTSR。②反应量热设备在反应过程中无法测量 c'_p，所以往往是在反应前、后进行校准，获得对应的 c'_p、U 和 A，即通过测试可得到两个 c'_p。为了获得保守的结果，可以选择较小的 c'_p 进行计算。

此外，反应量热设备还可以获得扭力矩 R_t、物料温度 T_r、夹套中硅油温度 T_j、体系压力 p 等参数，这些参数能够为我们提供反应过程中黏度、吸放热和压力等参数变化的有用信息。

二、 MTSR 的获取

1. MTSR 获取方法

MTSR 是反应热失控危险性评估的重要参数。在反应冷却失效时，体系中未反应的物料会继续反应并放出热量，从而导致体系的温度升高，其升高到的最高温度为 T_{cf}，MTSR 为 T_{cf} 的最高值。即：

$$MTSR = \max(T_{cf}) \tag{6-50}$$

对于间歇反应而言，MTSR 计算相对简单，因为反应开始阶段物料累积最大（积累率 X_{ac} 为 1），此时，MTSR 可通过下式计算：

$$MTSR = T_0 + \Delta T_{ad,rx} \tag{6-51}$$

式中，T_0 为体系开始反应前的温度，有些条件下（如恒温反应）也可以直接理解为夹套温度。如果间歇反应在开始阶段就存在升温，则从保守的角度考虑，T_0 应采用升温之后物料体系（等温）或传热介质（恒温模式）达到的温度。

对于半间歇反应，MTSR 的获取相对复杂。图 6-26 所示的反应中，不同时刻发生冷却失效并立即停止加料时，体系的热积累都不同，所以往

往可以得到一条 T_{cf} 随时间变化的曲线，而 MTSR 就是其中的最大值（见图 6-27）。

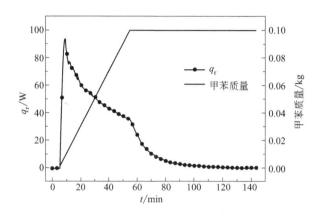

图 6-26　甲苯一段硝化放热速率 q_r 和加料曲线[6]

以甲苯一段硝化反应为例，其放热速率 q_r 随甲苯加入的变化过程见图 6-26。由于反应时硝酸（底料）过量，且在反应开始前已添加至反应釜中，故可令：

$$\left.\begin{array}{l} 引入能量 Q_p(t) = \dfrac{Q_{rx}}{M_{tol}} m_{tol}(t) \\[3mm] 释出热量 Q_{ex}(t) = \displaystyle\int_0^{t_{end}} q_{rx}(t)\,\mathrm{d}t \\[3mm] 积累热量 Q_{ac}(t) = Q_p(t) - Q_{ex}(t) \end{array}\right\} \tag{6-52}$$

当实验结束甲苯未完全反应时，Q_{rx} 可由式（6-53）修正：

$$Q_{rx} = \frac{Q_{rx,m}}{X} \tag{6-53}$$

式中　M_{tol}——加入甲苯的总质量，kg；

　　$m_{tol}(t)$——t 时刻反应釜中已加入甲苯质量，kg；

　　$Q_{rx,m}$——测试得到的总反应热，kJ；

　　　　X——转化率。

由式（6-54）可得到任意时刻的热积累及导致的绝热温升 $\Delta T_{ad,t}$：

$$\Delta T_{ad,t} = \frac{Q_{ac}(t)}{M_r(t) c_p'} \tag{6-54}$$

式中　$M_r(t)$——t 时刻反应体系的总质量，它随着加入甲苯而增加，kg。

由此可得到 t 时刻反应热积累可使体系绝热地达到的最高温度 T_{cf}：

$$T_{cf} = T_p + \Delta T_{ad,r} \qquad (6-55)$$

式中，T_p 指反应体系在冷却失效前的温度，采取等温模式时即为所设定的反应温度。

由此得到反应过程中的物料累积和 T_{cf} 曲线见图 6-27。

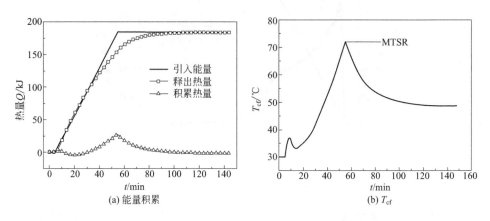

图 6-27　甲苯一段硝化反热积累和 T_{cf} 曲线[6]

如果采用式(6-56) 计算 T_{cf} 并获取 MTSR，请注意这里的 ΔT_{ad} 计算所用的物料质量是最终的物料质量 $M_{r,f}$。

$$T_{cf} = T_r + X_{ac} \Delta T_{ad} \frac{M_{r,f}}{M_{r(t)}} \qquad (6-56)$$

MTSR 的获取实际上随工艺的影响变化很大，具体见第七章的相关介绍。

2. MTSR 获取方法的优点及需要注意的问题

显然，MTSR 的计算是以正常运行工艺为基础测算得到的。这样做的好处不言而喻：不需要获得目标反应的动力学参数，所有数据通过测试获得。由于动力学参数的获取需要耗费大量的时间，且往往只能获得表观动力学参数，这意味着当工艺条件变化时，其动力学参数未必准确。所以，这种不依赖动力学参数的热安全参数获取方法无疑是其最大的优点。

然而，这种获取方法也有许多问题需要注意：

① 根据式（6-55）和式（6-56）进行 MTSR 计算时忽略了温度升高后可能引起目标反应和二次分解反应之外的副反应。若副反应是放热反应，实际的MTSR 将会超过预期值[19]。如上例中甲苯硝化反应工艺中，当温度升高就会引起过硝化或氧化，其实际的放热量必然会超过预期，显然这种温度变化通过正常工艺的测试是无法获得的。如果想通过动力学计算获得，那么需要获得主

副反应在不同温度条件下的反应进展情况，这显然也是个难点。笔者所在团队[20] 对甲苯硝化 MTSR 的获取采用了一种改进方法：在相同物料配比和加料速度的条件下，采用尽可能高的反应温度，直接测试其高温下的放热速率，将高温下的放热量作为甲苯加入后的放热潜能（即图 6-28 中将 70℃、60℃、50℃和 40℃的放热作为参考放热能力），将此放热潜能减去正常工艺（如30℃）下的放热量，便可获得冷却失效后反应体系累积的放热潜能，由此可获得更保守的 T_{cf} 值。图 6-28 显示作为参考的反应温度越高，其实际释放出能量就越大，计算得到的 T_{cf} 也越大，这与高温有利于甲苯过硝化和氧化的事实相吻合。从图 6-28 中也可发现 MTSR 出现的位置也发生相应变化，这是因为随着反应温度升高，副反应增大，导致硝酸的消耗增加，从而使体系中比例不足的物料逐渐由甲苯转变为硝酸。

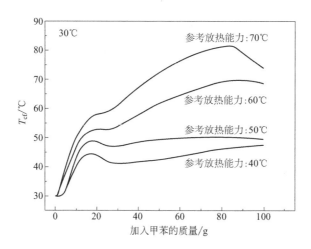

图 6-28 以高温下实测能量减去 30℃放热获得 T_{cf}[20]

② 当所加入物料在底料中的溶解热或混合热超过反应放热本身，体系有可能会表现出加料控制的特征。如果对反应转化率没有检测，在加料结束时实际转化率低，则会导致 MTSR 的计算值偏低。所以该方法一定要对反应物的最终转化情况进行测试，以避免出现错误的热积累估算。

③ 对于气体参与的反应，难以准确获取物料的积累。一般说来气体参与的反应，气体组分往往过量，但在实验室测试过程中很难有效测量并控制气体流速，因而无法确定达到化学计量点的位置。这意味着评估人员需要根据工艺的特征（如气体危险特性、气体在液相物料中的溶解度、通气方式），选择能表征热积累的合适参数来计算 MTSR，而不能简单套用原来的计算方法。例

如，在加氢反应中，最精确的物料累积度计算方法是文献 [1] 第四章中所提出的，基于储氢容器中压降计算得到氢气的消耗，根据反应量热得到体系的热转化率，由两者的差值得到物料（氢气）的积累。当测试中氢气的压降无法准确获得，因而无法准确获得氢气的物料积累时，如果氢气在物料体系中的溶解度低，可以忽略不计，且在发生"冷却失效"时体系能立即停止供应氢气，此时体系中累积的氢气主要需要考虑反应器中空余体积部分储存的氢气，因此可以根据此时体系的压力及空余部分的体积计算出累积的氢气的量，进而可以根据反应方程式估算出氢气的累积程度。

④ 实验室规模的反应条件无法保证其能代表实际规模。一般采用实验室规模的反应量热仪进行测试并计算 MTSR，但不论是反应放大还是缩小都是化学工程中一个很大的难题，所以如何保证实验室规模的实验条件与实际规模最符合也将是对目标反应热积累进行评估的一个难题。

⑤ 上述 MTSR 计算的前提是在冷却失效的时候立即停止加料，这意味着实际工艺必须配备加料-冷却联锁装置，当实际工艺不能实现失效立即停止加料的情况时，应按间歇反应这种最危险的情况进行考虑。

⑥ 反应量热方法无法知悉反应原料转化率的信息。虽然量热曲线看起来已经到达终点（即到达基线），但是实际的原料转化率可能并没有达到 100%。如果不根据最终的转化率信息校正反应放热量，那么计算得到的绝热温升和累积度比实际偏小。

三、反应动力学参数的获取

由于反应量热实验获得的是反应体系包括化学反应和物料变化在内的综合热效应，所以基于实测放热速率与时间关系计算得到的动力学参数一般也都是表观动力学参数。以 n 级反应为例，给出基于反应量热实验获得动力学参数的计算方法。

$$r = kc_A^n = kc_{A0}^n(1-X)^n \tag{6-57}$$

式中　r——反应速率；

　　　k——反应速率常数；

　　c_{A0}——反应物初始浓度；

　　c_A——反应物任意时刻的浓度；

　　X——反应转化率，当反应进行完全时可以用热转化率来表示；

　　n——反应级数。

对以上各式整理，有：

$$r = -\frac{dc_A}{dt} = -d\frac{n_A}{V}/dt \tag{6-58}$$

式中 n_A——任意时刻物料的物质的量；

   V——体系的体积。

假设体系的体积恒定，所以有：

$$r = -\frac{dn_A}{Vdt} = -\frac{d[n_A(-\Delta H_m)]}{dtV(-\Delta H_m)} = \frac{q_{rx}}{V(-\Delta H_m)} = \frac{q_{rx}}{V\dfrac{Q_r}{n_{A0}}} \tag{6-59}$$

式中 ΔH_m——摩尔反应焓；

   q_{rx}——放热速率，由反应量热仪实测；

   Q_r——总反应热；

   n_{A0}——反应物初始物质的量。

结合式(6-59)和阿伦尼乌斯速率常数：$k = A\exp[-E/(RT)]$，得到：

$$\frac{q_{rx}}{V\dfrac{Q_r}{n_{A0}}} = A\exp[-E/(RT)]c_{A0}^n(1-X)^n \tag{6-60}$$

且 $c_{A0} = \dfrac{n_{A0}}{V}$，则上式简化为：

$$\frac{q_{rx}}{Q_r}c_{A0} = A\exp[-E/(RT)]c_{A0}^n(1-X)^n \tag{6-61}$$

对上面的等式两边取对数，得：

$$\ln\frac{c_{A0}}{Q_r} + \ln q_{rx} = \ln A + n\ln[c_{A0}(1-X)] - \frac{E}{RT} \tag{6-62}$$

$$\ln q_{rx} = \ln A + n\ln[c_{A0}(1-X)] - \frac{E}{RT} - \ln\frac{c_{A0}}{Q_r} \tag{6-63}$$

以 $\ln q_{rx}$ 为纵坐标，X 为横坐标，进行非线性拟合，便可以得到动力学参数指前因子 A、活化能 E 和反应级数 n。图 6-29 为醋酸酐反应中在加料结束后对数据的非线性拟合结果，由拟合结果得到 $A=1.8\times10^7\text{s}^{-1}$；$n=1.08$；$E=57.7\text{kJ/mol}$。

当然，上述动力学计算方法用了一条曲线（一个反应温度）拟合得到 A、E 和 n 三个参数，数据的可靠性必然受到影响。为此，也可以根据式(6-60)，得到：

$$q_{rx} = Q_r k c_{A0}^{n-1}(1-X)^n \tag{6-64}$$

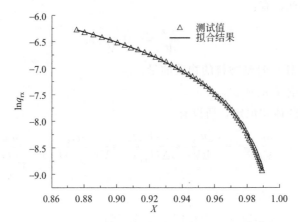

图 6-29 醋酸酐水解反应非线性拟合结果[21]

$$q_{rx} = Q_r A \exp\left(-\frac{E}{RT}\right) c_{A0}^{n-1} (1-X)^n \tag{6-65}$$

选择至少 3 个温度下的放热速率与转化率关系，根据式(6-64) 进行非线性拟合，在保证反应级数 n 接近的前提下，获得不同温度下的速率常数 k，再根据式(3-13)，对不同温度下的 k 与 $1/T$ 进行线性拟合，由斜率便可以获得 E，由截距获得 A。或者也可以根据式(6-65) 对 3 条以上的放热速率曲线进行非线性拟合，获得 A、E 和 n 的最优解。

四、其它热安全参数的获取

此外，还有很多其它量热设备，可以协助获得一些有用的信息。如：

快速筛选类的设备 RSD、RSC 等均可以获得物料起始反应温度、压力变化，并可以计算物料分解的产气量。

将物料及其与杂质混合之后的物料量热结果比较时，也可以获得物料之间的相容性或混合接触危险性的信息。

第六节　热交换参数的获取

一、透过反应器壁面的热交换

反应器在正常操作条件下工作时，反应釜的传热机制为强制对流。工业中遇到的对流传热常指间壁式换热器中两侧流体与固体壁面之间的热交换。若热流体和冷流体分别沿间壁两侧平行流动，则两流体的传热方向垂直于流动方向，如图 6-30 所示。在垂直于流动方向的某一 A—A 截面上，从热流体到冷流体的温度分布用粗实线表示。若两侧流体均为湍流流动，热流体一侧湍流主体的最高温度经过渡区、层流底层降至壁面温度 T_{w1}，而冷流体一侧壁面温度 T_{w2} 经层流底层、过渡区降至冷流体湍流主体最低温度。

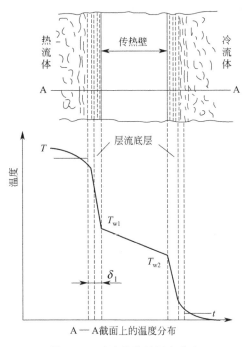

图 6-30　对流传热的温度分布

其中层流底层主要依靠热传导方式来进行热量传递；由于大多数流体的热导率较小，该层热阻较大，从而温度梯度也较大。过渡区的传热以热传导和对流两种方式共同进行。而湍流主体由于流体质点充分混合，温度趋于一致（热阻小）。因此，流体与固体壁面之间的对流传热过程的热阻主要集中在层流底层中。

热流体一侧湍流对壁面的对流传热推动力是该截面上湍流主体最高温度与壁面温度 T_w 的温度差；而冷流体一侧的则是壁面温度 T_{w2} 与湍流主体最低温度的温度差。由于流动截面上的湍流主体的最高温度和最低温度不易测定，所以工程上常用该截面处流体平均温度（热流体为 T_1，冷流体为 T_2）来代替。这种处理方法就是假设把过渡区和湍流主体的热阻全部叠加到层流底层的热阻中，在靠近壁面处构成一层厚度为 δ 的流体膜，称为有效膜（effective film）。假设膜内为层流流动，而膜外为湍流，即把所有的热阻都集中在有效膜中。这一模型被称为对流传热的膜理论模型（film theory model）。当流体的湍动程度增大，则有效膜厚度会变薄，在相同的温差条件下，对流传热速率会增大[22]。由此，对于反应釜而言，在釜壁两侧均存在一个有效膜，所以可以在传热体系构建双膜模型（two films model）[1]，即传热的总阻力可由三个阻力组成：内膜阻力、反应器壁面本身的传热阻力以及外膜阻力（见图 6-31）。

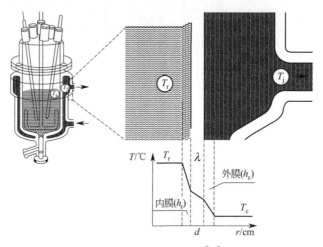

图 6-31　双膜示意图[23]

由此可以得到总的传热阻力的计算关系式：

$$\frac{1}{U} = \underbrace{\frac{1}{h_r}}_{取决于反应物料} + \underbrace{\frac{d}{\lambda} + \frac{1}{h_c}}_{取决于反应器} = \frac{1}{h_r} + \frac{1}{\varphi} \tag{6-66}$$

式中　U——综合传热系数；

　　　h_r——物料侧的内膜传热系数；

　　　h_c——传热介质侧的内膜传热系数；

　　　λ——反应釜壁的热导率；

　　　d——反应釜壁的厚度。

式(6-66)中第一项完全取决于反应器内物料的物理性质以及搅拌程度，反映了内膜和器壁沉积物的传热阻力，这一点可能会决定总的传热。所以，应当定期用高压清洗设备对反应器进行清洗。最后两项取决于反应器本身和热交换系统，也就是反应器壁、夹套中的污垢和外部液膜，这经常可以归为设备的传热系数 φ[1,23]。

二、搅拌釜的内膜系数

对于内膜的传热系数，有一些描述关系式。最常用的是借助努赛尔（Nusselt）数的经验公式，式(6-67) 便是其中一个典型的努塞尔数的经验式：

$$Nu = C^{te} Re^{2/3} Pr^{1/3} \left(\frac{\mu}{\mu_w} \right)^{0.14} \tag{6-67}$$

在这个公式中，Cte 为容器常数，努塞尔数、雷诺（Raynolds）数、普朗特（Prandtl）数等无量纲数可以用下式表达：

$$Nu = \frac{h_r d_r}{\lambda}; Re = \frac{n d_s^2 \rho}{\mu}; Pr = \frac{\mu c_p'}{\lambda} \tag{6-68}$$

式中 d_r——反应釜内径；

n——搅拌桨转速；

d_s——搅拌桨直径；

ρ——物料密度；

μ——物料黏度；

μ_w——釜壁温度下的物料黏度。

式(6-67) 中的最后一项为反应温度下反应物料的黏度与在壁面温度下的黏度之比，这是加热转为冷却时传热系数发生变化的原因。这样就产生了温度梯度的倒数，并因此影响接近反应器壁面处产物的黏度。若反应在溶剂中进行，这点通常可以忽略，但对于聚合体而言却很重要。反应物料的黏度通常很重要，可以根据其温度依赖关系确定这项不能被忽略的数值。就牛顿流体而言，这个表达式是有效的，但对聚合物或悬浮液来说，其有效性必须进行核实。

三、内膜系数的确定

通过组合，可得到反应物料的传热系数 h_r，写成反应器的技术参数以及反应物料的物化参数的函数：

$$h_r = C^{te} \underbrace{\frac{n^{2/3} d_s^{4/3}}{d_r g^{1/3}}}_{\text{反应器}} \underbrace{\sqrt[3]{\frac{\rho^2 \lambda^2 c_p' g}{\mu}}}_{\text{反应物}} = z \gamma \left(\frac{n}{n_0} \right)^{2/3} \tag{6-69}$$

其中，$z = C^{te} \dfrac{n_0^{2/3} d_s^{4/3}}{d_r g^{1/3}}$；$\gamma = \sqrt[3]{\dfrac{\rho^2 \lambda^2 c_p' g}{\mu}}$；$n_0$ 为搅拌桨参考转速。

因此，对于给定反应物料，内膜传热系数受到搅拌器的速度及其直径的影响。设备常数（equipment constant）z 可通过反应器在参考搅拌速率 n_0 下的几何特征计算得到。传热物质常数（material constant for heat transfer）γ 既可根据反应器内物料的物理性质计算得到，也可以根据反应量热仪测得的 Wilson 图进行计算得到，这个参数与反应器几何形状或大小无关。因此，可在实验室规模中进行测定并运用于工业规模。

根据式（6-66）和式（6-69）可得到：

$$\frac{1}{U} = \frac{1}{z\gamma}\left(\frac{n}{n_0}\right)^{-2/3} + \frac{1}{\varphi} = f\left[\left(\frac{n}{n_0}\right)^{-2/3}\right] \tag{6-70}$$

Wilson 图基于式（6-70），以 $\frac{1}{U}$ 为纵坐标，以 $\left(\frac{n}{n_0}\right)^{-2/3}$ 为横坐标，进行线性拟合，如果测量结果在一条直线上，则证明该方法有效。同时由该直线在纵坐标上的截距表示设备（量热仪反应器壁面和外部冷却系统）传热系数 φ 的倒数，斜率的倒数等于 $z\gamma$。图 6-32 即为实验室所测试得到甲苯的 Wilson 图，图中假设搅拌速率 n_0 为 1r/min。

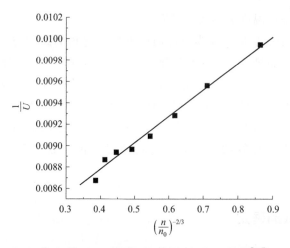

图 6-32　由反应量热仪测得的甲苯 Wilson 图[24]

显然，通过 Wilson 图便可以获得 $z\gamma$，进而根据式（6-69）即可得到任意搅拌速率下的反应物料的传热系数 h_r。

若想进一步获得 h_r 中各项的数值，设备常数 z 可以通过已知物理性质的溶剂校准（标定）测得，再通过反应混合物的 γ 测量得到。z 值表征了设备自身因素，可利用反应器的几何特征参数来计算。一些典型搅拌器常数 Cte 列于表 6-2。

表 6-2　式(6-69)中的搅拌器常数典型值

搅拌器类型	常数
板式(plate)搅拌器	0.36
Rushton 涡轮(Rushton turbine)搅拌器	0.54
带斜叶桨的 Rushton 涡轮(Rushton turbine with pitched blades)搅拌器	0.53
桨式(propeller)搅拌器	0.54
锚式(anchor)搅拌器	0.36
推进式(impeller)搅拌器	0.33

四、设备的传热阻力

1. 基于热平衡的 U 值获取

反应器壁面阻力 $\dfrac{d}{\lambda}$ 和外膜阻力 h_c 可通过冷却实验测量得到，实验时将已知质量 M 的物质（其物理性质已知）装入反应器，记录反应器内的物料温度 T_r 和冷却系统的平均温度 T_c。计算 t_1、t_2 两个时刻间的热量平衡（图 6-33）。

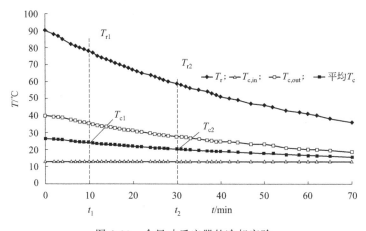

图 6-33　全尺寸反应器的冷却实验

移出热：

$$Q = M c_p'(T_{r1} - T_{r2}) \tag{6-71}$$

平均冷却能力：

$$q_{ex} = U A \overline{\Delta T} \tag{6-72}$$

平均温差：

$$\overline{\Delta T} = \frac{1}{2}\left[(T_{r1} - T_{c1}) + (T_{r2} - T_{c2})\right] \text{或} \overline{\Delta T} = \frac{(T_{r1} - T_{c1}) - (T_{r2} - T_{c2})}{\ln(T_{r1} - T_{c1}) - \ln(T_{r2} - T_{c2})} \tag{6-73}$$

热平衡：

$$Q=q_{ex}(t_2-t_1) \tag{6-74}$$

将式（6-69）和式（6-70）代入式（6-72），求得 U 为：

$$U=\frac{Mc'_p(T_{r1}-T_{r2})}{A\overline{\Delta T}(t_1-t_2)} \tag{6-75}$$

2. 基于热时间常数的 U 值获取

除此之外，还可以借助热时间常数（参见第二章）的计算反推综合传热系数 U。

$$\tau_c=\frac{\rho Vc'_p}{UA}=\frac{Mc'_p}{UA} \tag{6-76}$$

根据第二章的热平衡知识，假设一个搅拌釜中装有质量为 M 的液体，比热容为 c'_p，且不发生反应。则仅包括热累积和热交换两项的简化热量平衡为：

$$q_{ac}=q_{ex} \tag{6-77}$$

假设加热反应器到一个恒定的载热体温度 T_c，热平衡方程 [式（6-77）] 为：

$$Mc'_p\frac{dT}{dt}=UA(T_c-T_r) \tag{6-78}$$

显然，这个方程对冷却情形（$T_c<T_r$）也是有效的，这时温度的导数为负值。式（6-78）可以表示成与反应器壁温度梯度有关的函数：

（$\Delta T=T_c-T_r$）　因此 $d(\Delta T)=-dT_r$

得到：

$$\frac{Mc'_p}{UA}\frac{d(\Delta T)}{dt}=-\Delta T \tag{6-79}$$

将 τ_c 代入，得到：

$$\frac{d(\Delta T)}{\Delta T}=\frac{-dt}{\tau_c} \tag{6-80}$$

初始条件：

$$t=0\longleftrightarrow\Delta T=\Delta T_0=T_c-T_0 \tag{6-81}$$

式中，T_0 为物料的初始温度。

积分得到：

$$\frac{\Delta T}{\Delta T_0}=e^{-t/\tau_c} \tag{6-82}$$

这表示反应器内物料温度是渐近地接近载热体温度的，遵循指数规律（图6-34）。

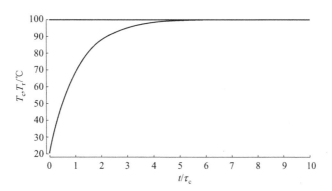

图 6-34 载热体恒定在 100℃时反应器的加热曲线

从式(6-82) 可以推导得到以下几个实用的函数关系：

① 载热体温度 T_c 恒定，物料初始温度为 T_0，对反应器内物料进行加热时，物料温度 T_r 与时间的函数关系：

$$T_r = T_c + (T_0 - T_c) e^{-t/\tau_c} \tag{6-83}$$

② 载热体温度 T_c 恒定，对反应器内物料进行加热时，计算反应物料从起始温度 T_0 开始达到温度 T_r 所需要的时间：

$$t = \tau_c \ln \frac{\Delta T_0}{\Delta T} = \tau_c \ln \frac{T_0 - T_c}{T_r - T_c} \tag{6-84}$$

即：

$$\ln \frac{\Delta T}{\Delta T_0} = -\frac{t}{\tau_c} \tag{6-85}$$

根据上式，同时基于上述冷却实验有一种更精确的确定热时间常数的方法，即将反应器内物料温度 T_r 和载热体温度 T_c 之间温差的自然对数 $[\ln(DT)]$ 与时间的函数关系作图。这可得到一个线性关系图，斜率为热时间常数 τ_c 的倒数（见图 6-35）。

进而根据式(6-74)，可以得到对应的综合传热系数：

$$U = \frac{M c_p'}{\tau_c A} \tag{6-86}$$

3. 设备传热阻力的计算

由于质量 M、物料比热容 c_p' 以及反应器的传热面积 S 已知，唯一未知的就是综合传热系数 U。与加热实验和冷却实验的情形类似，反应器中装入的是已知物理性质 h_r 的物质 $[h_r$ 可由式(6-69) 计算得到]。而由式(6-75) 或式(6-86) 可知综合传热系数 U，于是，唯一未知的就是设备传热系数 φ，可如

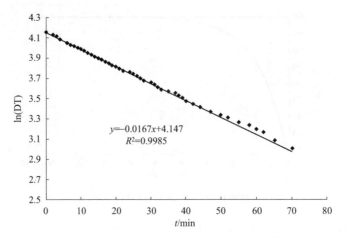

图 6-35　线性冷却曲线前 50min 拟合结果（反应器为 2.5m³，装有 2000kg 水）

下求得：

$$\frac{1}{\varphi} = \frac{1}{U} - \frac{1}{h_r} \tag{6-87}$$

五、传热系数的实际测定

由式(6-70)可以确定透过搅拌容器器壁综合传热系数，需要两个步骤：

① 内膜传热系数决定于：a. 设备常数 z，由反应器的几何形状和技术数据计算；b. 传热物质常数 γ，由物理性质计算得到，或利用反应量热仪测得的 Wilson 图确定。

② 设备传热系数由冷却或加热实验确定，实验在工业反应器（注入已知质量及已知物理性质的物质）中进行。

表 6-3 中给出了一些典型的传热系数值。所提供的 h_r 是在没有搅拌的情形下得到的，h_c 在没有流动的情形下得到，反映了搅拌器故障或冷却系统故障对传热的影响。

表 6-3　在搅拌反应器中典型传热系数及一些影响因素

类型	影响因素	典型值/[W/(m²·K)]	
内膜 h_r 强制对流	搅拌器：速度和类型 反应物料 c_p, λ, ρ, η 物理参数[尤其是 $\rho = f(T)$]	水	1000
		甲苯	300
		甘油	50
h_r 自然对流(搅拌器故障)		水	100
		气体	10

类型	影响因素	典型值/[W/(m² · K)]	
聚合物沉积	热导率 λ 沉积厚度	$d=1mm$	
		PE	300
		PVC,PS	170
反应器壁 λ/d	结构 壁厚(d) 结构材料 涂层	$d=10mm$	
		铁	4800
		不锈钢	1600
		玻璃	100
		搪瓷	800
外壁污垢	热导率 λ 沉积厚度	$d=0.1mm$	
		胶体	3000
		水垢	5000
外膜 h_c	夹套: 结构,流速,载热体,物理性质,相变	水	
		流动	1000
		不流动	100
		冷凝物	3000
	半焊盘管: 结构,流速 物理性质	水	
		流动水	2000
		不流动水	200

第七节 热稳定性参数求解实例

如果研究对象的动力学参数和放热量已知,显然就可以预测很多危险条件下物料或反应的温度、压力变化情况。但是,不论是热分析动力学还是基于绝热量热、反应量热的动力学参数的动力学获取方法,其数据处理过程都非常烦琐。为此有很多公司根据热安全评估的需要,构建了动力学计算及危险场景预测的软件,有的软件主要基于等转化率方法进行动力学求算和有关安全参数的预测,如 AKTS (advanced kinetics and technology solutions)[25];有的方法则主要基于模型拟合法,如 TSS (thermal safety software)[26]。这里将分别列举两种方法的应用情况。

一、基于等转化率的 TMR$_{ad}$ 的求算

笔者团队[27] 在研究硝化反应合成吉纳(一种含能材料)过程的热危险性时,采用等转化率法对碱洗之后的产物进行了热分析实验、动力学计算和 TMR$_{ad}$ 的预测。不同温升速率 β 下的实测 DSC 热流 (heat flow) 与温度关系曲线见图 6-36。

采用微分 Fridman 方法(见第三章),基于 AKTS 软件对其进行计算可以

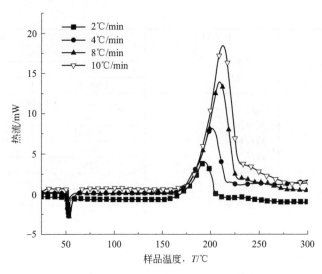

图 6-36　吉纳碱洗产物动态 DSC 曲线

得到活化能 E 和拟合过程中相关系数曲线（图 6-37）。

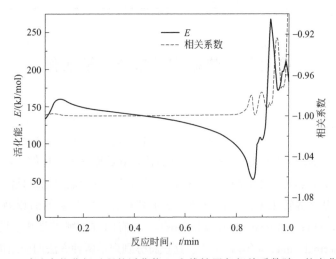

图 6-37　碱洗产物分解过程的活化能 E 和线性回归相关系数随 α 的变化曲线

由第二章内容可知，在绝热体系中有：

$$q_{ac} = q_{rx} \qquad (6\text{-}88)$$

若样品质量为 m，样品温度为 T，反应速率 r 用样品分解的热转化率 α 来表示，则可得到：

$$c'_p m \frac{\mathrm{d}T}{\mathrm{d}t} = Qr = Q \frac{\mathrm{d}\alpha}{\mathrm{d}t} \qquad (6\text{-}89)$$

由此可以得到：

$$\frac{\mathrm{d}T}{\mathrm{d}t} = \Delta T'_{ad} \frac{\mathrm{d}\alpha}{\mathrm{d}t} \tag{6-90}$$

式中 $\Delta T'_{ad}$ 指 $\varphi=1$ 时物料的绝热温升，当热惯量因子 φ 不为 1 时，则上式可表示为：

$$\frac{\mathrm{d}T}{\mathrm{d}t} = \frac{1}{\varphi} \Delta T'_{ad} \frac{\mathrm{d}\alpha}{\mathrm{d}t} \tag{6-91}$$

由于反应速率 $\dfrac{\mathrm{d}\alpha}{\mathrm{d}t} = kf(\alpha) = A\exp\left(-\dfrac{E}{RT}\right)f(\alpha)$，$A$ 为指前因子；E 为活化能；$f(\alpha)$ 为反应模型函数。所以，式（6-90）和式（6-91）可转化为：

$$\frac{\mathrm{d}T}{\mathrm{d}t} = \Delta T'_{ad} A f(\alpha)\exp\left(-\frac{E}{RT}\right) \tag{6-92}$$

$$\frac{\mathrm{d}T}{\mathrm{d}t} = \frac{1}{\varphi} \Delta T'_{ad} A f(\alpha)\exp\left(-\frac{E}{RT}\right) \tag{6-93}$$

而绝热条件下的时间可以由下式得到：

$$t_{\alpha} = \int_{0}^{t_{\alpha}} \mathrm{d}t = \int_{0}^{t_{\alpha}} \frac{\mathrm{d}\alpha}{A_{\alpha} f(\alpha)\exp\left(-\dfrac{E_{\alpha}}{RT_{\alpha}}\right)} \tag{6-94}$$

由于等转化率法可以获得对应的 $\ln Af(\alpha)$ 和 E 随转化率 α 的关系，所以可以根据式（6-92）或式（6-93）可以获得一定 α 下的温升速率关系，结合式（6-94）可以得到任意起始温度下不同转化率处的温度、温升速率和时间的关系曲线，进而可以获得 TMR_{ad} 与起始温度的关系。

基于上述原理，计算得到吉纳碱洗产物的 TMR_{ad} 与起始温度 T 的关系（图 6-38）。

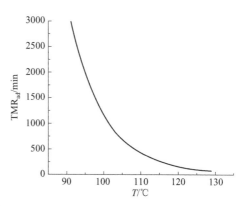

图 6-38　碱洗产物 TMR_{ad} 与温度 T 的关系图

二、基于模型拟合法的 TMR$_{ad}$ 的求算

1. 基于多种量热模式数据的动力学计算

笔者团队[28] 采用模型拟合法对以 40％过氧化二异丙苯（DCP）的 2,2,4-三甲基戊二醇二异丁酯（DIB）溶液（以下简称 40％DCP 溶液）的热分解动

力学进行了研究。该样品的动态 DSC 及 VSP2 测试结果见图 6-39 和图 6-40。图 6-40 中温度和压力的突然下降是试验结束时手动泄压所致，这里不影响放热阶段的测试。

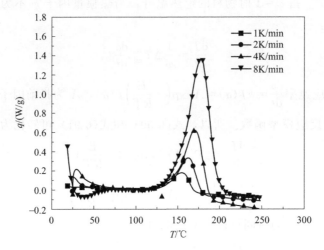

图 6-39　40％DCP 溶液动态 DSC 实验结果

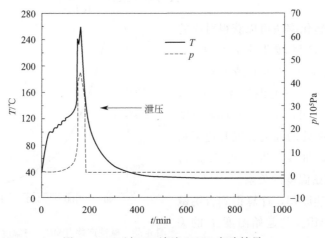

图 6-40　40％DCP 溶液 VSP2 实验结果

笔者团队基于 TSS 软件获取了该样品的动力学模型，采用的 n 级反应和自催化反应的模型函数分别为：

$$\frac{\mathrm{d}\alpha}{\mathrm{d}t}=A\,\mathrm{e}^{-\frac{E}{RT}}(1-\alpha)^{n} \tag{6-95}$$

$$\frac{\mathrm{d}\alpha}{\mathrm{d}t}=A\,\mathrm{e}^{-\frac{E}{RT}}(1-\alpha)^{n_1}\left(\alpha^{n_2}+z_0\,\mathrm{e}^{-\frac{E_z}{RT}}\right) \tag{6-96}$$

在对 40%DCP 溶液的 DSC 和 VSP2 数据单独进行动力学建模时，发现有两种模型："n 级＋n 级"模型（简称模型 1）和"n 级＋自催化"模型（简称模型 2）均可以较好地描述测试结果，两种模型对 DSC 数据的相关系数分别为 0.9992 和 0.9994；对 VSP2 数据的拟合相关系数分别为 0.9781 和 0.9726。拟合结果见图 6-41～图 6-44。

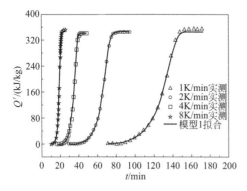

图 6-41　DSC 放热量拟合曲线（模型 1）

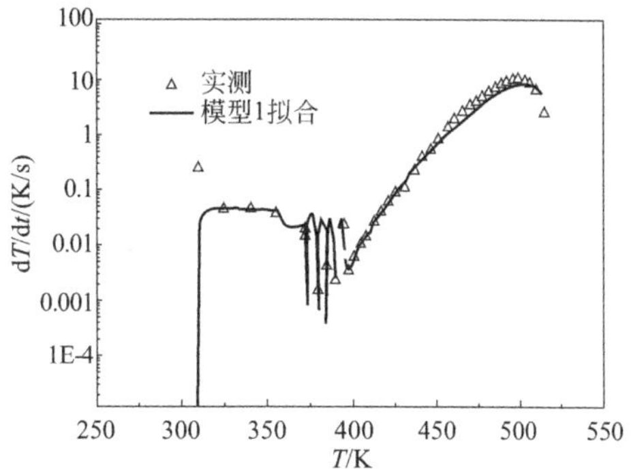

图 6-42　VSP2 温升速率拟合曲线（模型 1）

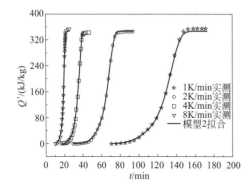

图 6-43　DSC 放热量拟合曲线（模型 2）

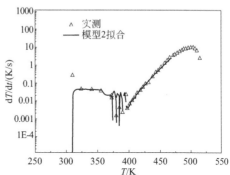

图 6-44　VSP2 温升速率拟合曲线（模型 2）

然而，理论上来说，物质分解的动力学模型不会因为量热模式不同而改变，因而两种模型中必定有一个是不完全符合实际分解过程的。另外，两种模型对同种量热模式下测试数据的相关系数非常接近，这从一个侧面说明了利用单一量热模式的测试数据研究物质分解动力学是存在局限性的。

为此，采用同种模型同时对绝热数据和动态数据共同求算动力学，以进一步筛选正确的动力学模型并求算准确的动力学参数。这种方法需要用一种模型同时对绝热和动态数据进行拟合，通过不断改变模型中的动力学参数，使拟合结果达到最优，即拟合曲线同时与两种量热模式测试曲线的相关系数最大，并获得相应的动力学参数，拟合曲线见图 6-45～图 6-48。经计算，模型 1 和模型 2 拟合的相关系数分别为 0.9798 和 0.9096，显然，模型 1 的拟合结果明显优于模型 2。

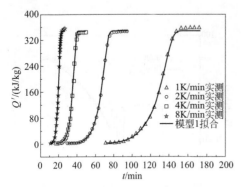

图 6-45　共同拟合下 DSC 拟合曲线
（模型 1）

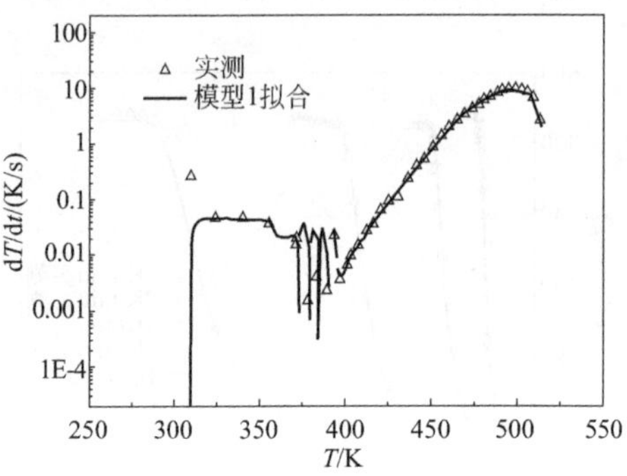

图 6-46　共同拟合下 VSP2 拟合曲线
（模型 1）

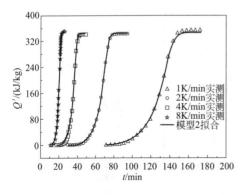

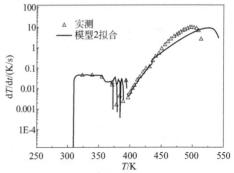

图 6-47　共同拟合下 DSC 拟合曲线
（模型 2）

图 6-48　共同拟合下 VSP2 拟合曲线
（模型 2）

　　研究结果表明，同时采用两种量热模式的测试数据分析动力学是可行的，可以避免单一量热模式在模型筛选上的局限性问题。

2. 基于模型拟合法计算 TMR$_{ad}$

　　笔者团队[28] 通过开展动态和等温 DSC 实验测试了 2,4-DNT。利用 TSS 软件的模型拟合法，建立合适的物质热分解动力学模型，并基于此模型计算和预测了 2,4-DNT 热分解动力学参数以及 TMR_{ad}。

首先，通过开展四组不同升温速率的 DSC 实验，以研究 2,4-DNT 的热分解行为，结果见图 6-49。分析结果可得，物质热分解的平均放热量大约为 2173.1J/g。

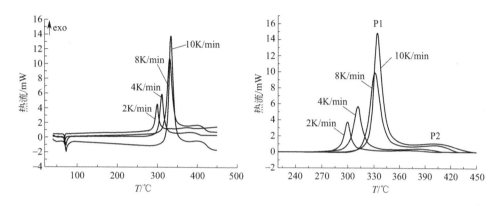

图 6-49　2,4-DNT 的动态 DSC 测试曲线　　图 6-50　动态 DSC 曲线（放热段扣基线）

通过对测试的热流曲线进行扣基线处理，放热段的热流曲线见图 6-50。由于在热流曲线中出现了两个明显的放热峰（P1 和 P2），可发现样品的放热分解过程并不可以用简单的单步反应描述，而是包括了至少两个反应步骤。

如文献［30］所述，2,4-DNT 的放热分解过程遵循自催化分解机理。分别在 250℃、254℃和 260℃下进行了一系列等温 DSC 实验，以研究其热分解性能。等温实验曲线见图 6-51。

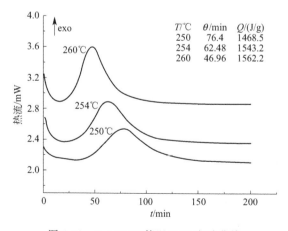

T/℃	θ/min	Q/(J/g)
250	76.4	1468.5
254	62.48	1543.2
260	46.96	1562.2

图 6-51　2,4-DNT 等温 DSC 实验曲线

在等温测试过程中，仅检测到一个放热峰，其平均放热量约为 1524.6J/g，这明显低于动态 DSC 实验结果。故猜想一个可能的原因是样品在等温测试中没有完全分解。为了验证这一论点，进行了另一组结合等温和非等温测试的附加实验[29]。

实验在 250℃ 下等温测试 200min，直到出现第一个放热峰，然后以 4℃/min 将样品加热至 450℃。测试结果见图 6-52。

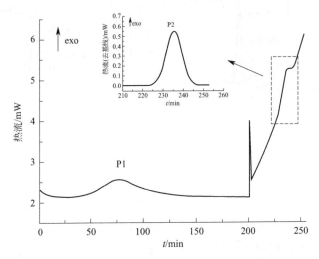

图 6-52　等温和非等温组合模式下的 DSC 曲线

根据上述实验结果，可发现在 250℃ 的等温测试后，仍然有一个放热峰（P2 在缩小的视图中），表明 2,4-DNT 在等温实验过程中并未完全分解。此外，在附加测试中，P2 的分解热量约为 451.04J/g，大约等于动态和等温测试放热量的差值。所以，结合动态和等温测试的结果，可以得出结论，2,4-DNT 的分解包括两个连续的反应。而且，第一个放热峰的热流曲线均呈"钟形"曲线，表明反应的第一阶段应遵循自催化反应模型。

使用 TSS 软件模型拟合方法来计算 2,4-DNT 的热分解动力学模型。由于 2,4-DNT 的分解反应的第一阶段遵循自催化反应机理，而第二阶段的反应动力学模型未知，因此样品的放热分解反应动力学模型可以表述为如下两种类型：

模型 Ⅰ　自催化反应阶段＋自催化反应阶段

$$\frac{d\alpha}{dt}=k_{01}e^{-\frac{E_1}{RT}}(1-\alpha)^{n_1}(z_1+\alpha^{n_2})+k_{02}e^{-\frac{E_2}{RT}}(1-\alpha)^{n3}(z_2+\alpha^{n_4})$$

模型 Ⅱ　自催化反应阶段＋n 级反应阶段

$$\frac{\mathrm{d}\alpha}{\mathrm{d}t}=k_{01}\,\mathrm{e}^{-\frac{E_1}{RT}}(1-\alpha)^{n_1}(z+\alpha^{n_2})+k_{02}\,\mathrm{e}^{-\frac{E_2}{RT}}(1-\alpha)^{n_3}$$

分别基于动力学模型Ⅰ和Ⅱ拟合处理了动态 DSC 数据。结果见图 6-53。

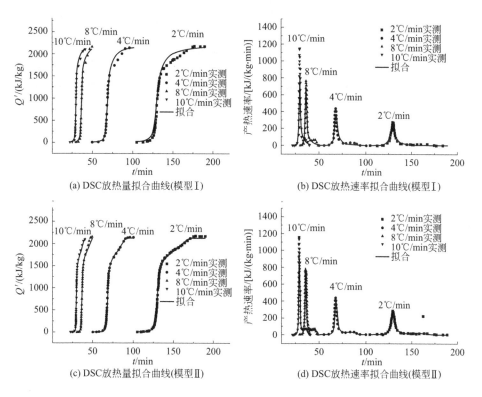

图 6-53　2,4-DNT（非等温 DSC）的模拟放热量、放热速率与时间的关系

与基于模型Ⅰ的拟合结果（相关系数 0.955）相比，基于模型Ⅱ对 DSC 实验数据的拟合尤其是第二阶段的反应更为合理 [图 6-53(a)、(b)、(c) 和 (d)]，拟合相关系数为 0.996。因此，2,4-DNT 的热分解动力学模型可由两个连续的反应阶段组成，即"自催化反应阶段+n 级反应阶段"。

将基于动力学模型Ⅱ预测的第一阶段反应的等温结果与等温实验结果进行比较，见图 6-54。可发现所有等温实验数据点均与预测结果具有良好的一致性，相关系数可以达到 0.9960，这也证明了所计算动力学模型和参数的可靠性。

接着，基于动力学模型Ⅱ，对 2,4-DNT 的热失控危害参数进行了评估，并预测了 2,4-DNT 热分解反应的 $\mathrm{TMR_{ad}}$ 曲线（图 6-55）。

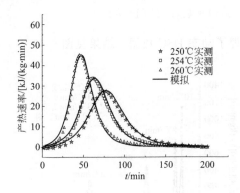

图 6-54　第一阶段等温反应的动力学验证　　图 6-55　2,4-DNT 的 TMR_{ad} 随温度
变化曲线预测

参考文献

[1]　弗朗西斯·施特塞尔. 化工工艺的热安全——风险评估与工艺设计. 陈网桦，彭金华，陈利平，
　　　译. 北京：科学出版社，2009.

[2]　刘荣海，陈网桦，胡毅亭. 安全原理与危险化学品测评技术. 北京：化学工业出版社，2004.

[3]　吉田忠雄，田村昌三. 反应性化学物质与爆炸物品的安全. 刘荣海，孙业斌，译. 北京：兵器工
　　　业出版社，1993.

[4]　刘振海，陆立明，唐远望. 热分析简明教程. 北京：科学出版社，2013.

[5]　Barton J，Rogers R. Chemical Reaction Hazards：A Guide to safety，second edition. Rugby：In-
　　　stitution of Chemical Engineers，1997.

[6]　陈利平. 甲苯硝化反应热危险性的实验与理论研究 [D]. 南京：南京理工大学，2009.

[7]　Mettler-Toledo GmbH. WinRC_NT help. 2002.

[8]　C80 Calorimeter. http：//pdf. directindustry. com/pdf/setaram/c80-calorimeter/28528-78792-_
　　　2. html. 2019.

[9]　孙金华，丁辉. 化学物质热危险性评价. 北京：科学出版社，2007.

[10]　United Nations. Recommendations on the Transport of Dangerous Goods Manual of Tests and Cri-
　　　teria，ST/SG/AC. 10/11/Rev. 6. New York and Geneva：United Nations，2015.

[11]　Townsend D I，Tou J C. Thermal hazard evaluation by an accelerating rate calorimeter. Thermochimica
　　　Acta，1980，37（1）：1-30.

[12]　Thermal Hazard Technology. THT Technical Information Sheet No 3，General Application of
　　　Accelerating Rate Calorimetry Data，1995.

[13]　Thermal Hazard Technology. THT Technical Information Sheet No 4，Time to Explosion：Ap-
　　　plication of Accelerating Rate Calorimetry Data，1995.

[14]　Fisher H G，Forrest H S，Grossel S S，et al. Emergency relief system design using DIERS tech-
　　　nology：the design institute for emergency relief system（DIERS）project manual. New York：

John Wiley & Sons，2010.

[15] Kossoy A，Singh J，Koludarova E Y. Mathematical methods for application of experimental adiabatic data-An update and extension. Journal of Loss Prevention in the Process Industries，2015，33：88-100.

[16] 董泽. 反应体系热失控压力泄放的实验及理论研究 ［D］. 南京:南京理工大学，2019.

[17] 朱益. 绝热最大反应速率到达时间传统算法的计算偏差研究 ［D］. 南京:南京理工大学，2019.

[18] Dong Z，Xue B，Chen L，et al. A study of classifying autocatalytic strength with adiabatic conditions. Journal of Thermal Analysis and Calorimetry，2019，137（1）：217-227.

[19] Lerena P，Wehner W，Weber H，et al. Assessment of hazards linked to accumulation in semibatch reactors. Thermochimica Acta，1996，289（1）：127-142.

[20] Chen LP，Zhou Y S，Chen W H， et al. T_{cf} and MTSR of toluene nitration in mixed acid. Chemical Engineering Transactions，2016，48：601-606.

[21] 庄众. 醋酸酐水解反应热失控危险性研究 ［D］. 南京:南京理工大学，2009.

[22] 王志魁，刘丽英，刘伟. 化工原理. 北京：化学工业出版社， 2010.

[23] Choudhury S，Utiger L，Riesen R. Heat Transport in Agitated Vessels：Scale-up methods. METTLER TOLEDO Publication 00724218.

[24] 朱彦. 甲苯半间歇一段硝化反应放大研究 ［D］. 南京:南京理工大学，2007.

[25] AKTS-Thermokinetics and AKTS-Thermal Safety Software. http：//www. akts. com. 2013.

[26] Thermal Safety Series（TSS）. http：//www. cisp. spb. ru/tss. 2019.

[27] 周鹏. 吉纳合成工艺的热危险性研究 ［D］. 南京:南京理工大学，2019.

[28] 董泽,陈利平,陈网桦,等. 40%DCP 溶液的热分解模型. 化工学报，2017，68（5）：1773-1779.

[29] Jun Zhang，Li-ping Chen，Wang-hua Chen，et al. Investigation of the decomposition kinetics and thermal hazards of 2,4-dinitrotoluene on simulation approach. Thermochimica Acta，2019，https：//doi. org/10. 1016/j. tca. 2019. 178350.

[30] 鲍士龙，陈网桦，陈利平，等. 2,4-二硝基甲苯热解自催化特性鉴别及其热解动力学. 物理化学学报，2013，29（3）：479-485.

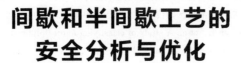

间歇和半间歇工艺的
安全分析与优化

精细化工行业多以间歇和半间歇操作为主，具有工艺复杂多变、现场操作人员多等特点，容易因反应失控导致火灾、爆炸、中毒事故，造成群死群伤。想要有效地避免反应失控事故的发生，首先需要对反应工艺进行安全分析，确定反应工艺危险程度，然后以此进行工艺优化和安全设施设计，方能提高间歇及半间歇工艺的安全水平，有效防范事故的发生。本章首先针对间歇及半间歇工艺的动态稳定性进行介绍，然后介绍工艺安全分析和安全设计等内容。

第一节　间歇反应器

理想的间歇反应器是一个封闭的反应器，在反应期间没有任何物料的加入或移出。实际上间歇反应器的定义可以进行一定的扩展：在反应期间，允许产物（部分产物）移出反应器，如气体产物或蒸馏过程中的蒸气。对于在间歇反应器中发生的放热反应，从热安全的角度出发，应该重点控制反应速率。反应速率受温度、浓度、搅拌等因素的影响，但对于间歇反应过程而言，浓度改变无法通过后续加料等外部干预手段进行。因此，对于间歇反应器，控制反应速率的主要方法就是控制温度。所以，热交换系统变得非常重要，一旦发生故障就可能导致严重后果。本节内容将基于此进行详细讨论。

当然，对于非均相反应体系，反应速率容易受到搅拌效果的影响，因而搅拌也可以成为一种控制反应速率的方法。

一、数学模型

1. 物料平衡

通常，以反应物的摩尔流（molar flow）表示的总的物料平衡包括四项：

{流入反应器的流入速率}＝{流出反应器的流出速率}＋{消耗速率}＋{累积速率}

$$(7-1)$$

根据间歇反应的定义，因为没有反应物流入、流出反应器，所以前两项均为零。于是，平衡关系变为

$$\{消耗速率\}＝－\{累积速率\} \tag{7-2}$$

反应物 A 的消耗速率与反应速率和体积成正比（$-r_A V$）。单位时间内反应器中 A 组分物质的量的变化量：

$$\frac{dN_A}{dt}=\frac{d\left[N_{A0}(1-X_A)\right]}{dt}=-N_{A0}\frac{dX_A}{dt} \tag{7-3}$$

于是，物料平衡变为

$$-r'_A V=N_{A0}\frac{dX_A}{dt}\Leftrightarrow\frac{dX_A}{dt}=\frac{-r_A}{c_{A0}} \tag{7-4}$$

2. 热量平衡

这里只考虑简化的热平衡：

$$q_{ac}=q_{rx}-q_{ex}\Leftrightarrow\rho V c'_p\frac{dT_r}{dt}=(-r_A)V(-\Delta H_r)-UA(T_r-T_c) \tag{7-5}$$

对上式进行整理，以得到温度随转化率的变化：

$$\frac{dT_r}{dt}=\Delta T_{ad}\frac{-r_A}{c_{A0}}-\frac{UA}{\rho V c'_p}(T_r-T_c) \tag{7-6}$$

用式（7-6）除以式（7-5），可以得到 $T_r=f(X_A)$ 的轨迹方程（equation of the trajectory）：

$$\frac{dT_r}{dX_A}=\Delta T_{ad}-\frac{UAc_{A0}}{\rho V c'_p(-r_A)}(T_r-T_c) \tag{7-7}$$

式中　X——转化率；

$\quad c_{A0}$——反应物 A 的初始浓度，mol/m^3；

$\quad T_r$——反应温度，℃；

$\quad \Delta T_{ad}$——绝热温升，K；

$\quad U$——综合传热系数，$W/(m^2 \cdot K)$；

$\quad A$——传热面积，m^2；

$\quad c'_p$——比热容，$kJ/(K \cdot kg)$；

$\quad T_c$——冷却介质温度，℃。

这个温度轨迹对于研究温度控制方法十分有用。对于绝热反应，轨迹曲线呈线性，任何冷却都会导致该线性轨迹的偏离。

从式(7-6) 可知，反应器温度变化取决于以下几方面：

① 绝热温升。由反应热、釜内物料的量决定。

② 反应速率。由反应物浓度和温度决定。

③ 冷却能力。由综合传热系数、传热面积、反应物料与冷却介质间温差决定。

二、间歇反应器稳定性分析

1. 动态稳定性分析

这里动态稳定性的含义与物料稳定性概念不一样，前者的核心是热平衡的控制问题，动态稳定性好意味着反应器易于控制，而后者的含义主要是指物料热分解的问题。

当间歇反应过程满足两个条件时，可以认为间歇反应器处于稳定的状态：

① 正常情形下反应过程处于稳定状态。

② 工艺偏差时反应器依然能保持稳定。

从热平衡的角度出发，要保证正常情形下间歇反应过程处于稳定状态，需要满足两个条件：

① 反应器最大冷却能力大于最大放热速率；

② 随温度变化的冷却速率大于放热速率。

因此，有式(7-8) 与式(7-9)：

$$q_{ex,max} > q_{rx,max} \tag{7-8}$$

$$\frac{\partial q_{ex}}{\partial T_r} > \frac{\partial q_{rx}}{\partial T_r} \tag{7-9}$$

此处，

$$\frac{\partial q_{ex}}{\partial T_r} = \frac{\partial [UA(T_r - T_c)]}{\partial T_r} = UA \tag{7-10}$$

且

$$\frac{\partial q_{rx}}{\partial T_r} = \frac{\partial [k_0 e^{-E/(RT)} f(X) V c_0 (-\Delta H_r)]}{\partial T_r} = \frac{E_a}{RT_r^2} q_{rx} \tag{7-11}$$

式中　$q_{ex,max}$——反应器的最大移热能力，W；

　　　　$q_{rx,max}$——反应的最大放热速率，W。

式(7-11) 中 $E_a/(RT_r^2)$ 项称为温度敏感性。可以看出，活化能越高，放热速率对温度的敏感性越高。

它乘以绝热温升 ΔT_{ad} 可得到一个无量纲参数，称为反应数（reaction number）：

$$B = \frac{\Delta T_{ad} E_a}{R T_r^2} \tag{7-12}$$

式中，B 为无量纲反应数；E_a 为活化能，J/mol。

B 值高意味着反应难以控制。Hugo 发现当 B 值大于 5 时，间歇反应器就比较难以控制。

一般来说，当最大反应放热速率小于反应器冷却能力时，间歇反应过程的温度可以控制在合理的范围内。但是如果工艺温度出现偏差，由于移热速率随温度是线性变化的，而放热速率随温度是非线性变化的，因此对于某些强放热反应而言，放热速率的增长幅度可能会远大于移热速率的增长幅度，从而导致热量平衡被打破。此时，间歇反应器可能处于危险状态。

下面介绍一下其它建立在热平衡基础上的动态稳定性判据。

（1）Semenov 判据　在本书第二章第五节"二、Semenov 热温图"中，使用 Semenov 热温图来说明冷却介质临界温度。同样，Semenov 热温图也可判别反应器动态稳定性和失控状态。动态稳定性可以通过 Semenov 数 Ψ（也称 Semenov 因数）的极限值来说明：

$$\Psi = \frac{q_0 E_a}{UART_r^0} < \frac{1}{e} \approx 0.368 \tag{7-13}$$

该判据是建立在零级反应基础上的，对强放热反应（即在低转化率下也会产生高的温升）是成立的。这个判据中，除了需要知道反应器热移出特性的参数，还需要知道在工艺温度下反应的放热速率 q_0 和活化能 E_a。

（2）滑移判据　将式(7-11) 和式(7-10) 代入式(7-9) 可以得到，

$$\frac{\tau_r}{\tau_c} \frac{RT^2}{\Delta T_{ad} E} \gg 1 \tag{7-14}$$

式(7-14) 中定义的 τ_r 为特征反应时间（characteristic reaction time）；τ_c 为反应器的热时间常数。τ_r 和 τ_c 的表达式分别为

$$\tau_r = \frac{1}{k c_{A0}^{n-1}} \tag{7-15}$$

$$\tau_c = \frac{\rho V c_p'}{UA} \tag{7-16}$$

式(7-14) 可通过模拟分析来核实和改进（考虑最初反应速率为）：

$$\frac{\tau_{r0}}{\tau_c} = \frac{\tau_{rc0}}{\tau_c} \gg \left(\frac{\Delta T_{ad}E}{RT_c^2}\right)^{1.2} = B^{1.2} \tag{7-17}$$

这就是所谓的"滑移"判据（"sliding" criterion），它建立在时间为零的时刻，但可以应用于任意时刻。指数 1.2 考虑了一个安全裕度（safety margin）。这个判据用到了反应动力学的知识。

（3）组合判据　将特征反应时间 τ_r 除以热时间常数 τ_c，可得到一个无量纲数，即修正后的 Stanton 判据：

$$St = \frac{UA\tau_r}{\rho Vc_p'} = \frac{\tau_r}{\tau_c} \tag{7-18}$$

修正后的 Stanton 判据将特征反应时间与反应器的热时间常数进行了比较。如果如下式构建一个比值，则可以消除时间变量：

$$\frac{Da}{St} = \frac{kc_0^{n-1}\rho Vc_p'}{UA} \ll 1 \tag{7-19}$$

式中，Da 为达姆科勒（Damköhler）数，表达式为

$$Da = kc_0^{n-1}\tau \tag{7-20}$$

这里所述的 Da 数是指 I 类 Damköhler 数。其它的 Damköhler 数的定义为：II 类常用来表征固体催化剂表面的物料传递，III 类用来表征固体催化剂表面的对流传热，IV 类用来表征固体催化剂中的温度变化关系。

这个判据［指式(7-19)］综合运用到了反应动力学的知识。实际上，这个比值是将特征反应时间（涉及反应速率）与热时间常数（涉及冷却速率）进行比较后的结果。反应器的尺寸变化会强烈地影响这个值。另外，它随反应器的大小呈非线性变化。因此在工艺放大时考虑这些因素尤为重要。

2. 参数敏感性

所谓参数敏感性，指有关控制变量发生微小变化对某一个或一组关键指标参数的影响程度（参见第二章第五节）。对于间歇反应器而言，典型的控制变量包括冷却介质温度、初始反应温度、初始组分浓度、催化剂等，最常用的关键指标参数为反应过程的最高温度（T_{max}）。Morbidelli 和 Varma[1,2] 提出了规范化参数敏感度（s_{norm}）分析计算方法，并给出了 s_{norm} 的定义：

$$s_{norm} = \frac{\partial \ln\theta}{\partial \ln\Phi} \tag{7-21}$$

式中，θ 为关键指标参数；Φ 为控制变量。

对于参数敏感度（性）还有其他表达式，这些表达式及其应用，将在本章后面具体的章节中介绍。

三、温度控制方法

从技术层面上来说，间歇反应器实际运用的温度控制模式有 5 种：

① 等温模式：反应物料的温度为定值或在很小范围内波动；

② 恒温模式：冷却介质的温度恒定；

③ 绝热模式：反应体系与外界没有任何热量交换，反应体系处于绝热状态下；

④ 多变模式：反应过程经历不同的阶段，如绝热、等温和恒温；

⑤ 温度控制反应模式：反应物料的温度直接由热交换系统控制。

下面针对这些温度控制模式的间歇反应器安全设计进行分析。

四、等温模式

1. 等温反应器的安全设计

理想的等温模式是指反应过程中反应物料的温度保持恒定。在实际操作中，理想的等温操作很难实现。一般来说，当反应物料的温度在很小范围内波动时，就可以认为是等温模式了。为了实现等温操作，反应的放热速率必须由冷却系统的热交换速率精确补偿。

$$q_{rx} = q_{ex} \Leftrightarrow -rV(-\Delta H_r) = UA(T_r - T_c) \tag{7-22}$$

式中　r——反应速率，$mol/(m^3 \cdot s)$；

V——反应体积，m^3；

ΔH_r——摩尔反应焓，J/mol；

T_r——反应温度，K。

这要求冷却系统的冷却能力至少等于反应的最大放热速率。对于 n 级单一反应，反应开始时的放热速率最大（图 7-1），最大放热速率可根据速率方程利用初始浓度求出：

$$q_{rx} = kc_0^n(-\Delta H_r)V \tag{7-23}$$

对于单步 n 级反应，满足等温操作所需的冷却介质温度可以通过下式进行计算：

$$T_c = T_r - \frac{kc_0^n(-\Delta H_r)V}{UA} \tag{7-24}$$

为了保证冷却系统的最大冷却速率高于反应的最大放热速率，冷却介质的最高允许温度可以通过反应最大放热速率计算得到。如果知道反应的动力学信

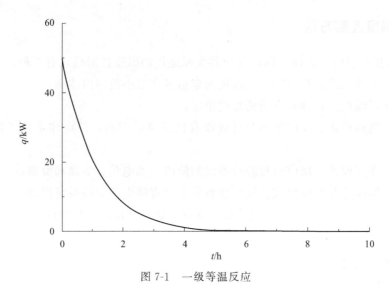

图 7-1　一级等温反应

严格等温的条件：反应规模较小且具有一个强大的温度控制系统

息和放热量情况，可以通过放热速率方程直接计算反应最大放热速率。在不确切了解有关动力学参数的情况下，反应最大放热速率也可以通过量热实验测量得到。

对于不具有自催化特性的放热反应，反应最大放热速率出现在反应初始时刻。这也意味着反应开始时就需要反应器具有最大的冷却能力，从而控制反应温度。随着反应进行，放热速率相对开始时一直在下降。这导致冷却能力的"浪费"，这就是在工业实践中纯粹的等温反应相对很少的原因。此外，在工业规模反应中，要维持等温条件，必须具备一个极其强大且能快速响应的冷却系统。

维持等温条件另一个常用方法是利用蒸发冷却效应，在溶剂的沸点温度处进行反应。这是一种非常有效的方法，具有几个好处：反应温度以及反应速率都处于最大值（在大气压力下）。另外，冷却能力的增加可以不受反应器几何尺寸的影响，因为冷凝器可以独立设计，且热传递通过冷凝来实现，所以传热系数很高。还可以采用真空装置降低反应器的压力，使温度处在一个较低数值。在这种情况下，安全分析时必须考虑到真空度损失带来的后果：体系的沸点将向正常沸点移动，由蒸发冷却带来的安全屏障可能不复存在。

2. 安全评估

对于等温间歇反应器而言，一般来说，所有反应物料是一次性加入反应釜中的。反应刚开始时，反应物还没有转化，物料累积度最大（100%）。随着反应的进行，反应物逐渐消耗，累积度的值也逐渐下降。因此得到 MTSR：

$$\mathrm{MTSR} = T_r + \Delta T_{ad} \tag{7-25}$$

从上式可知，对于等温间歇反应只需知道绝热温升就足以计算 MTSR。安全评估所需参数是在目标温度下反应的最大放热速率 $q_{rx,max}$ 以及反应热 Q_{rx}。前一个参数可以用来计算反应器冷却介质的最高允许温度，第二个参数可以计算绝热温升，从而可以用来评估目标反应在发生冷却失效时能够达到的最高温度。

五、恒温模式

1. 安全设计

在工业规模的生产过程中，这个方法比较简单，便于应用，反应物由加热/冷却系统加热到反应温度，然后保持冷却介质温度恒定。随着反应进行，反应物料温度在"自加热"效应下升高，温度到达最大值，然后降低，直到再次达到冷却系统温度（图 7-2）。对于恒温温控模式的间歇反应器，冷却系统温度的选择至关重要。随着冷却系统温度的升高，反应最高温度（T_{max}）也将升高，且存在一个临界的冷却系统温度，在该临界值处反应最高温度相对冷却系统温度的参数敏感性最大。

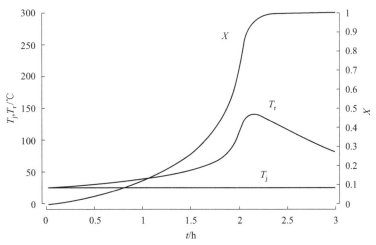

图 7-2　恒温间歇反应器中，起始温度为 25℃
且冷却系统温度 T_c 恒定为 25℃，
反应器温度 T_r 和转化率都是时间的函数

为了便于理解，以乙酸酐和甲醇酯化反应为例[3]。在硫酸催化作用下，该放热反应在恒温间歇反应器中进行，反应器的传热系数（UA）为 4.3W/K。乙酸酐的初始物质的量为 0.8mol，甲醇的初始物质的量为 7.0mol。由于甲醇过量很多，所以近似认为反应过程中甲醇的浓度不变，反应速率仅与乙酸酐的浓度相关。该反应的速率常数 k 如下：

$$k = 164.68T^{1.0554}c_{\mathrm{H_2SO_4}}\exp\left(-\frac{5932.8}{T}\right) \tag{7-26}$$

式中，$c_{\mathrm{H_2SO_4}}$ 为催化剂硫酸的浓度，$\mathrm{mol/m^3}$。

在恒温间歇操作时，反应初始温度与冷却系统温度相同。在不同冷却系统温度下，进行恒温间歇反应，从而得到了多条反应温度与时间的曲线，见图 7-3。可以看到，随着冷却系统温度的升高，反应最高温度将持续升高。根据式(7-21)计算反应最高温度相对冷却系统温度的参数敏感性，见图 7-4。从图中可以看出，参数敏感性始终为正值，与图 7-3 中最大反应温度总是随冷却系统温度升高而升高的结果吻合。这种现象产生的原因是：随着冷却系统温度的升高，反应放热速率也相应升高，反应的"自加热"效应越加明显。

另外，从图 7-4 可看到，参数敏感度曲线呈先上升后下降趋势，在 282～284K 之间，参数敏感度达到最大值。从安全设计的角度出发，反应过程应该避免在参数敏感区进行。

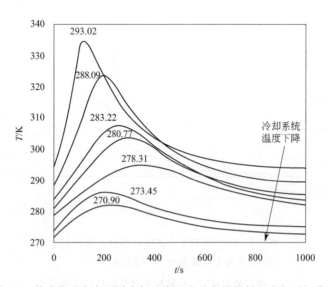

图 7-3　某酯化反应中不同冷却系统温度对应的物料温度与时间曲线

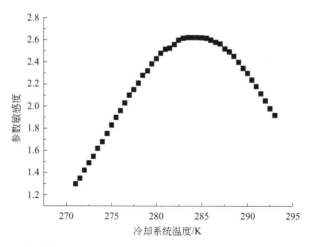

图 7-4　某酯化反应中反应最高温度相对冷却系统温度的参数敏感度

2. 安全评估

本质上来说，恒温反应的安全评估与等温反应一样。虽然恒温间歇反应过程的反应温度随时间是变化的，但是经笔者团队证明 MTSR 始终出现在反应初始时刻。由于反应物料的初始温度往往与冷却系统的温度相同，故根据式(7-25)计算 MTSR 时，采用冷却系统温度为 T_r。在实际的工艺设计以及运行过程中，还要确保 MTSR 不会引发二次分解反应。

六、绝热模式

1. 安全设计

对于绝热间歇反应，由于体系不与周围环境进行热交换，也没有冷却，反应的热效应将通过反应体系的温度变化来体现。对于绝热间歇反应器，反应能达到的最高温度即 MTSR，可以根据式(7-25)计算得到。

绝热间歇反应器设计的关键因素在于如何选择初始反应温度。它决定了反应器将要操作的温度范围以及反应的时间周期。由于反应速率是温度的指数函数，所以初始温度决定了反应的进程。初始温度必须高到能使反应发生自加热作用，并且能在一个合理的时间周期内完成反应。如果初始温度过高，则反应达到的最高温度也将过高，体系产生的蒸气可能导致高压情形的出现，也有可能会引发二次反应。而且，温升速率过快可能会使反应器产生机械应力。因此，初始温度的选择对于绝热间歇反应过程的安全性十分重要。

显然，绝热控制不适用于每个反应：必须将绝热温升限制在适当的范围内，以避免终态温度过高。对于强放热反应而言，反应的终点温度可能过高，而且温升速率容易过快；对于微弱放热反应，自加热效应不明显，将导致反应周期过长，不利于生产效率。所以，一般说来，只有中等放热反应才可以在绝热条件下进行。

2. 安全评估

由于绝热间歇反应器本身就是在没有冷却移热的情况下工作的，故不用考虑冷却失效情形。对于绝热间歇反应过程，需要保证整个温度范围不会引发二次分解反应，也就是说，必须在反应器运行的整个温度范围内进行热分析研究。可以运用 DSC（采用动态扫描模式），或绝热量热仪（如 ARC 或杜瓦瓶量热仪）进行热分析研究。

七、多变模式

1. 原理

多变模式意味着间歇反应器既不在等温条件下工作，也不在绝热条件下工作。反应器的温度控制包括不同的时间段，即在不同的时间段里需要采用不同的温度控制模式。这些不同的温度控制模式可能包括将体系加热到一个初始温度，在该初始温度下反应被引发，且速率足够快到可以用来自加热反应物料，接下来常常是一个绝热阶段使体系温度升高，到达到某一温度后在该温度下开启冷却系统，最终达到一个温度最大值。随后，通过温控系统的调整模式来使温度稳定在目标值，从而进行等温反应。2007 年 12 月 19 日下午 1:30，位于美国佛罗里达州杰克森威尔镇北部一家生产化学品的公司（T2 Laboratories 公司）发生爆炸事故，事故工艺所采用的温度控制模式就是典型的多变模式（见本书"附录 B 美国 T2 Laboratories 有限公司反应失控导致的爆炸事故"）。

图 7-5 为某放热反应在多变模式下的特性曲线，反应温度在绝热条件下从 35℃上升到 44℃，此时开启冷却系统，以最大冷却能力运行直到反应温度达到 100℃。然后在 100℃时，启动温度控制系统，利用串联控制器来控制夹套温度使反应器内物料温度恒定在 100℃。这样，在较低的起始温度开始进行反应，有利于反应温度的控制，使其变化比较平稳。多变反应的控制常基于此目的。另外，可以根据绝热阶段的温度上升来判断反应的引发时间是否合适。

实际上，经常通过停止反应器夹套中载热体的流动来实现绝热状态。这时与夹套间的热交换急剧下降，致使反应器处于准绝热状态。然而，在这种情况下，必须考虑反应器（器壁、夹套、载热体和有关插件）的热容。这类温度控

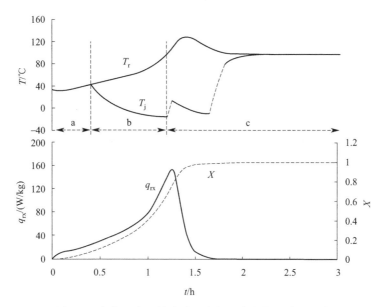

图 7-5　多变反应：某放热反应的温度变化和放热速率

开始时加热反应器到 35℃，然后绝热升温到 44℃（a 阶段），此时开动冷却系统，以其最大冷却能力运行（b 阶段），一旦终态温度到达 100℃，采用控制冷却（c 阶段）。

制方法常用于格氏反应，格氏反应的引发常具有较大的危险性，只有发现并确认反应已经引发时，才可以继续加入卤化反应物。

2. 多变模式间歇反应器安全设计

在多变模式操作中，为了保证反应控制恰当，选择什么样的初始温度以及选择什么温度时启动冷却系统是十分重要的。如果冷却系统启动过迟，温度将可能超过允许的最高温度。另外，如果启动过早，则反应将会很缓慢或不能在适当的时间周期内完成。

因而，这类反应器的设计应该注意选择下列操作参数：

① 初始温度（T_0）；

② 启动冷却系统并以其最大冷却能力运行时的温度（切换温度，T_s）；

③ 允许的最高温度（T_m）。

确定最后一项时，必须考虑到二次反应或反应器允许的最大压力。

对于间歇反应过程而言，有时体系会对 T_c、T_s、U、A 等参数敏感，例如出现由于切换温度 T_s（switching temperature）细微的变化造成反应温度突然跃升的情况（图 7-6）。图 7-6 说明了在不同切换温度 43℃、44℃、45℃ 和 55℃ 时反应物料温度的变化情况。切换温度较低（43℃）时，转化不完全，产率低于84%。44℃时，可以保持最高温度低于沸点140℃，且产率为100%。45℃时，温度超过180℃，导致反应物料可能因为释放蒸气而暴沸，产率则可能是因为出现分解而仅为93%。55℃时，引发二次反应且最高温度上升到840℃。840℃的温度是推算得到的，因为远在二次反应完成之前，反应器就已发生爆炸了。

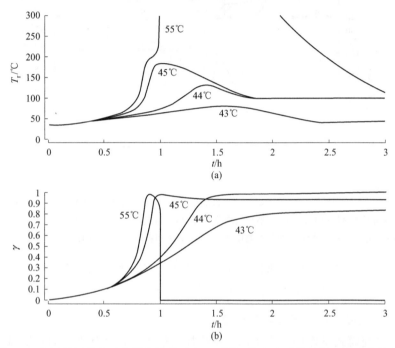

图 7-6   在恒温间歇式反应器中的某反应，不同切换温度时物料温度的变化情况

(a) 反应器温度与时间的函数关系；(b) 产率（$\gamma = N_P / N_{A0}$）与时间的函数关系

反应器的动态特性可以通过温度-转化率的关系曲线（也称温度-转化率轨迹）来研究，见图7-7。在绝热阶段，曲线呈线性，且斜率等于绝热温升。如果没有冷却，可能在转化率为 $X'_{A, max}$ 时达到最高温度 T_{max}：

$$X'_{A, max} = \frac{T_{max} - T_0}{\Delta T_{ad}} \tag{7-27}$$

实际上，在冷却系统启动之后，曲线偏离线性关系的程度与移出的热量成比例。于是，在轨迹曲线上较高转化率处，反应达到最高温度。因为这点是轨迹的极值点，所以 $dT/dX_A = 0$，可得：

$$\frac{UA}{\rho V c'_p} = \frac{(-r_{max}) \Delta T_{ad}}{c_0 (T_{max} - T_c)} \tag{7-28}$$

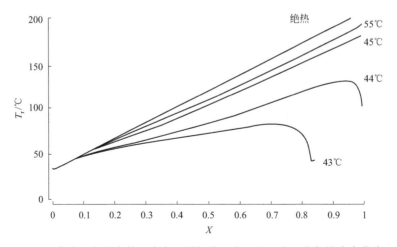

图 7-7　多变反应器中某反应在不同切换温度下的反应温度与转化率曲线

对于一个简单的二级反应，如果两种反应物的初始浓度相同（$c_{A0}=c_{B0}$），则下式成立：

$$\frac{\mathrm{d}T_r}{\mathrm{d}X_A}=\Delta T_{ad}\left[1-\frac{r_{A,max}}{r_A}\frac{T_r-T_c}{T_{max}-T_c}\right] \tag{7-29}$$

$$=\Delta T_{ad}\left[1-\frac{T_r-T_c}{T_{max}-T_c}\left(\frac{1-X_{A,max}}{1-X_A}\right)^2\exp\frac{E(T_{max}-T_r)}{RT_rT_{max}}\right] \tag{7-30}$$

Hugo 等人对上式进行积分（积分时利用了 2800 多种参数组），来系统地分析这种反应器的行为[4]。在这些工作的基础上，建立了一个针对可控多变间歇反应器的判据，这里的"可控"是指最高温度保持在设计限定的温度范围内。通常能够允许总绝热温升不超过大约 10%。主要问题在于微分方程对参数变化比较敏感（该方程描述了相互耦合的两种平衡），这意味着某个参数的微小变化（如冷却介质温度）将会导致反应器行为较大的改变，尤其是最高温度 T_{max}。所以，Hugo 还研究了冷却系统温度变化时间歇反应器的敏感性（用最高温度的变化来描述）问题：

$$S=\frac{\mathrm{d}T_{max}}{\mathrm{d}T_c} \tag{7-31}$$

敏感度 S 大于 1 时，反应器难以控制，反应器"放大"了冷却介质温度的变化；敏感度 S 小于 1 意味着反应器比较容易控制。然而，如果有适当的安全裕度，实际上敏感度 S 达到 2 也是允许的。

对于 $c_{A0}=c_{B0}$ 的二级反应，敏感度可以表示为：

$$S = \frac{dT_{max}}{dT_c} = \frac{1}{1 - B\theta(1-\sqrt{\theta})} \tag{7-32}$$

式中，

$$\theta = \frac{T - T_0}{\Delta T_{ad}} \tag{7-33}$$

如果按照复杂性由低到高的顺序对常用的判据进行排列，则有：

（1）$X'_{A,max} = \frac{T_{max} - T_0}{\Delta T_{ad}}$ 表示体系最高温差与绝热温升的比例。比值越小，需被冷却系统移出的能量越多。$X'_{A,max}$ 小于 0.25 时表明反应器几乎不可控。

（2）反应数 $B = \frac{\Delta T_{ad} E}{RT^2}$，是反应放热性及其温度敏感性的度量。对于间歇反应器，B 必须小于 5。

（3）B 与 $X'_{A,max}$ 的联合判据 可以画出 $B = f(X'_{A,max})$ 的关系，图中存在两个区域：稳定区和不稳定区，由相应的临界线分开。在这条线上，$T_S = T_0$ 意味着反应器必须在刚开始时就冷却。

（4）$\frac{Da}{St} \ll 1$ 该比值将反应时间与冷却系统的热时间常数进行了比较。为了能通过冷却系统更好地控制反应温度，应当严格控制这个比值远小于 1.0。

3. 安全评估

如果开始为绝热阶段，且在刚开始的绝热阶段就进行化学反应，则反应的 MTSR 可由式(7-25)计算得到。这相当于认为反应在绝热条件下全部完成，体现了最坏的情况，因此评估方法相同。

如果开始为加热阶段，应该将该阶段的最高加热温度视作为初温，然后将最坏情形近似为：从此初温开始，反应完全在绝热条件下进行，且累积度为 100%。

八、温度控制反应模式

1. 原理

温度控制反应模式通常是指反应物料在较低的温度下全部投入到间歇反应釜中（此刻反应速率较低），然后在温度控制器的作用下，反应器温度线性升高到目标温度，然后反应器温度保持恒定。在反应过程中，可以根据温升速率以及反应的放热速率，相应地调整夹套内冷却介质的温度，甚至可以由冷却状态调整为加热状态，反之亦可。这种温度控制模式在工业中应用最为广泛。图 7-8 的示例就可以说明这个问题：混合物开始时保持在 25℃一个小时，之后以 10℃/h 的速率升温到 100℃。

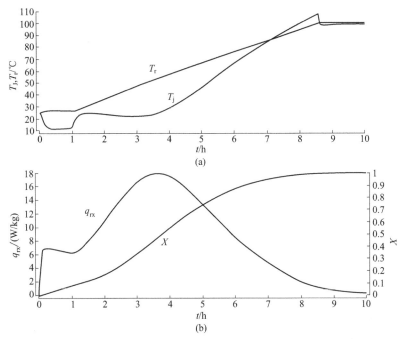

图 7-8　温度控制反应，反应开始于 25℃，之后以 10℃/h 速率升温到 100℃

（a）温度 T_r、T_j 与时间的关系；（b）比放热速率 q_{rx} 及转化率 X 与时间的关系

2. 温度控制反应模式的安全设计

为了实现这种温度控制模式，需要温度控制器控制夹套（或盘管）内介质的温度或流量。常用的 2 种控制方案为：

（1）单回路调节方案　反应器与外界唯一的联系是通过冷、热载热体（冷媒/热媒）进行热交换，所以它的调节手段就是载热体流量或温度，被控变量为反应器温度，也可以是压力。

（2）串级调节方案　串级调节具有克服滞后、提前消除扰动等优点，因此工业上常常采用此温度调节方案。这类控制方案中，温度控制是通过两个串联的控制回路来实现的，即两个控制器是处于嵌套循环中（见图 7-9）。

间歇反应控制中常以反应器温度作为主参数（相应控制回路称为主回路），以夹套温度为副参数（相应控制回路称为副回路或从回路）。可根据反应温度与其设定值之间的偏差计算得到载热体温度设定值：

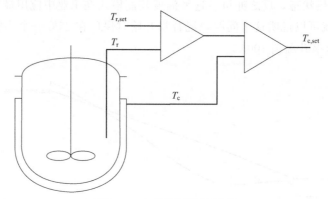

图 7-9　串联控制器的原理

T_r—主回路控制反应器温度；T_c—从回路控制冷却系统温度

$$T_{c,set} = T_{r,set} + G(T_{r,set} - T_r) \tag{7-34}$$

式中，$T_{r,set}$ 是反应温度设定值。

常量 G 称为串联增益（gain of the cascade）。这是调节温度控制系统动态行为的一个重要参数，G 值太小造成温度控制缓慢，实际温度可能超过设定值，从而出现危险状况；G 值太大会造成振荡，从而导致反应器温度失控。

对于这种温度控制模式下的间歇反应过程，温度逐渐增加使反应在温度上升带来的加速之前达到一定的转化率。因而，在因反应物转化引起的反应速率降低和因温度升高引起的反应速率增加之间可达到一个微妙的平衡。很显然，这个方法中初始温度和温升速率的选择非常重要。在这类工艺的研发过程中，"缩比"（scale down）是一种很有用的方法[5,6]。通过缩比，可以根据小规模实验的结果来预测大规模反应器的行为。图 7-10 模拟了温度控制反应器中某放热反应不同温升速率。

相对于恒温反应器或多变反应器来说，这类工艺的反应器对工艺参数的敏感性小得多。温升速率由 10℃/h 增加到 20℃/h，反应器温度仅仅偏离设定值几度；温升速率为 30℃/h 时，才可以较明显地发现反应器温度超过了设定值；而温升速率为 40℃/h 时，最高温度 100℃处存在一个明显的温度跃起。这个方法的弊端在于比较难以知道反应何时开始。不过，可以通过观察夹套和反应介质之间的温度差来判断。

3. 安全评估

前文已经说明，发生冷却失效时可能达到的温度（T_{cf}）是一个重要的安全参数（MTSR 即为 T_{cf} 的最大值）。值得注意的是，对于这种温度控制模式下的间歇反应，MTSR 可能出现在升温阶段的任意时刻，这取决于温升速率、

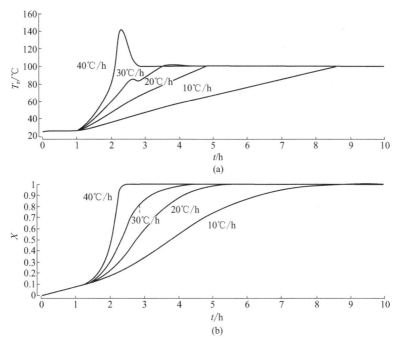

图 7-10　不同的升温速率（10～40℃/h）对某放热反应的温度及转化率的影响

（a）反应器温度与时间的关系；（b）转化率与时间的关系曲线

反应速率和反应放热量。同时 MTSR 可能明显高于工艺温度最大值。对于慢反应，在反应物明显转化前 T_{cf} 可能达到一个比较高的数值，也就是说，MTSR 高于终态反应温度。对于快反应，在达到最高工艺温度时，反应物可能已经完成大部分转化，在这种情况下，MTSR 相应地接近最高工艺温度，其对应的 T_{cf} 曲线不一定会超过最高工艺温度。对于这种温度控制模式的间歇反应器，由于 MTSR 出现的时刻以及大小很难从理论上进行判断，因此需要根据量热实验结果进行确定。

九、间歇反应器安全操作准则

　　间歇反应器的热行为很大程度上取决于反应潜能。绝热温升不仅取决于反应放热，还取决于反应物的浓度。所以，必须严格注意加料过程（如反应物的加入量），同时也必须严格控制反应物的纯度，因为杂质可能催化二次反应，导致放热量增加并由此可能带来严重后果。

　　必须严格控制温度过程，关键温度参数的选择如起始温度、终态温度、夹套温度和温升速率等非常关键。在预加热达到起始温度的阶段必须避免出现过热现象。温度上升不能太快，以避免反应器结构材料出现机械应力。反应器设计时必须考虑由反应物料引起的最终压力，如果出现反应过程中温度达到挥发性物质沸点的情形，尤其应引起重视。如果生成气体产物，反应器设计时必须能够承受总压（封闭体系），或者设计泄放/洗涤系统（venting/scrubbing system），该系统必须能处理出现最大气体释放速率时的情况。

工艺温度范围内必须保证反应物料的热稳定，即在反应器操作温度范围内，一定不能发生二次放热反应。此外，反应物料在 T_r 和 MTSR 之间的温度范围内也必须保持热稳定。

对于催化引发反应，应该把加入催化剂时反应器的温度作为反应初始温度，此时的累积度为 1。

对于热引发的反应，T_{cf} 是时间的函数。反应在正常操作条件下进行时，T_{cf} 与时间的关系可通过实验测定热转化率与时间的关系来确定。这些实验可利用 DSC 进行尝试，如果采用反应量热仪则效果更佳。

如果在 MTSR 时物料没有足够的热稳定性，必须采取应急措施来避免出现失控。

因此，可以归纳形成以下的保证间歇反应安全的黄金准则（golden rules）：

① 加料：确保反应物的数量正确、纯度满足要求。

② 温度控制：严格保持规定的加热速率（温升速率），避免加热系统出现不必要的高温。

③ 采取必要的应急措施。

十、间歇反应过程案例分析

1. 案例一

间歇反应器中进行反应 $A \xrightarrow{k} P$。反应遵循一级反应动力学规律，且 50℃ 时，在 60s 内转化率达到 99%（速率常数为 $k=0.077\text{s}^{-1}$）。反应器内物料量为 5m³，热交换面积为 15m²，综合传热系数为 500W/(m²·K)，与冷却系统的最大温差为 50K。

数据：

$$c_A(t=0)=c_{A0}=1000\text{mol/m}^3 \qquad \rho=900\text{kg/m}^3$$
$$c_p'=2000\text{J/(kg·K)} \qquad -\Delta H_r=200\text{kJ/mol}$$

问题：

(1) 你认为是否可以采用绝热反应？其限制因素是什么？

（2）是否可以采用等温反应？一旦发生冷却失效会造成什么样的情况？

（3）提出工艺改进的建议措施。

（4）如果反应速率减为1/100，你的答案又是什么？

解答：

（1）**绝热反应**　在绝热条件下，不发生热交换。因此，反应的生成热转变成温度的升高。若转化率为100%，则绝热温升为：

$$\Delta T_{ad}=\frac{c_{A0}(-\Delta H_r)}{\rho c_p'}=\frac{1000mol/m^3\times200kJ/mol}{900kg/m^3\times2kJ/(kg\cdot K)}=111K$$

初始温度为50℃时，反应结束时温度将达到161℃。如果在这个温度下没有引发二次反应，且没有压力的上升，那么这个反应在理论上是可能的。问题在于温度的快速变化（在1min内由50℃上升到161℃）反应器壁可能产生的机械应力。

（2）**等温反应**　总的热量平衡为：

产生的热量：$Q_{rx}=Vc_{A0}(-\Delta H_r)=5m^3\times1000mol/m^3\times200kJ/mol=10^6kJ$

移出的热量：$q_{ex}=UA\Delta T=500W/(m^2\cdot K)\times15m^2\times50K=375kW$

因为转化率在1min内达到99%，可被移出的热量为：

$$Q_{ex}=q_{ex}t_r=375kW\times60s=22500kJ$$

这里，只有大约2%的反应热可通过热交换系统移出。如此，反应器可认为是准绝热的。换句话说，反应进行得太快，以致热交换系统来不及移出大量的热。

（3）**冷却失效**　由于相对于热生成来说，热交换量较小，故冷却失效的假设没有什么意义。

（4）**慢反应**　对于速率降为1/100的反应（$k=0.00077s^{-1}$），绝热温升将会一样。但是考虑因温度带来的反应加速，反应时间是可以接受的。

最初的比放热速率为：

$$q_0=kc_{A0}\rho^{-1}(-\Delta H_r)=0.00077s^{-1}\times\frac{1000mol/m^3}{900kg/m^3}\times200000J/mol=171W/kg$$

反应时间可以由下式估算：

$$TMR_{ad}=\frac{c_p'RT^2}{q_0'E}=\frac{2000\times8.314\times323^2}{171\times100000}\approx100(s)$$

由于反应速率减慢至1%，达到相同转化率的时间将增加100倍，故等温条件下移出热量为2.25×10^6kJ，是产热量的两倍多。然而，这样考虑是错误的，因为对于一个一级反应，在开始时放热速率最大且随时间呈指数递减，必须运用热平衡的微分形式：

$$q_0=kc_{A0}V(-\Delta H_r)=0.00077s^{-1}\times1000mol/m^3\times5m^3\times200kJ/mol=770kW$$

$$q_{ex} = 375kW$$

可以看出开始时的放热速率明显高于移热速率，因此在现有条件下不能实现等温操作。为了确保对反应的平稳控制，反应必须在较低温度时开始，可能处于绝热状态，当反应温度达到预期温度时，开启冷却系统（以其最大冷却能力运行）。所以，间歇反应常常在所谓的多变模式下进行。

总之，这样的一个快速放热反应不能在间歇反应器中进行。

2. 案例二

为了引发格氏反应，将镁加入四氢呋喃（THF）溶剂中。加入少量溴化物（溴化物加入量为总量的 2%）。有人考虑采用绝热条件来引发反应，从而观察温升，结果证明反应能被顺利引发。因此，在加入引发反应物（溴化物）之前，关闭冷却系统。为了测量该操作的有关热数据，在 30℃ 的反应量热仪中引发反应。发现反应热为 70kJ/kg，最大比放热速率为 260W/kg。反应混合物的比热容为 1.9kJ/(kg·K)，THF 的沸点为 66℃。150℃ 时发现二次分解反应明显，即 $T_{D24} = 150℃$。请评估这个操作的热风险。

解答：

该引发过程的绝热温升为

$$\Delta T_{ad} = \frac{Q}{c_p^r} = \frac{70kJ/kg}{1.9kJ/(kg \cdot K)} \approx 37K$$

由于引发物（溴化物）为一次性加料，故 30℃ 引发时的 MTSR 等于 67℃，刚好处于溶剂的沸点附近。实际上由于反应器壁、搅拌釜及釜内插件也会吸收热量，故不能把反应器看成完全绝热。假设该间歇反应过程的热惯量为 1.05，则相应的 MTSR 为 45.2℃，没有达到 THF 的沸点。另外，由于几乎不可能引发二次反应，故可忽略二次分解反应的风险。总之，此操作可认为是热安全的，但用于引发的卤化反应物的量应该严格限制在 2% 之内。

3. 案例三

取代酚的制备是由其相应的氯代芳烃化合物在质量浓度为 50% 的苛性钠水溶液中水解得到的（Ar—Cl ⟶ Ar—OH）。反应将在间歇反应器中进行。总的加料量为氯代芳烃化合物 7.5kmol 和苛性钠 17.5kmol，总质量为 5800kg。在第一阶段，反应器加热到 80℃，之后温度稳定在 100~115℃ 以及绝对压力为 2bar（A）。

问题：

（1）比反应热为 125kJ/mol（芳烃化合物），反应混合物的比热容是 2.8kJ/(kg·K)。如果加热冷却系统没能稳定在 115℃，反应物料可达到的最高温度 MTSR 为多少?

(2) 之后的压力将是多少? 提示: 反应物料是水溶液, 因此可采用 Regnault 近似:

$$p(\text{bar}) = \left[\frac{T(\text{°C})}{100}\right]^4 (\text{绝对压力})$$

(3) 发生冷却失效时, 能否采用控制减压的手段使温度保持稳定? (水的蒸发潜热 $\Delta H'_v = 2200\text{kJ/kg}$)

解答:

(1) $\Delta T_{ad} = Q'_r/c'_p = 125 \text{ kJ/mol} \times 7500\text{mol}/5800\text{kg}/[2.8\text{kJ}/(\text{kg} \cdot \text{K})]$
$= 57.73\text{K}$

取 $\Delta T_{ad} = 58\text{K}$

$$\text{MTSR} = T_0 + \Delta T_{ad} = 80\text{°C} + 58\text{°C} = 138\text{°C}$$

因此, 如果加热冷却系统没能稳定在 115°C, 反应物料可达到的最高温度 MTSR 为 138°C。

(2) MTSR 时的压力 $p = (T/100)^4 = (138/100)^4 = 3.63(\text{bar})$

(3) 工艺温度 80°C, 发生冷却失效时, 温度可达 138°C (MTSR), 但 100°C 时可达绝对压力 2bar。假设在体系中水的沸点仍然是 100°C, 那么降低压力使其变为 1bar, 则可以通过水的挥发降低反应体系的温度, 使其停留在沸点附近。

因此, 问题转化为在温度达到 100°C 时, 反应可否通过减压进行控制。

实际上仅有 $(138-100) \times 2.8 = 106.4(\text{kJ/kg})$ 的热量用于蒸发水。故水的蒸发量为:

$$M_v = Q_r/\Delta H'_v = 106.4\text{kJ/kg} \times 5800\text{kg}/(2200\text{kJ/kg}) = 281\text{kg}$$

反应器中苛性钠的质量为:

$M_{\text{NaOH}} = 40 \times 17.5 \times 10^3 = 700(\text{kg})$, 所以水的质量也是 700kg。

因此, 水的质量足以通过控制减压完成。

但在实际工艺中还需要考虑放热速率的影响, 防止放热速率过快, 冷凝装置不能够及时作用, 或沸腾过于剧烈而引起两相流。

4. 案例四

在间歇反应器中进行一个二聚反应 (反应级数为 2 级)。初始温度为 50°C, 目标反应温度为 100°C, 允许的最高温度为 120°C。

数据:

$\Delta H_r = -100\text{kJ/mol}$

$c'_p = 2 \text{kJ}/(\text{kg} \cdot \text{K})$

$c_0 = 4 \text{mol}/\text{kg}$；　$E_a = 100 \text{kJ}/\text{mol}$

问题：

(1) 你认为反应器的温度控制是否容易？

(2) 能建议一些其它的温控方法吗？

解答：

(1)　$\Delta T_{ad} = \dfrac{c_0(-\Delta H_r)}{c'_p} = \dfrac{4 \text{mol}/\text{kg} \times 100 \text{kJ}/\text{mol}}{2 \text{kJ}/(\text{kg} \cdot \text{K})} = 200 \text{K}$

计算得到反应数为

$$B = \dfrac{\Delta T_{ad} E_a}{R T^2} = \dfrac{200 \text{K} \times 100000 \text{J}/\text{mol}}{8.314 \text{J}/(\text{mol} \cdot \text{K}) \times (373 \text{K})^2} = 17.3$$

明显反应数 B 大于 5，故反应器温度不易控制。

(2) 可以选择温度控制反应模式，利用串联的温度控制器，通过调节夹套温度控制反应介质的温度。

第二节　半间歇反应器

与间歇反应器一样，半间歇反应器操作是间断的，与真正间歇操作的差别在于：至少有一种反应物是在反应进行的过程中加入的（图 7-11）。因此物料平衡和热量平衡受到这种反应物添加过程的影响。同时，与间歇反应器一样，不存在稳定状态。用半间歇反应器来取代间歇反应器主要有两个优点：

① 对于放热反应，加料控制放热速率，从而调节反应速率使其与反应器的冷却能力相匹配。

② 对于复杂反应，反应物料的逐渐加入有利于使其浓度维持在一个较低的水平，因此，相对于目标反应而言，减小了副反应的速度。

正是基于以上两个优点，半间歇反应器成为精细化工及制药行业常用的反应器。它保持了间歇反应器的灵活性和多功能性，且通过至少一种反应物料的加入控制弥补了其在反应控制过程中的缺点。

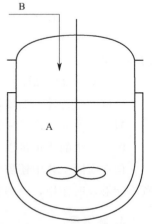

图 7-11　半间歇反应器

首先加入物料 A，在反应过程中加入物料 B，通过这种方式进行反应过程的加料控制

一、数学模型

1. 物料平衡

以一个不可逆的双分子二级反应为例，反应速率方程为：

$$A + B \longrightarrow P \text{ 和} -r_A = kc_A c_B \tag{7-35}$$

本节按照惯例，反应物 A 视为底料（即在初始阶段已加入反应器中），而反应物 B 在加料时间 t_{fd} 内，以恒定的摩尔流率 F_B 加入。反应器中存在不同的浓度变化，这是由反应以及加料引起反应混合物的体积变化造成的。加料速率恒定，体积的变化与时间呈线性关系：

$$V = V_0 + \dot{v}_0 t = V_0(1 + \varepsilon t / t_{fd}) \tag{7-36}$$

式中　V——反应体积，m^3；

　　　V_0——初始反应体积，m^3；

　　　$\dot{v}_0$——体积加料速率，m^3/s；

　　　ε——体积增长系数。

这里 ε 为如下定义的体积增长系数：

$$\varepsilon = \frac{V_f - V_0}{V_0} \tag{7-37}$$

式中，V_f 为最终反应体积。

反应物 A 的摩尔平衡可以写成：

$$\frac{-dN_A}{dt} = -r_A V = k \frac{N_A N_B}{V} = k \frac{N_A N_B}{V_0 + \dot{v}_0 t} \tag{7-38}$$

反应物 B 的摩尔平衡为：

$$\frac{dN_B}{dt} = -r_A V + F_B \tag{7-39}$$

由式(7-38) 和式(7-39) 组成一个微分方程组，但无法得到解析解。因此，描述半间歇反应器的性能随时间的变化关系，需要利用数值方法对微分方程进行积分。

另一种更加方便的方法是利用与工艺有关的参数来描述物料平衡，其中一个参数就是两种反应物 A 和 B 的摩尔比：

$$M = \frac{N_{B,tot}}{N_{A0}} \tag{7-40}$$

反应速率也可以表示为转化率的函数：

$$-r_A = c_{A0} \frac{dX_A}{dt} = kc_{A0}^2 (1 - X_A)(M - X_A) \tag{7-41}$$

反应物 B 的摩尔流率（molecular flow rate）F_B 也可以用化学计量比 M 和加料时间 t_{fd} 的函数来表示：

$$F_B = \frac{N_{A0}M}{t_{fd}} \tag{7-42}$$

2. 热平衡

半间歇反应器的热量平衡方程中包含以下 3 方面的热量效应：热生成、加料热效应、移热。没有及时转移的热量便是热累积。

（1）热生成　反应中热生成对应于放热速率。在等温条件下与方程（7-41）联立可得放热速率为：

$$q_{rx} = k\frac{N_{A0}^2}{V(t)}(1-X_A)(M-X_A)(-\Delta H_r) \tag{7-43}$$

这个表达式强调了这样一个事实，即放热速率不仅仅是转化率的函数，还是体积的函数。由加料引起反应物料的稀释会使反应减慢。通常加料速率恒定，则 $V(t)$ 是时间的线性函数。除了纯粹的反应热，加入反应物料引起的混合作用还伴随有热效应，如稀释焓或者混合焓。

（2）加料热效应　如果加入物料的温度与反应混合物的温度不同，将会产生一个热效应，且该热效应与加入物料的温度 T_{fd} 和反应物料温度 T_r 之间的温差、比热容 $c'_{p,fd}$ 以及物料流率 $\dot{m}_{fd}$ 成正比：

$$q_{fd} = \dot{m}_{fd}c'_{p,fd}(T_{fd}-T_r) \tag{7-44}$$

如果与底料相比，后加入物料的体积增长很明显，即其体积增长系数 ε 较大，则加料产生热效应的绝对值与反应热相比不可忽略。

（3）移热　与载热体产生的热交换（通过反应器壁进行强制对流）可按照经典的方法表示为：

$$q_{ex} = UA_{(t)}(T_c-T_r) \tag{7-45}$$

由于加料导致体积变化，热交换面积 A 会随时间发生变化。这个变化取决于反应器的几何形状，尤其是热交换系统（夹套、盘管、半焊盘管）占据反应器的高度。一旦反应混合物的理化性质发生显著变化，综合传热系数 U 也将发生变化，成为时间的函数。

（4）热累积　一般说来，半间歇反应器热量平衡可用上述三项表示。如果不能精确补偿热交换，则温度将发生如下变化：

$$\frac{dT_r}{dt} = \frac{q_{rx}+q_{fd}+q_{ex}}{M_r c'_p} \tag{7-46}$$

式中，M_r 为反应釜内物料总质量。

图 7-12 中显示了等温半间歇反应器的热量平衡，以及根据恒定载热体温度计算得到的最大热交换速率 $q_{ex,max}$，它随时间呈线性增加。这个例子中，在 4h 加料过程中没有达到夹套冷却能力的上限。

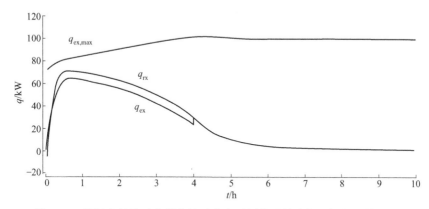

图 7-12　等温半间歇反应器热量平衡中不同热量效应与时间的函数关系
图中显示了 5℃冷却水情况下反应器的最大冷却能力 $q_{ex,max}$。
曲线 q_{rx} 和 q_{ex} 之间的差异反映了加料冷却效应，4h 加料结束后该冷却效应消失

需要通过热交换系统从反应物料中移出的热为 q_{rx} 与 q_{fd} 之和，这样才能保持其温度恒定。刚开始加入反应物 B 的一个很短的时间内，加料冷却效应占主导地位（$q_{ex}<0$）。加料结束时，由于不存在加料冷却效应，热交换系统需移出的热量突然增加。

二、半间歇反应器中反应物料的累积

半间歇反应器的优点在于对多步反应有很好的选择性，对放热反应可以较好地控制反应过程。这可以通过逐渐加入一种或多种反应物料来实现。实际上，只有当加入的反应物被迅速转化，不在反应器中累积时才能达到这个目的[7]。通常说一个反应属加料控制，是因为加入的物料只有一种。然而情况并不总是如此，因为加料速率必须与反应速率相适应，且在反应过程中被加入的化合物 B 必须维持在一个低的浓度水平。

反应物 B 没有转化称为反应物累积。它源于物料平衡，即加料速率为输入而反应速率为消耗。当 B 的加料速率小于反应速率时，物料累积程度很小。然而，反应速率又取决于两者的浓度 c_A 和 c_B，这意味着两种反应物必须以足够高的浓度存在于反应混合物中才能保证反应有一定的速度。对于快反应（如高速率常数的反应），即使反应物 B 的浓度较低，反应也会足够快从而避免反

应器中未转化物料 B 的累积。对于慢反应，需要 B 具有相当高的浓度，才能使反应速率具有一定的经济性。因此，需要考虑两种情况：快反应和慢反应。

1. 快反应

对于快反应，由于加入的反应物 B 迅速转化为产物，没有发生明显的累积，反应速率受到 B 加料速率的限制：

$$-r_A = kc_A c_B = \frac{F_B}{V} \tag{7-47}$$

这可以用图 7-13 中反应例子来说明。只有当达到化学计量比之后，B 的浓度才会增加。在这个例子中，由于反应在加料结束前已经完成，所以不需要化学计量比过量。

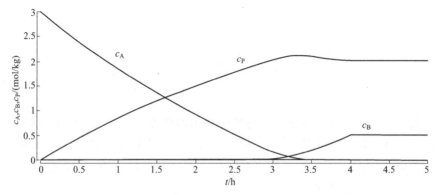

图 7-13　半间歇式反应器中的快速合成反应，浓度（mol/kg）与时间的函数关系
反应物 B 以恒定的加料速率在 4h 内加入（化学计量比过量 25%）

在快反应中，一旦出现异常情况，可通过调节加料速率使反应迅速得到控制。当出现极端情况时，可通过终止加料来使反应立即停止（图 7-14）。这相当于通过技术手段又得到了一种控制方法，因而，这种操作是一种极好的安全措施。在强放热反应中可以利用这个优点来进行温度控制，或者可以利用这个优点使气体泄放符合设备的技术性能要求。如果同一个反应既释放出气体又产生热量，则放热速率 q_r 或者气体释放速率 $\dot{v}_{gas}$ 可直接由加料时间 t_{fd} 求得：

$$q_r = \frac{Q_r}{t_{fd}} \tag{7-48}$$

$$\dot{v}_g = \frac{V_g}{t_{fd}} \tag{7-49}$$

显然，这些方程只有当反应速率快于加料速率才成立。事实上，认为反应速率等于加料速率。

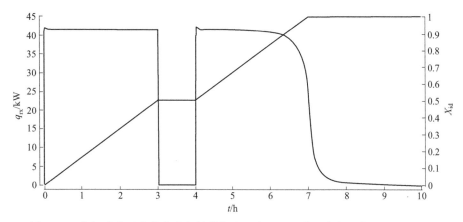

图 7-14　半间歇式反应器中进行的某加成反应（80℃等温条件，加料时间为 6h）

加料在 3～4h 之间中断，放热速率迅速减小到零，在恢复加料后回到初始值

但是需要强调的是，对于快反应，加料组分在进入反应釜后，可能会来不及扩散就在加料点附近的区域内反应掉，造成局部区域加料组分浓度过高，同时导致局部反应过快，容易在加料点附件出现热点，发生副反应并生成非预期产物或不稳定中间物质，并有可能发生不稳定物质的分解。换句话说，以上现象是传质传热速率相对反应速率慢导致的。为了提高传质传热速率，通常需要将加料点设置于湍流最剧烈的地方，即搅拌桨叶附件。从以上分析可以推断，快反应相对于慢反应而言，具有明显的放大效应。这种放大效应对于非均相体系的快反应尤为明显。因此，快反应在放大过程中要仔细进行设计。

2. 慢反应

对于较慢的反应，加入反应器中的反应物 B 不会立即反应掉，造成物料的累积。事实上，在反应速率变得可感知（appreciable）前，反应物 B 的浓度首先增加并达到某个水平。因此，在开始加料后几秒钟，B 的浓度迅速增加，而反应实际上没有发生或转化率很低。在图 7-15 中，B 的浓度在这个阶段增加到大约 0.2mol/kg。然后 c_B 缓慢增加，反应速率接近常数，看上去是一种准稳态情况直到 c_A 下降，然后反应速率减慢。这导致 c_B 进一步增加到 0.5mol/kg。当加入反应器中反应物 B 达到化学计量时，曲线 c_A 和 c_B 相交（图 7-15）。

累积度取决于最低浓度的反应物，转化率也受这种反应物物量的限制。假设在加料 2h 后发生冷却失效：这时反应物 B 的浓度低于反应物 A，因此冷却失效后反应物料的热行为取决于反应物 B 的消耗。如果假设在 3.5h 后发生冷却失效，则情况刚好相反：釜内物料热行为将取决于反应物 A 的消耗。在化学计量点处发生两种情况的转变，此时加入反应器 B 物质的物质的量与初始

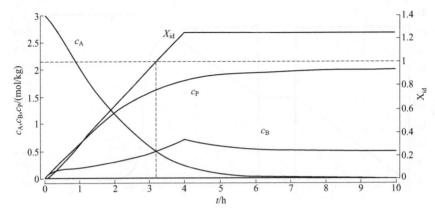

图 7-15 某半间歇反应，浓度和加料比例（X_{id}）与时间的函数关系

B 组分在 4h 内以恒定的速率加入。过量比为 25％

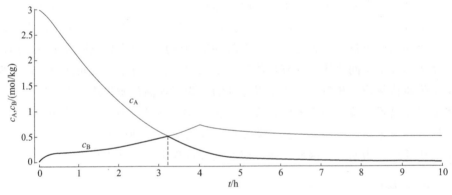

图 7-16 半间歇反应中表示物料累积的浓度曲线（粗线）

总的加料时间为 4h，B 的过量比为 25％。在 3.2h 时物料累积量最大

加入的 A 完全反应所需的物质的量相等。因此，在达到化学计量点之前物料累积及转化速率受到 B 的限制，而在化学计量点之后，A 起主导作用（图 7-16）。于是，可以得到一个具有实用价值的结论：在越过化学计量点之后，反应物 B 的加料速率对累积没有影响，也就是说，可以考虑将加料速率设置得尽可能高（但会受到冷却能力的限制）。之后反应完成，但反应速率会受到 c_A 和 c_B 下降的限制。对于一个恒定的加料速率，假定 t_{st} 时加入反应器中 B 的量达到化学计量比，则 t_{st} 可如下计算：

$$t_{st} = \frac{t_{fd}}{M} \tag{7-50}$$

在图 7-15 所示的例子中，加入反应物 B 的物质的量过量为 25％（$M = 1.25$）。

过量的目的在于 c_A 变小时能加快反应速率，所以常被称为"动力学过量"（kinetic excess），因为它可以在较高转化率时加快反应速率。

这种情况下，反应不会通过停止加料而立即停止，另外不能通过加料直接控制放热速率和气体释放速率。出现与设计条件偏离的情况后，停止加料，累积的反应物 B 将被逐渐消耗。如果反应伴随有气体的释放，则将继续生成气体产物，如果反应是放热的，即使停止加料放热仍将继续。

如果发生的偏离是不可控的温度上升，则温度将持续上升，并将加速反应直到累积的反应物全部转化。因此，需要定量化地了解反应过程中反应物的累积度，因为通过累积度可以预测加料中断后的转化率。这可由化学分析或利用热平衡得到，也可以通过反应量热仪进行实验测定。因为累积是反应物 B 的加入量和反应转化量两者平衡的结果，所以可以通过这两项的差值计算累积量。

达到化学计量点之前（$t \leqslant t_{st}$），对于该双分子反应：

$$X_{ac} = \frac{t}{t_{st}} - X = \frac{Mt}{t_{fd}} - X \tag{7-51}$$

式中　M——反应物 A 和 B 的摩尔比；

　　X_{ac}——反应物的累积度；

　　X——反应的转化率。

达到化学计量点之后：

$$X_{ac} = 1 - X_{A,st} \tag{7-52}$$

式中　$X_{A,st}$——反应物 A 在化学计量点处的转化率。

对于一个简单反应，反应物累积情况可以直接由量热方法确定（用如下定义的热转化率表征转化率）：

$$X_{(t)} = \frac{\int_0^t q_r dt}{\int_0^\infty q_r dt} \tag{7-53}$$

t 时刻的热转化率（X）是在 t 时刻前释放的反应热 Q_r 与反应物完全反应后的总反应热的比值。因为加入的反应物对应于能量输入，由反应物的加入量和转化量之间的平衡可以知道累积情况。

三、半间歇反应过程动态稳定性分析

半间歇反应过程常在等温条件下进行，这与间歇反应的温度控制方法有所不同。另外一种简单的温度控制方法是采用恒温模式，即只需控制夹套内冷却介质的温度。在极个别的情况下，也会用到绝热模式或非等温模式。由于实际上常见的温度控制方法为等温模式和恒温模式，故本部分将仅介绍等温和恒温模式下半间歇反应过程的稳定性分析。

1. 等温模式

等温操作是一种控制半间歇反应过程的可靠方法。然而，要保持反应物料温度恒定，热交换系统必须能够移除反应热。实际上，严格的等温条件是很难达到的。正如前面所说，只要反应温度能够控制在较小的温度范围内，通常也认为是符合等温模式。

从热平衡的角度出发，要保证正常情形下半间歇反应过程处于稳定状态，需要满足两个条件：①反应器最大冷却能力大于最大放热速率；②随温度变化的冷却速率大于放热速率。当最大反应放热速率小于反应器冷却能力时，半间歇反应过程的温度可以控制在合理的范围内。最大放热速率可以通过反应量热实验获得。由于放热速率受到反应温度的影响，故在实验室确定最大放热速率时，需要在不同温度下进行量热实验，确定可能的最大反应放热速率。

从实际操作的角度出发，整个反应过程放热速率应该尽量均匀，这样有利于反应温度的控制。为了便于分析，我们以不可逆的双分子二级反应为例。并以 Damköhler 数（Da）为自变量，分析最大放热速率相对于 Damköhler 数的参数敏感度。对于半间歇反应而言，Da 是包含加料速率、反应物浓度和反应动力学信息的无量纲参数，反映加料时间与反应特征时间的比值，其定义式如下

$$Da = kt_{fd}c_{A,0}^{n-1} \tag{7-54}$$

通过数值计算，可得到如下规律，见图 7-17。

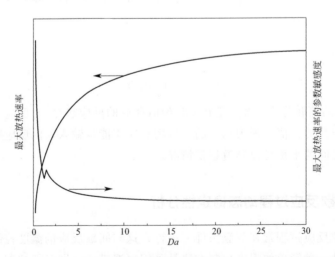

图 7-17　最大放热速率变化规律及其相对于 Da 的参数敏感度

很明显，随着 Da 的增加，最大放热速率持续上升。当 Da 大于 5 左右时，最大放热速率的增长速度明显下降，这一点从最大反应速率的参数敏感度也得到了印证。因此，为了便于温度控制，对于双分子二级放热反应，其 Da 应该大于 5。从 Da 的定义式，可知反应温度与 Da 呈指数型增长关系。从稳定性的角度出发，实际等温半间歇反应的反应温度应该高于 Da 对应为 5 时的反应温度。需注意的是，对于不同的反应，由于活化能、指前因子、反应浓度、加料速率的差异，相同 Da 值对应的反应温度并不一样。

对于等温半间歇反应器而言，随着反应温度的升高和加料时间的延长，反应物的累积度将下降。由于反应温度和加料速率这两个信息均包含于 Da 中，因此，我们可以用 Da 来分析反应温度和加料速率与最大累积度的关系，结果见图 7-18。可见，Da 与最大累积度呈反比。Hugo 和 Steinbach 等[8] 针对不可逆的二级反应提出了如下关系式来表示 Da 与最大累积度之间的定量关系。

$$Da = \frac{2}{\pi} \frac{1}{(1-X_{st})^2} \tag{7-55}$$

式中，X_{st} 代表化学计量点时的转化率，上式在 $Da > 6$ 时有效。

对于等温半间歇反应过程，最大累积度通常出现在化学计量点，故最大累积度计算式为

$$X_{ac,max} = 1 - X_{st} \tag{7-56}$$

将式(7-55) 和式(7-56) 代入 MTSR 的计算式 [即式(4-1)]，可得到 MTSR 的表达式：

$$MTSR = T_r + \Delta T_{ad} \sqrt{\frac{2}{\pi Da}} \tag{7-57}$$

2. 恒温模式

恒温模式是半间歇反应器温度控制的一种最简单方法：只控制冷却介质的温度，反应物料的温度取决于反应器的热量平衡。对于恒温模式下的半间歇反应，必须考虑以下几项热效应：反应生成热、冷却系统移出热和加料引起的热效应。在加料前，通常可以认为反应物料的温度（即初始物料温度 T_0）等于冷却介质温度。这种方法最大的弊端在于不能直接控制反应温度。Steinbach 等[9] 对这种控制进行了深入的研究。如何选择初始物料温度 T_0 或冷却介质温度 T_c 十分关键。在不考虑二次反应的前提下，随着冷却介质温度的上升，恒温模式下的半间歇反应过程将依次经历未引发情形、失控情形和 QFS（quick onset, fair conversion and smooth temperature profile，启动快速、转化良好且温度平稳）情形，参见图 7-19。对于未引发情形，由于反应器设置的冷却介质温度过低，

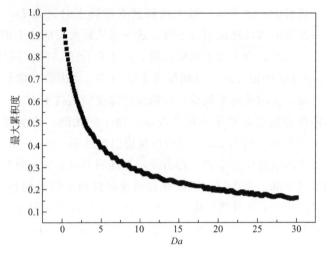

图 7-18　最大累积度随 Da 的变化规律

体积增长系数 ε 为 0.4

在开始加料时反应很慢，并导致加入的反应物明显累积。随着冷却介质温度的上升，达到某个临界点时，恒温半间歇反应器将对控制参数（即冷却介质温度）十分敏感，即使冷却介质温度有很细微的变化，反应器可能会突然从稳定状态变成失控状态。当冷却介质温度足够高时，反应器将进入 QFS 情形，该情形具有启动快速、转化良好且温度平稳的特点，是理想的操作区域。

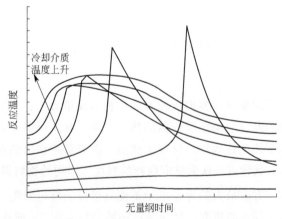

图 7-19　恒温模式下半间歇反应器反应温度曲线随冷却介质温度升高的变化趋势

Alós 等[10] 对恒温半间歇反应过程中的最大反应温度进行参数灵敏度分析（见图 7-20）。可以看出，当冷却介质温度过低时，最大反应温度基本呈线性升高。此时反应处于未引发状态，反应物料的转化率非常低。当冷却介质温度逐渐升高并到达某一临界点时，可以发现最大反应温度对冷却介质温度非常敏感，此刻冷却介质温度稍微升高一点，最大反应温度将急剧升高。这种现象的产生主要是由于累积度和反应物料温度均达到了临界点，从而引起累积的反应物迅速转化，短时间内放出大量的热，进而引起反应温度急剧上升。这个阶段的半间歇反应过程处于参数敏感区，非常容易发生热失控。随着冷却介质温度继续升高，最大反应温度对冷却介质的参数敏感性下降。当冷却介质温度越过图 7-20 中的谷点温度时，最大反应温度基本随冷却介质温度线性升高。此时，半间歇反应处于 QFS 情形。

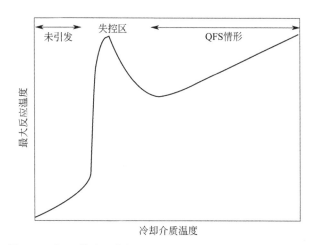

图 7-20 恒温模式下半间歇反应器最大反应温度灵敏度分析

当采用这种温度控制模式进行高放热反应时，操作条件（即初始温度、冷却介质温度和加料时间）的选择十分重要，对于恒定冷却介质温度的半间歇反应器的安全控制，Hugo 和 Steinbach 建立了以下判据：

$$Da(T_c) > St \Leftrightarrow \frac{k(T_c)N_{A0}M_{rf}c_p'}{V_r UA} > 1 \tag{7-58}$$

这个判据表达了这样一个事实：即使反应在冷却温度下进行，反应速率也必须足够高以避免反应物的累积；冷却能力必须足以控制温度。如果满足这个判据，反应器将不会存在参数敏感性的问题。

Zaldivar 等[11] 认为半间歇反应过程是个能量耗散过程，并提出了将系统的散度作为判断半间歇反应过程是否失控的依据。

$$\text{div}[F(\theta, c_A, c_B \cdots)] > 0 \tag{7-59}$$

该判据也可以用作预警。他们通过数值模拟以及实验验证指出：当满足这个判据时，半间歇反应器将处于危险状态。这个判据的优点在于只需要反应过程的温度信息，就可以判断反应器是否处于失控状态。然而，在利用该判据进行热失控分析前，需要对温度数据进行降噪处理，然后结合相空间重构技术，才能有效应用。

笔者团队[12,13]曾基于冷却失效假设，提出了以绝热判据来判断半间歇反应器是否处于失控状态。该判据相比于散度判据获得的结果更加保守。不过，该判据的应用需知道反应的动力学信息。当式(7-60)成立时，表明反应器处于危险状态，这里的危险状态主要指反应器内温度和物料的累积度达到了临界状态。

$$\frac{\Delta T E_a}{R T_r^2} - \frac{n+m}{X_{ac,max}} > 0 \tag{7-60}$$

式中，n 和 m 分别是反应物 A 和 B 的反应级数。

总之，本部分对等温模式和恒温模式下半间歇反应过程的动态稳定性进行了分析，主要就反应过程关键指标参数（如最大放热速率、最大反应温度）对温度的参数敏感度进行了分析。需要指出的是，对于实际的半间歇反应过程，催化剂、搅拌速度等因素均会对半间歇反应过程的热行为产生影响。本书不涉及催化剂和搅拌速度的参数敏感度分析。

从实践的角度出发，不论是等温模式还是恒温模式，半间歇反应过程都不能在参数敏感区运行。否则，很容易因为工艺参数的偏差导致热失控事故的发生。

四、半间歇反应工艺安全设计

有许多因素影响半间歇操作的安全，包括加料顺序、加料控制方法、温度控制模式、温度与加料速率的优化选择等。

1. 加料顺序

首先需要强调的是：加料顺序的选择没有通用规则，一般要根据实际情况确定。我们仅从工艺安全的角度提供一些参考准则：

（1）最稳定物质应该最先加入，逐步加入相对不稳定物质　就工艺安全而言，最稳定物质应该最先加入，逐步加入相对不稳定物质，从而控制不稳定物料在反应器内的累积。根据此准则，首先需要对反应物质的热稳定性进行比较。问题在于应该基于什么参数标准来进行热稳定性比较？此问题没有固定的标准答案。实践过程中，需要综合考虑反应物质的分解潜能、起始分解温度、分解速率等因素。在确定了哪些反应物质后加入后，需要做的是尽量减小后加入不稳定物质在反应釜内的累积量。

最典型的案例是双氧水氧化反应。由于双氧水有明显的分解放热特性，因此，在进行氧化反应时，一般将双氧水作为加料组分后加入反应釜中。

（2）对于固液反应体系，先加入液体，后加入固体 如果固液反应体系的热效应很微弱，那么仅仅从安全的角度是没有必要刻意区分固体和液体的加料顺序。然而对于具有明显热效应的固液反应体系而言，应该先加入液体，后加入固体。如果加料顺序错误，固体和液体在加料前期不会充分接触，反应不能充分引发，从而引起物料大量累积，一旦到达某临界点，可能会突然引发反应，从而造成反应失控。加料顺序错误的另外一个可能后果是局部过热，这是因为液体加料初期，反应传质传热效果均不太好。

2. 加料控制方法

（1）分段加料方式 这种加料方式是一种控制物料累积的传统方法。采用这种方式也是基于一些实际原因，例如当反应物必须通过桶或其它一些容器输送时就只能采用这种方式。然而，每一段加入多少反应物，也应受到安全技术条件的限制。这时，加料必须根据物料转化情况来控制，即只有当前一段物料已经完全消耗后，才可以开始下一段的加料。这里的关键是如何判断前一段物料已经完全消耗。可根据反应的实际情况（温度、气体变化、反应物料、化学分析等）采用不同的判断依据。

（2）加料速率恒定 这是一种最常见的加料模式。就反应的安全性及选择性而言，控制加料速率是很重要的。常用装置有孔板、体积计量泵（volumetric pump）、控制阀以及一些更完善的称重装置（称量反应器或加料箱的重量）。加料速率是半间歇反应设计的关键参数，它会影响反应过程的化学选择性，当然会对温度控制、安全性以及工艺经济性产生影响。对于这种加料模式，加料速率应当符合两个安全条件的限制：最大放热速率必须低于工业反应器的冷却能力，以及物料累积量须不超过最大允许累积量（通过 MTSR 反映）。从工艺放大而言，反应量热仪是优化加料速率强有力的工具。

（3）加料与温度联锁 一个常用的控制放热速率的方法就是将加料与反应物料的温度进行联锁，即当温度到达预先设定的限值时停止加料。即使出现反应器温度控制系统的动态性能较差、传热系数降低（如结垢）或加料速率过快等情况时，采用这种加料控制方法也能够实现反应器的温度控制。

只要冷却系统正常工作，则加料-温度联锁就能避免出现危险的温度偏移。但如果出现冷却失效，物料温度将会很高，以至于导致反应失控。当温度接近目标操作温度时，如果设定温度报警值就可以避免可能出现的失控。温度控制可以采用前面提过的串联控制器，如果采用这种方法，选择什么样的温度开关（temperature switch level）的设定值是很重要的：如果过高，加料在很高的温度下才停止，MTSR 将升高。

　　另外，工艺温度向低温偏移会导致反应速率降低，物料累积度增加。极端情况是加料没有停止而反应停止，于是反应器的行为完全类似于间歇反应器。低温下反应物累积后，如果通过加热使温度回到工艺温度，可能会导致一种危险的状态（发生失控）。搅拌装置失效也会导致类似的状态。对于高黏性的反应混合物、非均相体系、反应物存在很大的密度差（可能出现分层）等情况，如果开启搅拌装置，累积的反应物可能会导致突然的快反应，引起失控。

　　为此，加料速率恒定的半间歇反应器在安全设计时必须遵循以下"黄金法则"：

　　① 根据热移出和物料累积优化温度和加料速率；

　　② 通过技术手段限制最大加料速率；

　　③ 进行加料-温度联锁控制，设定高温、低温开关的限值；

　　④ 进行加料-搅拌联锁控制。

　　按照这些法则，即使出现技术偏差或工艺偏差也可以确保半间歇反应器的安全。

3. 温度控制模式

　　(1) 等温模式　等温模式半间歇反应过程的安全设计需要考虑两点：①反应器最大冷却能力大于最大放热速率；②冷却失效情形下二次分解反应不被引发。

　　工业中的半间歇反应过程难以实现绝对等温，反应温度一般有一个容差范围。在确定最大放热速率时，务必要确保这个温度范围内各个温度对应的最大放热速率均小于反应器最大冷却能力。

　　为了满足第二点，MTSR 一定要低于反应物料绝热条件下最大分解速率到达时间为 24h 的引发温度（T_{D24}）。对于不可逆的双分子反应，最大累积度可以借助反应量热仪进行测量，也可以通过如下近似的定量关系[14]，

$$X_{ac,max} = aDa^{-1/(n+m)} \tag{7-61}$$

　　式中，常数 a 仅与体积增长系数有关；上标 n 和 m 分别是反应物 A 和 B 的反应级数。

　　将式(7-61)代入到 MTSR 的计算式［即式(4-1)］中，便可得到

$$MTSR = T + \Delta T_{ad} \times aDa^{-1/(n+m)} \tag{7-62}$$

　　由于 Da 与 T 呈现指数型增长关系，故 MTSR 与 T 具有复杂的非线性关系。一般来说，MTSR 随 T 的变化趋势主要呈现出两种趋势：单调递增和"S"形增长（图 7-21）。

　　笔者团队[15] 发现对于放热较弱或者活化能较低的化学反应，MTSR 易

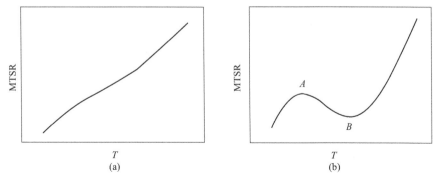

图 7-21　等温半间歇反应过程 MTSR 随工艺温度变化的两种趋势

随工艺温度单调增长 ［图 7-21(a) 所示］，而对于放热较强且活化能较高的化学反应，MTSR 容易随温度呈"S"形增长 ［如图 7-21(b) 所示］。Hugo 从理论上指出：工艺温度与最大累积度呈现出相反的关系，即工艺温度升高，最大累积度下降[8]。因此，若式(4-1) 中 T_p 的升高幅度小于 $\Delta T_{ad} X_{ac,max}$ 的下降幅度，则 MTSR 将随着工艺温度的升高而下降。Hugo 预测强放热反应体系比较容易呈现出这种趋势。近些年，许多学者都在实验过程中发现了这一现象[16~20]。

从图 7-21(b) 中可以看到，若 MTSR 随工艺温度呈"S"形增长，则必然存在一个极小值点，即点 B。从热安全的角度来说，因为点 B 的 MTSR 最低，故最希望半间歇反应过程在点 B 处操作。这里就引出另一个重要的实际问题：如何判断当前的半间歇反应过程是否在点 B 处操作？这个问题最简单的解决办法是在不同温度下进行量热实验，然后根据 MTSR 随反应温度的变化规律来确定。

针对此问题，也有学者从理论上进行了分析。Hugo 对符合二级动力学的半间歇均相反应过程提出如下判据[2]：

$$\frac{\Delta T_{ad} E_a}{R T_r^2} - \frac{2}{X_{ac,max}} = 0 \tag{7-63}$$

Hugo 等[8] 认为若式(7-63) 满足，则表明此时的半间歇操作对应于图 7-21 中的 B 点。然而，此判据的缺点是仅仅适用于二级均相化学反应，不能适用于其它级数的化学反应，也不能适用于非均相反应体系。

笔者团队[7] 通过理论分析得出，对于任意反应级数的二分子化学反应，B 点对应的判据为：

$$\frac{\Delta T_{ad} E_a}{R T_r^2} - \frac{n+m}{X_{ac,max}} = 0 \tag{7-64}$$

对于 B 点右边的温度，满足如下式子[14,20]

$$\frac{\Delta T_{ad}E_a}{RT_r^2}-\frac{n+m}{X_{ac,max}}<0 \tag{7-65}$$

对于呈现如图 7-21(a) 中 MTSR 变化趋势的化学反应而言，由于 MTSR 随 T 单调递增。因此，在进行安全设计时，只需考虑 MTSR 是否低于 MTT 或 T_{D24} 即可。而对于呈现如图 7-21(b) 中 MTSR 变化趋势的化学反应而言，应该选择谷点 B 之后的温度作为实际的反应温度，同时满足 MTSR 低于 MTT 和 T_{D24} 这一条件。

(2) 恒温模式　对于恒温模式的半间歇反应，初始反应温度设置过低、反应组分累积度过高是热失控发生的主要原因之一。从热安全的角度出发，恒温模式下的半间歇反应应该处于启动快速、转化良好且温度平稳（QFS profile）情形，这是由于 QFS 情形具有累积度低、釜内温度平稳的特点。

Westerterp[21,22] 针对 2 级反应提出了一组无量纲参数、冷却数（cooling number）C_O、反应数（reactivity number）R_Y 和放热数（exothermicity number）E_X，用来评估半间歇反应器中缓慢进行的非均相液-液反应的稳定性。同时，他们认为反应器的冷却数 C_O 是关键参数。

$$C_O=\frac{(UA)_0 t_{fd}}{(V\rho c_p')_0\varepsilon}$$

$$R_Y=\frac{\nu_A DaR_E}{(R_H+C_O)\varepsilon} \tag{7-66}$$

$$E_X=\frac{\Delta T_{ad,0}E/R}{T_c^2(R_H+C_O)\varepsilon}$$

式中，R_H 为加料组分与底料的热容比；ν_A 为反应物 A 的化学计量系数；R_E 为反应物 A 和 B 的化学计量数比；Da 为达姆科勒数。

用反应数与放热数的函数关系作图，可以建立图 7-22 所示的安全界限图（safety boundary diagram）。Westerterp 指出只要知道反应的表观动力学信息，便可以利用此安全界限图快速地确定符合 QFS 情形对应的操作条件。

Maestri 和 Rota 等[23,24] 通过数值模拟，发现反应级数对安全界限图中的临界曲线有明显的影响，因此图 7-22 中的安全界限图不能用来确定不遵循二级动力学的化学反应的 QFS 操作条件。为此，他们建立了适用于任意反应级数的安全界限图，并建立了系统的热安全工艺参数设计程序[25]。

由于以上方法均是基于安全界限图，因此可以统称为安全界限图法。实际上，除了安全界限图法，国内外还有学者提出了其它的方法，具体内容见参考文献 [26～29]。

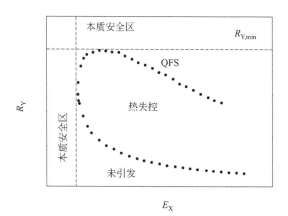

图 7-22　安全界限图

通过比较，可以发现式(7-60) 和式(7-65) 具有相同的数学形式，这表明若等温模式下 MTSR 随反应温度递增［即对应图 7-21(b) 中 B 点右边的温度］，则相应的恒温半间歇反应过程（即初始反应温度等于等温模式下的反应温度）必处于 QFS 操作情形（图 7-23）[30,31]。这是因为：反应过程中恒温模式对应的反应温度一定高于等温模式对应的反应温度，故而恒温模式对应的最大累积度一定小于等温模式对应的最大累积度。

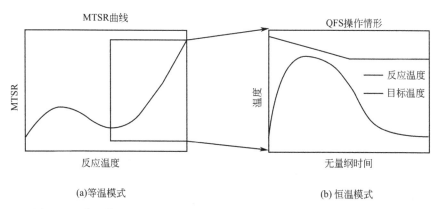

图 7-23　等温模式下 MTSR 变化曲线与恒温模式下 QFS 操作情形的关系

对于恒温模式下的半间歇反应器，除了要满足 QFS 操作条件外，还需要满足另外一个条件，即反应过程中的最高温度要低于反应体系的 T_{D24}。反应过程中的最高温度难以通过计算准确得到。根据 QFS 温度变化规律的特点，T_{max} 一定低于"目标温度"的初始值即 $T_{ta,max}$。因此，只要 $T_{ta,max}$ 低于 T_{D24}，就可以保证 QFS 操作情形下反应过程中的最高温度要低于反应体系

的 T_{D24}[31]。

$$T_{ta,max} = \frac{C_O T_c + R_H T_{fd}}{C_O + R_H} + 1.05 \frac{\Delta T_{ad}}{\varepsilon (C_O + R_H)} \qquad (7\text{-}67)$$

式中，R_H 为加料组分与底料的热容比。

基于以上认识，恒温模式下半间歇反应过程安全操作条件可以利用等温反应量热实验进行设计，具体流程图见图 7-24。

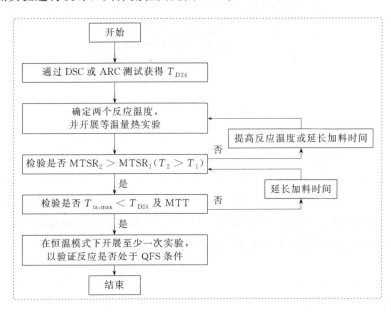

图 7-24 根据等温量热实验设计恒温模式下半间歇反应过程安全操作条件流程图

4. 温度和加料速率的优化选择

加料速率和控制反应物消耗的反应速率之间的竞争导致 B 的累积。因此，降低加料速率和提高反应温度可降低物料累积度。第一种方法显然会导致加料时间的延长，这对生产周期和生产力有负面影响。因此提高反应温度具有一些优势：加快反应速率，使周期缩短；由于加大了反应物料和载热体之间的温差，所以提高了反应器的冷却能力。但反应温度存在上限：温度较高时，二次反应可能成为主导，可能会产生较高的压力，有可能对反应物料的热稳定性产生影响。

5. 其它安全措施

（1）溶剂的选择　一般的放热化学反应都是在溶剂中进行。从安全角度出发，溶剂的重要作用包括：

① 作为反应热的存储库，将反应放出的热量吸收，从而降低反应的危险

严重度；

② 作为传热介质将吸收的反应热通过体系外的冷却系统传递出去，以维持釜内理想的反应温度环境，保证反应速率的平稳性。

选取溶剂的原则包括：

① 对于放热明显的反应，在相似相溶原则的基础上，尽量选择比热容较高的有机溶剂，以便能最大限度吸收反应热；

② 选择沸点高的有机溶剂，这样更能大大提高安全热容量，最大量地吸储反应热。这里，安全热容量指反应体系在特定条件下（如定压），达到沸点（或体系爆炸温度临界值、体系燃烧温度临界值）前反应热的安全容纳量，也即反应总体系安全吸收反应热的能力大小。虽然在反应热大于安全热容量的情况下，可以通过回流冷却来移去反应热与安全热容量的差值，但是考量安全热容量仍然是进行安全设计时的有效措施之一。如果反应热超过有机溶剂或整个反应体系的安全热容量时，就需要做好综合考量，最好通过反应量热仪定量测试反应热，来分析体系的安全热容量，这样才能有效降低风险。安全热容量高的溶剂对于降低体系的压力效应也是大有裨益的。

（2）反应器内的安全空间　对于较剧烈或剧烈的危险反应，物料温度容易达到溶剂的沸点。此时，汽化的溶剂在液相中形成气泡并上升到液体表面。在气泡上升到液体表面的这段时间内，它们会在液相中占据一定的体积，这导致反应器中液体体积（表观体积）的增加，这就是所谓的膨胀。如果膨胀过大，容易造成溢料、冲料及爆炸的危险。为了防止溢料、冲料及爆炸的危险，反应器上方要留有足够的缓冲空间，也就是说应该控制反应器的装载率不能超过极限装载率。具体计算见第四章第三节的有关内容。

五、半间歇反应工程案例分析

1. 案例一

工业生产制备格氏试剂，温度为 $40℃$，溶剂为 THF（沸点 $T_b = 65℃$）。反应式为：

$$R—Br + Mg \longrightarrow R—Mg—Br$$

在反应量热仪的实验中，以恒定的速率加入溴代化合物，加料时间为 1.5h。在实验中得到的数据总结如下：

比反应热	Q'	450kJ/kg（终态反应物料）
反应焓	$-\Delta H_r$	375kJ/mol（溴化物）
最大放热速率	$q_{rx,max}$	加料开始时 220W/kg（反应被引发后）

比热容 c'_p 1.9kJ/(K·kg)

最大累积度 $X_{ac,max}$ 6%（加料结束时达到）

工业生产时，物料量为 4000kg，反应器的热交换面积为 $10m^2$，综合传热系数为 $400W/(m^2·K)$。可用盐水作冷却介质（可以保证夹套平均温度为 $-10℃$）。

问题：

(1) 在发生冷却失效时，如果立即停止加料，温度是否会达到物料的沸点？

(2) 工业生产时，你建议的加料时间是多少？

解答：

(1) 绝热温升为 $\Delta T_{ad}=\dfrac{Q'}{c'_p}=\dfrac{450kJ/kg}{1.9kJ/(kg·K)}=236.8K$

MTSR 为 $MTSR=T+\Delta T_{ad}X_{ac,max}=40+236.8\times0.06=54.2(℃)$

MTSR 低于沸点 65℃，故发生冷却失效时，如果立即停止加料，温度不会达到沸点。

(2) 反应釜最大冷却能力为

$$q_{ex,max}=\frac{UA(T-T_c)}{M}=\frac{400\times10\times[40-(-10)]}{4000}=50(W/kg)$$

最大冷却能力低于最大放热速率，因此需要通过延长加料时间来降低最大放热速率。

加料时间为 1.5h 时，最大累积度为 6%，可以近似认为反应为快反应。因此为了使最大放热速率与最大冷却能力相匹配，加料时间应该不低于

$$t_{fd}=1.5h\times\frac{220W/kg}{50W/kg}=6.6h$$

2. 案例二

以半间歇模式进行某放热反应，温度为 80℃，反应器是 $16m^3$ 的水冷不锈钢反应釜，传热系数 $U=300W/(m^2·K)$。已知反应是 2 级双分子反应，反应式为 $A+B\longrightarrow P$。工业过程中，首先将 15000kg 的反应物 A 加入反应器中，加热到 80℃，然后在 2h 内以恒定速率加入 3000kg 反应物 B，过量为 10%（化学计量比）。在反应量热仪中模拟进行该反应（条件相同），在 45min 后达到最大放热速率 30W/kg，8h 后逐渐降低为零。反应放热为 250kJ/kg（终态反应物料），比热容为 1.7kJ/(K·kg)。经过 1.8h 转化率为 62%，在加料结束时转化率达到 65%。根据终态反应物料的热稳定性可以得到最高允许温度

为 125℃（T_{D24}）。反应物沸点（MTT）为 180℃，凝固点 50℃。

问题：

（1）计算 MTSR，判断这个反应的危险度等级。

（2）对生产装置而言，有哪些建议？

解答：

（1）绝热温升为 $\Delta T_{ad} = \dfrac{Q'}{c'_p} = \dfrac{250\text{kJ/kg}}{1.7\text{kJ/(kg·K)}} = 147.1\text{K}$

由于加料过量 10%，故加料 1.8h 时为化学计量点，最大累积度出现在 1.8h。

$$X_{ac,max} = 1 - 0.62 = 0.38$$

MTSR 为 $\text{MTSR} = T + \Delta T_{ad} X_{ac,max} = 80 + 147.1 \times 0.38 = 135.9(℃)$

特征温度顺序为 $T_p < T_{D24} < \text{MTSR} < \text{MTT}$，故危险度等级为 5 级。

（2）建议降低加料速率，以减小最大累积度。

3. 案例三

在恒压半间歇反应器中进行某催化加氢反应，反应温度为 80℃。在这些条件下，反应速率为 0.2mol/(m^3·s)，假设反应遵循零级反应动力学，反应焓为 540kJ/mol。物料体积为 5m^3，反应器热交换面积为 10m^2。水的比热容为 4.2kJ/(kg·K)。

问题：

（1）反应的放热速率是多少？

（2）若要保持反应温度恒定在 80℃，夹套的平均温度是多少？传热系数为 1000W/(m^2·℃)。

解答：

（1）$q_{rx} = r(-\Delta H_r) = 0.2\text{mol/(m^3·s)} \times 540000\text{J/mol} = 108000\text{W/}m^3$

（2）夹套平均温度为

$$T_c = T - \frac{q_{rx}}{UA} = 80℃ - \frac{108000\text{W/}m^3 \times 5m^3}{1000\text{W/(m^2·℃)} \times 10m^2} = 26℃$$

参考文献

[1] Morbidelli M，Varma A. A generalized criterion for parametric sensitivity：Application to thermal explosion theory. Chem Eng Sci，1988，43（1）：91.

[2] Morbidelli M，Varma A. On parametric sensitivity and runaway criteria of pseudohomogeneous tubular reactors. Chem Eng Sci，1985，40（11）：2165.

[3] Vianelo C, Salzano E, Broccanello A, et al. Runaway reaction for the esterification of Acetic anhydride with Methanol catalyzed by Sulfuric acid. Ind Eng Chem Res, 2018, 57: 4195-4202.

[4] Hugo P, Konczalla M, Mauser H. Näherungslösungen für die Auslegung exothermer Batch-Prozesse mit indirekter Kühlung. Chemie Ingenieur Technik, 1980, 52 (9): 761.

[5] Zufferey B, Stressel F, Groth U. European Patent Office//Pat. Nr. EP 1764662A1, 2007.

[6] Zufferey B, Stoessel F. 12th International Symposium Loss Prevention and Safety Promotion in the Process Industrie, IchemE, Edinburgh, 2007.

[7] Lerena P, Wehner W, Weber H, Stoessel F. Assessment of hazards linked to accumulation in semi-batch reactors. Thermochimica Acta, 1996, 289: 127-142.

[8] Hugo P, Steinbach J, Stoessel F. Calculation of the maximum temperature in stirred tank reactors in case of a breakdown of cooling. Chem Eng Sci, 1988, 43 (8): 2147.

[9] Hugo P, Steinbach J. Praxisorientierte Darstellung der thermischen Sicherheitsgrenzen für den indirekt gekühlten Semibatch-Reaktor. Chemie Ingenieur Technik, 1985, 57 (9): 780.

[10] Alós M A, Nomen R, Sempere J M, et al. Generalized criteria for boundary safe conditions in semi-batch processes: simulated analysis and experimental results. Chem Eng Process, 1998, 37: 405-421.

[11] Zaldivar J M, Cano J, Alós M A, et al. A general criterion to define runaway limits in chemical reactors. J Loss Prevent Proc, 2003, 16: 187.

[12] Guo Z, Bai W, Chen Y, et al. An adiabatic criterion for runaway detection in semibatch reactors. Chem Eng J. 2016, 288: 50.

[13] Guo Z, Chen L, Chen W. Development of adiabatic criterion for runaway detection and safe operating condition designing in semibatch reactors. Ind Eng Chem Res, 2017, 56: 14771.

[14] Guo Z, Li S, Zhou P, et al. Insights into maximum temperature of synthesis reactions in isothermal homogeneous semibatch reactors. Thermochim Acta, 2018, 668: 103.

[15] Guo Z, Hao L, Bai S, et al. Investigation into maximum temperature of synthesis reaction and accumulation in isothermal semibatch processes. Ind Eng Chem Res, 2015, 54: 5285.

[16] 程春生, 秦福涛, 魏振云, 等. 2-氨基-2,3-二甲基丁酰胺氧化合成热危险性研究. 中国安全科学学报. 2011, 21 (9): 61-66.

[17] 张巍青, 徐二永, 李翠清, 等. 乙酸丁酯合成工艺的热安全性研究. 应用化工, 2018, 47 (2): 227.

[18] 彭浩梁. 醋酐法合成奥克托金工艺的热危险性研究 [D]. 南京:南京理工大学, 2016.

[19] Zhang L, Yu W D, Pan X H, et al. Thermal hazard assessment for synthesis of 3-methylpyridine-N-oxide. J Loss Prevent Proc, 2015, 35: 316.

[20] Zhu Y, Feng W, Zhou P, et al. Insights into maximum temperature of synthesis reaction for liquid-liquid semibatch reactions: Diffusion Controlled Reactions of Arbitrary Orders. Ind Eng Chem Res, 2018, 57: 10935.

[21] Steensma M, Westerterp K R. Thermally safe operation of a semibatch reactor for liquid-liquid reactions. Slow reactions. Ind Eng Chem Res, 1990, 29: 1259.

[22] Steensma M, Westerterp K R. Thermally safe operation of a semibatch reactor for liquid-liquid reactions-fast reactions. Chem Eng Technol, 1991, 14: 367-375.

［23］ Maestri F，Rota R. Thermally safe operation of liquid-liquid semibatch reactors. Part Ⅰ：Single ki-netically controlled reactions with arbitrary reaction order. Chem Eng Sci，2005，60：3309.

［24］ Maestri F，Rota R. Thermally safe operation of liquid-liquid semibatch reactors Part Ⅱ：Single diffusion controlled reactions with arbitrary reaction order. Chem Eng Sci，2005，60：5590.

［25］ Maestri F，Copelli S，Rota R，et al. Simple procedure for optimally scaling-up fine chemical processes. Ⅰ. Practical tools. Ind Eng Chem Res，2009，48：1307.

［26］ Mas E，Bosch C M，Reasens F，et al. Safe operation of stirred-tank semibatch reactors subject to risk of thermal hazard. AIChE J，2006，52：3570-3582.

［27］ Copelli S，Derudi M，Rota R. Topological criterion to safely optimize hazardous chemical processes involving arbitrary kinetic schemes. Ind Eng Chem Res，2011，50：1588-1598.

［28］ Copelli S，Derudi M，Rota R，et al. Topological criterion to safely optimize hazardous chemical processes involving arbitrary kinetic schemes. Ind Eng Chem Res，2011，50：9910.

［29］ Bai W，Hao L，Sun Y，et al. Identification of modified QFS region by a new generalized criterion for isoperibolic homogeneous semi-batch reactions. Chem Eng J，2017，322：488-497.

［30］ Guo Z，Feng W，Li S，et al. Facile approach to design thermally safe operating conditions for isoperibolic homogeneous semibatch reactors involving exothermic reactions. Ind Eng Chem Res，2018，57：10866.

［31］ Guo Z，Feng W，Chen L，et al. Insights into maximum temperature of synthesis reaction for liquid-liquid semibatch reactions：Diffusion controlled reactions of arbitrary orders. Ind Eng Chem Res，2018，57：17356.

第八章

化工过程热风险评估的
应用实践

化工过程热风险评估在合成、蒸馏、干燥、储存、运输等操作单元中均有重要的应用。本章主要围绕合成、蒸馏、储存及运输等单元，介绍如何将热风险评估的理论、方法、参数获取等应用于具体实践中。需要注意的是，合成反应热失控评估方法并不完全适合用于储存及运输单元（至少可能性判据不适用），此时需参考联合国《关于危险货物的运输的建议书（试验和标准）》[1]（橘皮书）中的有关方法。

第一节　合成过程热风险评估

一、某硝化反应

1. 工艺简介

向反应釜内加入 450g 乙酸酐（溶剂），温度设定为 20℃，然后在 2h 内向釜内滴加浓硝酸 140g。系统稳定后，分 7 批向釜内加入被硝化物 A 共 115g，加完后保温反应 2h。

2. 评估思路

该硝化工艺涉及滴加浓硝酸（混合过程，具有较明显的热效应）和加入被硝化物 A 两个步骤，两步的热失控风险均应该进行评估。首先应该采用反应量热仪（RC1）对这两步的放热特性进行测试，然后对乙酸酐/浓硝酸体系以及最终的反应产物体系进行热稳定性测试。热稳定性测试采用差式扫描量热仪（DSC）。由于反应体系中含有硝酸，对不锈钢有腐蚀性，DSC 测试均采用镀金坩埚。

3. 测试结果

（1）反应量热结果　采用反应量热仪（RC1）对滴加浓硝酸和加入被硝化

物 A 两个步骤的放热速率及温度曲线进行测试，结果见图 8-1。其中被硝化物 A 为固体，手工定量分段多次加料。

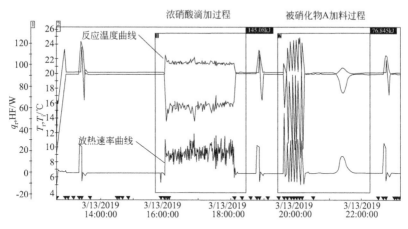

图 8-1 放热速率曲线及反应温度曲线图

从图 8-1 中可以看出，浓硝酸滴加过程有明显放热，且放热速率比较均匀，这表明浓硝酸与乙酸酐混合过程的放热速率符合快反应的特点。该过程共放热 145.08kJ，据此计算得到浓硝酸滴加过程的绝热温升 ΔT_{ad} 为 121.7K。另外，通过对放热速率曲线进行积分，获得被硝化物 A 硝化过程的放热量为 76.845kJ，其对应的绝热温升 ΔT_{ad} 为 57.5K。

（2）热稳定性测试 首先对乙酸酐/浓硝酸混合液进行动态 DSC 测试。温升速率为 8K/min，测试温度范围为 30～300℃。测试结果见图 8-2。

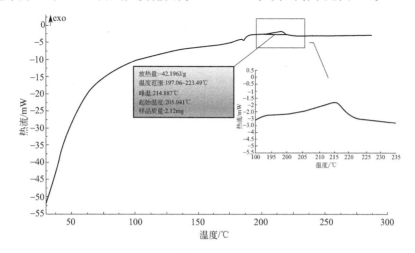

图 8-2 乙酸酐/浓硝酸混合溶液的 DSC 测试曲线

从图 8-2 可以看出，乙酸酐/硝酸混合溶液在 197～223℃温度范围内出现一个比较小的放热信号，比放热量约为 42.2J/g。

对于反应产物体系，反应结束停止搅拌后，出现分层，分别为液相和沉淀物，沉淀物主要为硝化产物。产物体系液相部分和沉淀物均需进行 DSC 测试。产物体系液相部分的 DSC 测试结果见图 8-3。测试条件：温升速率为 8K/min，测试温度范围为 30～300℃。

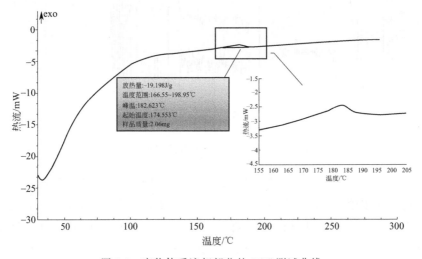

图 8-3　产物体系液相部分的 DSC 测试曲线

从图 8-3 可知，产物体系液相部分在测试温度范围内仅存在一个微弱的放热峰，起始放热温度为 166.55℃，比放热量约为 19.2J/g。

对产物体系沉淀物进行动态 DSC 测试，结果见图 8-4。测试条件：温升速率为 8K/min，测试温度范围为 30～300℃。

从图 8-4 中可以看出，产物体系沉淀物在测试温度范围内（30～300℃）存在一个明显的放热峰，起始放热温度为 161.07℃，比放热量约为 858.54J/g。

综合乙酸酐/浓硝酸混合液、产物体系液相部分和产物体系沉淀物的 DSC 测试结果可以看出，产物体系沉淀物的热稳定性最差，且放热量最大。因此需要对产物体系沉淀物的热稳定性进行进一步的定量研究，以获取其 TMR$_{ad}$ 方面的信息。在 4K/min、6K/min、8K/min 和 10K/min 四个温升速率下进行动态 DSC 测试，然后利用 AKTS 软件对测试结果进行动力学计算，得到产物体系沉淀物 TMR$_{ad}$ 与温度的关系曲线（见图 8-5）。

从图 8-5 中可以看出，产物体系沉淀物的 T_{D24} 为 90℃。同时可知，T_{D4} 对应温度为 111.5℃，T_{D8} 为 102.9℃。

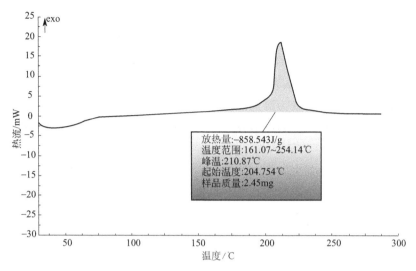

图 8-4 产物体系沉淀物的 DSC 测试曲线

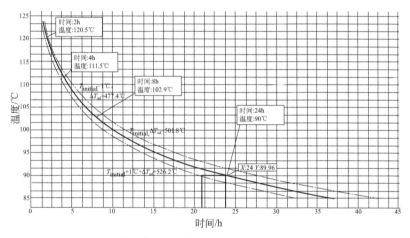

图 8-5 产物体系沉淀物 TMR_{ad} 与温度的关系曲线

4. 热风险评估

（1）浓硝酸和乙酸酐混合过程 分以下两种极端情形考虑。

极端情形一：由于误操作，导致浓硝酸一次性投入到乙酸酐中

由反应量热实验可知浓硝酸与乙酸酐混合过程放热的绝热温升为 121.7K，且放热速率快。因此理论上来说在这种极端情形下，即使冷却系统正常工作，混合物的温度将快速升高至 141.7℃。这个温度已经超过了常压下乙酸酐的沸点（135℃），将导致溶剂乙酸酐的沸腾。当混合物的温度达到乙酸酐沸点时，剩余的热量仅占总放热量的 5.5%，即 7.98kJ。这部分剩余热量将导致约

21.31g 乙酸酐溶剂蒸发（乙酸酐质量蒸发焓约为 374.47kJ/kg）。如果考虑二次反应的放热量（即图 8-2 中放热量 42.196J/g），二次反应将导致溶剂乙酸酐蒸发掉 66.49g，目标反应及二次反应共蒸发乙酸酐约 87.8g，远小于釜内乙酸酐的量（450g），故可以认为溶剂的蒸发冷却作用足以控制釜内温度过高，开放体系下混合物最高温度为溶剂的沸点，即 135℃。

另外，该工艺过程中的压力效应、浓硝酸分解产物的毒害及腐蚀效应等在此不做进一步评估。

极端情形二：冷却失效

浓硝酸加料过程中，冷却系统一旦失效，继续加入浓硝酸将导致反应物料温度上升。但由于浓硝酸与乙酸酐混合过程的放热曲线具有快反应的特点，因此在异常情形下，只要能及时切断浓硝酸的加料，就可以终止放热，防止釜内物料温度过高。

（2）被硝化物 A 硝化过程　也可以分为以下两种极端情形考虑。

极端情形一：由于误操作，导致被硝化物 A 一次性投入到釜中

根据反应量热结果，物料 A 加入釜内后快速出现尖锐的放热峰，这种现象表明该硝化过程具有很快的硝化速度。因此，在这种极端情形下，即使冷却系统正常工作，反应放出的热量也来不及移除，将导致釜内温度升高，最高可能达到的温度为 77.5℃。该温度低于溶剂乙酸酐沸点和产物体系沉淀物的 T_{D24}（90℃）。因此该极端情形下发生热失控风险的可能性低。

极端情形二：冷却失效

根据上面分析可知，即使冷却完全失效且被硝化物 A 一次性投入到釜内，也不会引起釜内二次反应和溶剂沸腾。但是，由于最高可能达到的温度即 77.5℃已经超过了乙酸酐的闪点（约 49℃），故釜内还是存在发生火灾的可能性。对于该火灾风险，在此不做进一步评估。

二、某缩合反应

1. 工艺介绍

甲基-N-氰基氨基甲酸酯（methyl-N-cyanocarbamate）是一种药物中间体。甲基-N-氰基氨基甲酸酯是由氯甲酸甲酯和氰胺在碱性条件下合成的。反应方程式如下：

具体操作步骤如下：

① 向反应釜内加入 50％氰胺水溶液 52.23g，冷却至 5～10℃；

② 向釜内加入 110g 水；

③ 将 58.4g 氯甲酸甲酯在 1h 内匀速加入反应釜中，同时通过氢氧化钠溶液控制 pH 值为 8～9；

④ 氯甲酸甲酯加料结束后，反应混合物升高至 10～20℃。

该工艺的风险评估源于文献 ［2］，有兴趣读者请自行参阅。

2. 评估思路

纯氰胺是一种热不稳定物质。工业上是将氰胺配制成 50％水溶液，pH 值约 4～4.6。长时间储存后，50％氰胺水溶液 pH 值会下降，这导致水溶液变得不稳定。资料显示 50％氰胺水溶液发生热失控时，绝热温升约 100℃。氯甲酸甲酯微溶于水，遇水将发生水解反应，释放出 HCl 雾气。

首先采用 DSC 对反应过程涉及的 50％氰胺水溶液、氯甲酸甲酯以及反应产物液进行热稳定性筛选测试。DSC 测试条件为：温升速率 10℃/min，温度范围为室温至 350℃。然后利用绝热量热仪（ARC）对 50％氰胺水溶液进行进一步稳定性测试，最后利用反应量热仪对反应阶段的放热情况进行测量。

3. 测试结果及风险分析

50％氰胺水溶液、氯甲酸甲酯以及反应产物液的 DSC 测试曲线分别见图 8-6～图 8-8。放热有关的测试结果列于表 8-1 中。

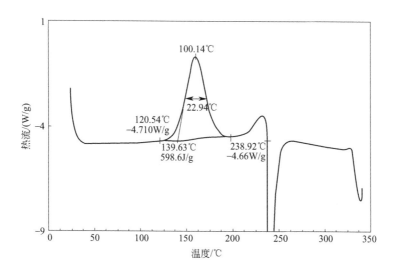

图 8-6　50％氰胺水溶液的 DSC 测试曲线

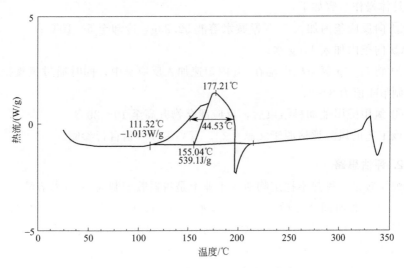

图 8-7　氯甲酸甲酯的 DSC 测试曲线

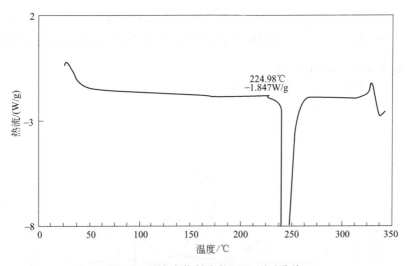

图 8-8　反应产物料液的 DSC 测试曲线

表 8-1　50%氰胺水溶液、氯甲酸甲酯以及反应产物料液的 DSC 测试结果

样品	起始放热温度/℃	比放热量/(J/g)
50%氰胺水溶液	120	599
氯甲酸甲酯	111	＞539
反应产物料液	N/A	N/A

从热安全角度考虑，主要需要了解放热情况，故表 8-1 中只总结了放热峰

数据。由表可见，50％氰胺水溶液和氯甲酸甲酯都检测到放热，起始放热温度和比放热量都比较接近。反应产物料液在350℃前没有检测到放热。由于底料为50％氰胺水溶液与水的混合物（下面称为"底料混合物"），因此对底料混合物（质量比根据工艺描述确定）进行绝热量热实验，以进一步确定其热稳定性。一般来说，对于间歇或半间歇反应过程，即使热筛选实验认为反应产物料液没有明显热效应，也需要对反应产物料液进行绝热量热实验。底料混合物和反应产物料液的绝热量热测试结果总结于表 8-2 中。

表 8-2　底料混合物和反应产物料液的绝热量热测试结果

样品	起始放热温度/℃	最大温升速率/(℃/min)	最大温升速率对应温度/℃	绝热温升/K	放热量/(J/g)	剩余压力/kPa
反应产物料液	N/A	N/A	N/A	N/A	N/A	1.4
底料混合物	90	164	210	206	864	9.6×10^3

表 8-2 中反应产物料液的绝热测试结果与 DSC 测试相吻合，均没有检测到放热。剩余压力也比较小，表明没有明显不凝性气体生成。底料混合物的温度-温升速率曲线见图 8-9。

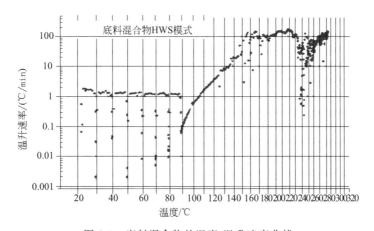

图 8-9　底料混合物的温度-温升速率曲线

表 8-2 和图 8-9 显示底料混合物的起始放热温度为 90℃。测试结束后剩余压力比较大，说明有不凝性气体生成。

反应量热的测试结果总结于表 8-3。

表 8-3　反应量热测试结果

项目	比放热量/(kJ/mol)	比热容/[kJ/(kg·K)]	绝热温升/℃	是否快反应
目标反应	203	3.8	89	是

该反应为快反应，热累积度比较小，其 MTSR 远低于底料混合物的起始分解温度。所以，在正常工艺情况下，该反应发生热失控的可能性不大，且不会产生不凝性气体。由于反应为快反应，放热量可以通过调节冷却介质温度和降低加料速度来控制。总之，如果只考虑冷却失效这一极端情形，那么该工艺不太可能存在热失控问题。然而需要注意的是，该反应在反应过程除了加入氯甲酸甲酯外，还需要通过加入氢氧化钠溶液来调节 pH 值，因此仅仅考虑冷却失效这一个情形是不够的。还需要考虑其他的失效情形，如：

情形一：反应结束时氢氧化钠溶液加入过量；

情形二：反应结束时氢氧化钠溶液加入量过少；

情形三：氯甲酸甲酯没有加入，氢氧化钠溶液正常加料；

情形四：氯甲酸甲酯正常加料，而氢氧化钠溶液未加。

对于上述这四种情形，均需另外设计热分析实验，以确定这些情况下反应体系的稳定性。

针对第一种情形，可以将正常情形下的反应产物料液与氢氧化钠溶液混合，配制成固定 pH 值（文献中 pH 为 12）的溶液进行热稳定性测试。测试结果显示该混合液在 350℃前没有放热信号，从而说明该情形下可忽略热失控事故。

针对第二种情形，可将正常情形下的反应产物料液与氯甲酸甲酯混合（文献中氯甲酸甲酯过量 10%），然后进行热稳定性测试。DSC 测试结果显示存在两段放热，第一段放热起始温度为 128℃，比放热量为 96J/g；第二段放热起始温度为 165℃，比放热量为 126J/g。结合表 8-1 中氯甲酸甲酯的 DSC 测试结果，可推测上述两段放热为氯甲酸甲酯的热分解。文献作者对该混合物进行了绝热量热测试，以进一步确定产气速度情况。绝热量热情况显示绝热环境中的最大产气速率为 914L/min，远远小于反应釜上方安全阀的泄放能力（18000L/min），因此也可以认为这种情形的热安全问题也不突出。

针对第三种情形，可将底料混合物和氢氧化钠溶液相混合进行热稳定性测试。DSC 测试结果显示存在一段中等放热峰（比放热量为 118J/g），起始放热温度为 88℃。同时 ARC 测试结果（见图 8-10）显示从 64℃开始出现放热信号，放热段绝热温升为 44℃，最大温升速率和最大压升速率分别为 0.07℃/min 和 0.69kPa/min。这种条件下的产气速率同样低于安全阀的泄放能力，因此文献作者认为这第三种情形也不存在明显的热安全问题。

针对第四种情形，可以将底料混合物和氯甲酸甲酯按工艺比例混合后进行热稳定性测试。DSC 测试结果显示从 55℃开始，出现一段比放热量为 451J/g

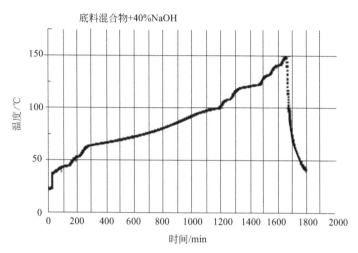

图 8-10　底料混合物和氢氧化钠溶液的混合物的绝热量热测试时温度-时间曲线

的放热峰。由于该放热峰比放热量较大，且起始放热温度比较接近工艺温度，因此又做了绝热量热实验（热惯量为 1.05）。结果显示起始放热温度为 23℃，放热信号一直持续到 197℃后，文献作者停止了绝热量热实验。起始放热温度与工艺温度非常接近，表明这种情形下很容易引发二次反应。文献作者根据美国紧急泄放系统设计分委会（DIERS）的推荐算法，核算了这种情形所需的泄放最小尺寸为 24.1cm，远大于反应器现有的泄放尺寸（5.08cm）。

根据以上所有分析，可以看出针对该工艺，最危险的情况是氢氧化钠溶液加料失效，而氯甲酸甲酯继续加料。因此，安全措施应该针对这种情形进行设计：

① 泄放装置需要重新设计；

② 增加冗余控制手段，确保反应过程氢氧化钠溶液顺利加料，反应过程中还要按照一定的频率检测反应液的 pH 值；

③ 对操作人员进行培训，使培训操作人员知道这种危险情形以及应对措施。

三、某氧化反应

1. 工艺介绍

该案例来自文献［3］。5-溴-2-硝基吡啶是一种医药中间体，由 5-溴-2-氨基吡啶经氧化合成，见图 8-11。氧化剂为浓硫酸和 30% 双氧水的混合溶液。该合成工艺存在两种加料顺序：

顺序一：将 30％双氧水加入 5-溴-2-氨基吡啶/硫酸溶液中；

顺序二：将 5-溴-2-氨基吡啶/硫酸溶液加入 30％双氧水/硫酸溶液中[3]。

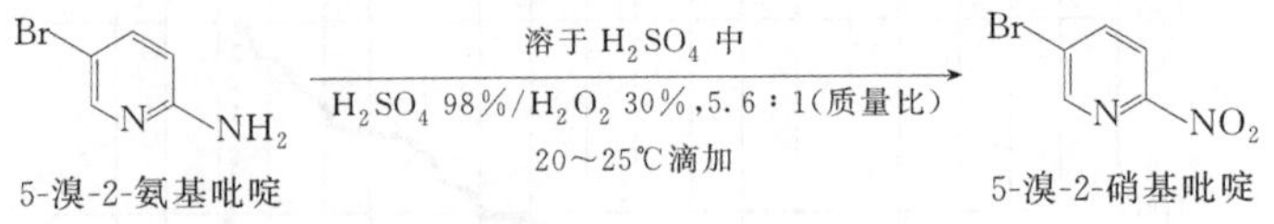

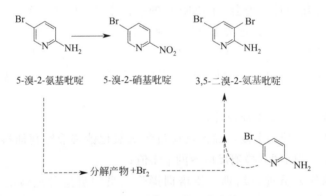

图 8-11　5-溴-2-氨基吡啶合成 5-溴-2-硝基吡啶的反应方程式

2. 测试结果及风险分析

一般来说，氧化反应时被氧化物为底料，氧化剂为加料组分。然而，对于该氧化工艺，当 30％双氧水加入 5-溴-2-氨基吡啶/硫酸溶液中（顺序一）时，反应速度非常慢，而且伴随红色烟雾生成。经检测，红色烟雾中含有分子溴，同时对反应产物料液进行分析，发现生成了大量的二溴吡啶物。分子溴生成的可能原因在于 5-溴-2-硝基吡啶被氧化分解。分子溴与 5-溴-2-硝基吡啶反应从而进一步生成二溴吡啶物，具体的路线见图 8-12。可见，实际生产不能采用这种加料方式，只能采用顺序二（将 5-溴-2-氨基吡啶/硫酸溶液加入 30％双氧水/硫酸溶液中）。

下面对顺序二进行热风险评估。

图 8-12　二溴吡啶物生成路线

（1）30％双氧水/硫酸溶液的热稳定性分析　30％双氧水/硫酸溶液具有热分解的风险，首先对其进行热稳定性分析。采用了绝热加速量热仪（ARC）进行测试，结果显示金属对过氧化物分解有催化作用。为了确定金属是否对 30％双氧水/硫酸溶液分解有催化作用，分别采用哈氏合金和玻璃材质的测试池进行 ARC 试验。两次 ARC 测试的结果见图 8-13，测试结果见表 8-4。

表 8-4 **30％双氧水/硫酸溶液热稳定性测试结果**

序号	测试手段	测试池材质	起始分解温度/℃	放热量/(J/g)	T_{D24}/℃
1	ARC	哈氏合金	45	>500	18
2	ARC	玻璃	93	>1000	58

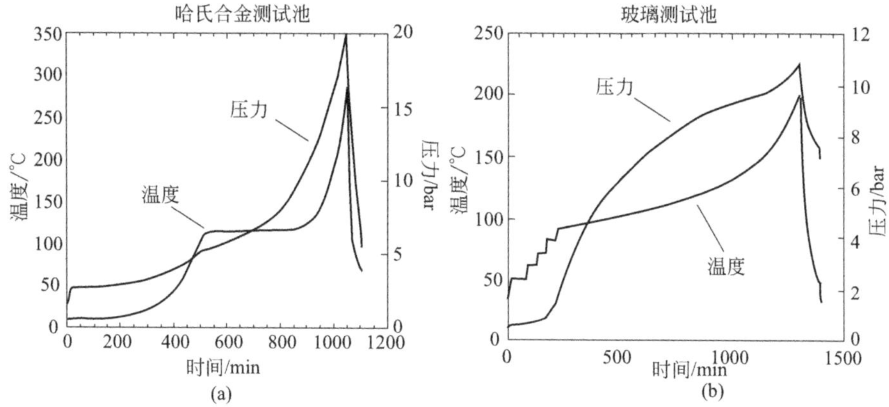

图 8-13 30％双氧水/硫酸溶液在哈氏合金（a）和玻璃材质（b）测试池的 ARC 测试结果

（2）目标反应量热测试结果及分析 反应量热测试流程如下：

① 将 30％双氧水/硫酸溶液加入反应釜，设置温度 20℃；

② 将 5-溴-2-氨基吡啶/硫酸溶液在 6h 内匀速滴加至釜内，然后 20℃保温反应直至结束。

反应量热测试曲线见图 8-14。结果显示，放热量为 878kJ/mol，绝热温升 90℃。由于双氧水是过量的，所以最大累积度出现在 5-溴-2-氨基吡啶/硫酸溶液加料结束那一刻。经分析，最大累积度为 23％，据此计算得到 MTSR 的值约为 41℃。

采用 DSC 和 ARC 对未猝灭的反应产物液进行测试。结果显示起始分解温度为 46～50℃，比放热量为 25～40J/g。虽然反应产物料液的起始分解温度较低，甚至低于 30％双氧水/硫酸溶液的 T_{D24}（58℃），但是比放热量比较小。即使反应产物料液分解，也不会引起严重后果。

（3）目标反应风险分析 由于反应在敞口体系中进行，文献取硫酸水溶液的沸点（MTT）为（200℃）。由于金属对反应底料（即 30％双氧水/硫酸溶液）的分解有催化作用，故反应过程应严格避免与金属接触。如果与金属有接触，那么根据 T_{P}（20℃）、MTSR（41℃）、MTT（200℃）和 T_{D24}（18℃）四个特征温度顺序，可知该反应风险为 5 级，具有明显的热失控风险。

如果反应过程中能够避免与金属接触，那么根据 T_{P}（20℃）、MTSR（41℃）、MTT（200℃）和 T_{D24}（58℃）四个特征温度顺序，热失控风险等

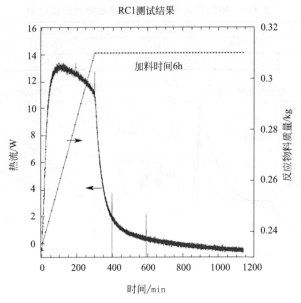

图 8-14　反应量热测试结果

级为 2 级，风险较低。

（4）猝灭反应过程风险评估　由于氧化剂过量，反应结束后反应产物液中还存在残留有氧化剂。故采用焦亚硫酸钠溶液来猝灭氧化剂。采用反应量热仪（RC1）测试猝灭过程的热特性。结果见图 8-15。

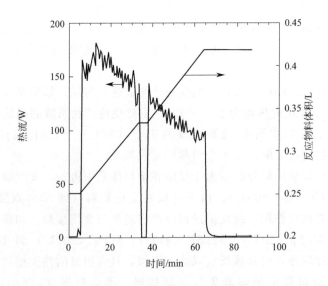

图 8-15　猝灭过程量热测试结果

量热结果显示猝灭过程具有快反应特征，累积度可以忽略。另外，对猝灭后的反应液进行 DSC 测试，也没有检测到放热。总之，只要控制好焦亚硫酸钠溶液的滴加速度，猝灭过程的热失控风险就可以忽略。

第二节　蒸馏单元的危害与热风险评估

一、蒸馏过程存在的危害

蒸馏工艺用途广泛，包括纯化、溶剂回收、浓缩甚至反应。蒸馏过程除存在反应风险、分解风险，还存在其它风险。一般说来，应考虑到热稳定性、产气情况、过氧化、升华、物料相容性、热履历（heat history）、空气侵入（air ingress）、自燃发火（pyrophoricity）等因素。本节对实验室、中试工厂和生产过程中与蒸馏单元相关的危害进行简要分析。

这部分内容主要来自文献［4］，有兴趣的读者可以自行查阅。

1. 蒸馏是否是最合适的技术？

开始对蒸馏过程中潜在危害进行评估时，一个重要的问题就是：蒸馏是否是你认为最适合的工艺——是否有其它更适合的选项（如结晶）？

2. 热稳定性筛选应该测试什么样品？

应对相关样品进行热稳定性筛选。通常，首先要进行筛选的是蒸馏残余物（distillation residue），也称釜残，因为与进料或馏出物相比，釜残历经的温度更高、历经的时间更长，且含有更多的杂质（需注意釜残有时也可能是产物）。此外，进料和馏出物的热稳定性也应当考虑。

3. 测试样品准备需要注意什么？

样品应该尽可能地代表实际的过程。最初，可能需要准备的是实验室制备的样品，但一旦获得中试或工厂样品（plant samples）应立即进行测试。

釜残应在低温/高真空条件下获得，以确保测试之前的样品没有经受热履历，并在准备过程中尽可能减少分解，从而在测试过程中应尽量测出全部潜在的热量。应在实验室对中试或生产过程中出现的蒸馏循环进行模拟测试，以确定循环对残余物稳定性的影响。

4. 应该进行哪些重要的测试？

通常可以采用扫描量热法（DSC）来进行筛选实验，主要考察起始分解温度、分解热。例如,可以通过动态 DSC 数据来保守地估计绝热诱导期,这些测试也会反映物料的一些自催化特性。此外还应该测试产气情况。

应当考虑一旦加热盘管(heating coil)/夹套、冷凝器、油封泵出现渗漏,其中的传热介质、冷却剂和润滑剂等与物料的相容性问题,从而避免出现事故性混合。

对筛选实验结果进行评估时,如果分解不属于自催化分解,则实际规模蒸馏操作(full scale operation)的工艺温度应在预测获得的起始温度之上并具有适当的安全裕度,工艺温度时的绝热诱导期(TMR$_{ad}$)应大于等于 24h,并由此确定蒸馏操作的一个安全基准(a basis of safe operation)。

起始温度要根据测试装置的灵敏度和蒸馏操作的规模(scale of operation)来判断。应考虑正常工艺温度和加热介质温度,因为误操作情况下〔如搅拌停止或失真空(loss of agitation/vacuum)〕等情形时,物料温度可能逐步接近加热介质温度。这在连续蒸馏中尤为重要,因为在连续蒸馏的工艺温度下通常会有一些分解发生。

还应该模拟热履历(热老化)对稳定性的影响——尤其是在自催化的情况下。

可以通过金残氧化实验模拟蒸馏过程中空气侵入的影响。

5. 需要进一步进行哪些测试?

如果物料的筛选测试表明在工艺温度或接近工艺温度附近确实存在潜在的反应危害,那么将需要开展更进一步的测试。这通常会涉及某些形式的绝热测试。所使用的技术和方法将取决于采用的蒸馏条件,特别是工艺操作压力。

对于气体体系(gassing systems),应确定准确的产气速率(gas evolution rate)。应根据最大气体生成速率确定泄放能力或气体洗涤能力(vent/scrubber capacity),并考虑适当的安全系数(例如 1.5 倍或 2 倍等)。

大部分分解具有自催化特性。对于自催化分解,尤其应关注分解速率大/分解热高的自催化分解。在这些情况下,仅仅关注起始温度或 TMR 通常是不够的——应该考虑诱导期与时间/温度的关系。

在自催化的情况下,确定催化剂的性质(例如 DMSO 分解过程中产生的酸性物质)也很重要,可以通过添加催化产物吸收剂(catalyst scavenger)来延长诱导期(例如碳酸盐等)。

6. 蒸馏过程应该关注哪些特别有问题的物料?

从热稳定性来说有些物料危险性很大,例如硝基氯化物(nitrochloro compounds)、过氧化物、过氧酸等。醚在蒸馏过程中可能形成过氧化物。一些物料如四氢呋喃(THF)可能会自氧化(在常温或中等温度下缓慢地吸收空气中的氧发生氧化但不发生燃烧的化学过程）。

通常可以加入稳定剂防止出现过氧化反应，但应搞清楚蒸馏过程中稳定剂的去向，是与馏出物一起流出还是与釜残一起残留？如果会流失则需要及时补加。重要的是要知道稳定剂有什么作用，是影响热稳定性还是防止氧化？一些单体稳定剂需要氧气的存在才能起作用，但这又可能会影响物料在可燃性、爆炸性方面的安全措施。

蒸馏前，如果物料与过氧化物或与易形成过氧化物/自氧化物质接触，应该检查确保物料无过氧化物并且在严格惰性气氛下进行蒸馏。

硝基化合物的釜残可能非常不稳定（特别是在某些结构材料作用下）。如果釜残没有及时清除且反复经受热履历，这样的蒸馏操作将是很危险的，如1992 年 Hickson&Welch 事故装置（图 8-16）。

图 8-16　1992 年 Hickson&Welch 事故装置的照片

如果出现物料升华，则管道/泵等设备可能会被堵塞，导致压力增大和/或失真空。胺的盐酸盐（amine hydrochlorides）、尿素、乙酰胺（acetamide）和氨基甲酸铵（ammonium carbamate）常常升华。

通常，物料不仅仅呈液态，且随着溶剂的不断蒸出而呈固态（例如叔丁醇和 DMSO），这也会导致堵塞。

7. 间歇蒸馏和连续蒸馏的工艺有差别吗？

间歇工艺与连续工艺通常是一致的（the same at first）。间歇工艺常常是出于经济性考虑（preferred on economic grounds），一般说来也是测试的起点

(starting point)。如果物料在工艺温度发生分解，则应考虑损失是否可接受、损失是否构成危险？如果蒸馏工艺温度条件下物料出现分解，且分解速率能够被停留时间所平衡（the rate of decomposition is balanced against residence time），那么连续工艺可能是一种优选。

间歇工艺和连续工艺的主要区别是温度/压力随时间的变化。就热效应而言，通常采用起始温度或最大反应速率到达时间（TMR）确定间歇蒸馏的安全操作条件。而连续操作采用 TMR 可能更合适，此时考虑停留时间与热稳定性的关系更重要，尽管可能存在产气问题。对于产气，间歇工艺的比产气速率可能是一个比较突出的问题，但对于在线物料量小（low inventories）的连续工艺而言就可能不是问题（less of a problem）。当然，低产气速率仍足以影响装置真空度（enough to overcome the vacuum）。

失真空或泄压口堵塞（loss of vacuum or vent blockages）是间歇和连续操作的重要考虑因素，但是对于连续蒸馏，还应该意识到出现失真空或堵塞情况时，连续工艺将类似于间歇工艺，出现物料累积、温度/压力的升高以及停留时间的延长。过程控制应对进料的最大累积量予以限制，从而把上述影响降到最低。

8. 蒸馏工艺、设备问题或设计会导致哪些具体的危险？

了解加热介质的正常温度和可能达到的最高温度很重要，因为这通常是馏出物和釜残可能面临的最高温度。

进行间歇蒸馏时，通常应确保釜残的体积足以浸没（cover）搅拌器和热电偶。当釜残液位太低以至于无法测得温度时，就会出现物料过热，从而导致事故。间歇蒸馏母液液位会不断降低直至残液，这过程中要始终保持物料足以浸没搅拌器和热电偶。当然，如果不能保证物料浸没，也可以通过控制加热介质温度低于物料分解温度来保障安全。

搅拌过程中如果釜残遇冷却而固化，则应在固化发生前关闭搅拌以避免损坏搅拌装置。搅拌可能对于传热过程至关重要。

如果蒸馏过程中出现真空度损失，则物料温度将可能升高至加热介质的温度。管路堵塞可能导致失真空——这会导致密闭体系的压力增加。真空泵故障也会导致类似的效果，因为真空泵通常是密封的。

使用蒸馏塔时，柱设计应有利于物料的有效分离，而不应出现溢流。尺寸过小的分离柱（undersized column）易出现溢流，这可能导致高压，并使物料处于更高的温度。溢流还会影响分离，并可能导致延迟的问题（例如反应蒸馏中的水/溶剂分离）。

由于分离柱填料（column packing）使得表面积大大增加，因此物料与结构材料的相容性尤为重要。可以对掺杂有相关结构材料的物料进行热稳定性筛选测试。

柱/填料的腐蚀产物可能催化柱上物料的分解或反应。

上游工序的误操作，如一种组分过量（overcharge）或反应不完全，可影响蒸馏进料的组成，从而影响批料的热稳定性。

9. 蒸馏过程有什么特殊的火灾爆炸问题？

评估蒸馏过程的安全性时，应自始至终考虑化学反应危险性及火灾爆炸危险性。一些特定的蒸馏工艺会形成自燃温度低于沸点温度或甚至低于加热介质温度的馏出物。这种情况下，应该优选替代溶剂，当然减压蒸馏也是一种比较好的选择。惰性气氛下的蒸馏操作是可选方案，但应意识到这不适用于所有蒸气，因为有些太敏感（例如炔类化合物、膦等）。

如果要蒸馏共沸混合物（azeotropic mixture）且所有馏分均可燃，则可能需要惰化操作。

空气侵入（air ingress）会引起着火——泄漏可能会使氧气进入装置，形成可燃气氛或导致可能的化学反应。通常，蒸馏操作的尾声阶段应使用惰性气体（例如氮气）进行减压蒸馏以避免形成可燃气氛。釜残也可能自燃。

高温传热介质泄漏到大气中会导致火灾危险性。一般说来，冷凝器中的物料温度应高于其闪点。

10. 什么是最合适的安全基准（basis of safety）？

防胜于治，因此首先要考虑采用本质安全化的操作，例如加热介质温度低于分解温度、连续蒸馏以减少在线物料量、减压蒸馏以降低间歇操作温度等。

其次，考虑过程控制措施（例如限制工艺时间/温度/压力等）。

对于大多数蒸馏工艺，釜残的分解是主要关注的问题，其分解可能非常快速，具有高的分解热并生成大量气体。如果采取的本质安全和/或工艺控制措施的完整性等级不够（no sufficient integrity），则需要采取保护性措施。骤冷（quench）、卸料（drown-out）和压力泄放是一些常见的方法。对于分解快速、放热量高、产气量大的情形，一般不采用压力泄放的方法，因为所需的泄放口尺寸太大以至于不切合实际。对于设置泄放装置的间歇装置，如果批次釜残不一样，泄放口尺寸也不一样。但是，连续工艺采用压力泄放措施一般都很成功。由于在线物料量小，快速分解和釜残不一致（residue variability）所引起的问题并不是很重要。

需要注意保持足够的物料量浸没温度计以确保不出现过热导致的失控。

由于蒸馏工艺应用非常广泛，因此并没有"通用"方法（"generic" method）来确定所有类型蒸馏工艺的危险性。上述问题各种因素仅供读者评估时参考，当然所罗列的问题并不完备，需要读者具体问题具体分析。

二、一起溶剂回收过程热失控爆炸事故的测试与分析

文献［5］是一篇相对较老的事故调查与分析文献，涉及的分析测试手段相对老旧，数据的解读与分析也不完全准确，但事故所涉内容、总体思路均具有较好的参考价值，列于此供读者参考。需要说明的是，笔者对论文的内容进行了必要的处理。

对含有机溶剂的废弃物进行环保处理是一个重要问题。许多工业活动都会产生废溶剂或含有大量溶剂的废弃物。通常，中小企业产生的废弃物数量不足以直接回收或再蒸馏，只能通过专门的废弃物公司进行处理。尽管有各种方法对这些废弃物进行处理，例如填埋、焚烧等，但通过溶剂与杂质分离，溶剂蒸馏回收的方法更具有经济性和环境可接受性。然而正如上文所述，废溶剂的蒸馏操作是有各种危险性的。这里与读者分享的是废溶剂回收工厂所发生的事故。通过事故原因的调查，讨论了防止类似事故的方法，研究了改善工厂和工艺安全性的标准。

1. 事故描述

（1）工厂和工艺特点　事故涉及物料来自各种工业活动的废溶剂，溶剂量大，属于危险废弃物（危废）。这些废溶剂直接收集于工厂、中间废弃物分类和处置场所，因此，溶剂品种多而杂，在蒸馏处理前没进行组分分析，更没评估物料的热稳定性。

蒸馏的目的是将低沸点液体馏分与高沸点物料（通常为固体杂质）分离，采用间歇操作。流程如图 8-17 所示。在环境温度和环境压力下将废溶剂加入具有氮气保护的搅拌釜 R1 中，通过夹套循环加热控制釜中物料温度，蒸发的溶剂在卧式冷凝器 E1 中冷凝，回收的液体溶剂通过重力转移到中间储罐 D1 中，然后最终储存到罐区。

R1 夹套加热油的入口温度通常设定在 180℃。随着釜内不同沸点溶剂的蒸发，釜温逐渐升高，蒸馏最后阶段 R1 的温度通常达到 170～180℃。蒸馏结束时，将釜残在高于 100℃ 的温度下排入容器 D2 中。

在线测量的工艺变量包括 R1 的温度 TI2、夹套入口温度 TI3、夹套出口 TICR1 处的油温、中间储罐 D1 的液位 LI1 以及离开冷凝器 E1 不凝气体的温度 TI11。安全装置包括釜 R1 和罐 D1 上的爆破片。

连接冷凝器 E1 和罐 D1 的排气管线是该工艺唯一的气相排放口。它们通过水封 D4，最终进入活性炭固定床吸收器。

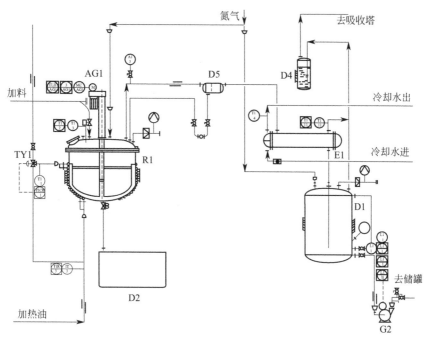

图 8-17　事故单元的 PID 图

　　回收的溶剂通常无需进一步加工而直接商业化，例如作为（其它企业）蒸馏用的原料或用作工业过程中的清洗剂。蒸馏产生的固体残渣（仍可能残有少量溶剂）大约占进料量的 10%～20%（质量分数）。

　　（2）事故　在处理事故批次物料过程中，随着不同沸点溶剂的蒸发，R1 釜温逐渐升高至约 147℃。在此温度下，放热导致 R1 温度 5min 内突然升高到 200℃以上。事故期间记录的温度-时间曲线见图 8-18。不幸的是，由于信号 TI2 超出了范围，因此无法确定事故期间 R1 达到的最高温度，R1 釜温的增加也导致通过排气管线离开冷凝器 E1 不凝气体温度 TI11 的相应增加。储罐 D1 的液位记录表明，在事故发生时，搅拌釜 R1 中仍有约 300kg 的物料。

　　放热反应导致釜 R1 超压。爆破片在 1.45bar 下破裂，仍不足以阻止容器内的压力增长。储罐的设计压力为 3bar，没有解体、倒塌；然而螺栓封头裂开，将垫圈和隔热材料撕成碎片。从釜 R1 中释放出可能含有溶剂和分解产物的蒸气云被点燃并形成闪火，幸运的是闪火自动熄灭而没有演化成更严重的后果。事故发生时，由于没有人员靠近，因此无人受伤，也未产生其他后果。

　　虽然该事故的后果严重度有限，但必须指出的是，这种影响在更大规模的工厂中可能更为严重。因为如果释放出大量的溶剂蒸气和分解产物，那么闪火

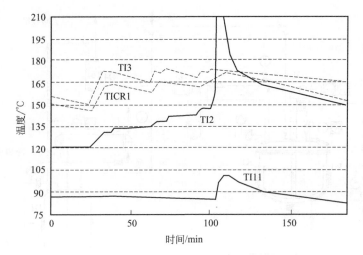

图 8-18　事故记录的有关温度-时间曲线

和蒸气云将影响更大的区域。因此，这次事故的教训对于防止大型工厂发生类似事故也很重要。

2. 实验测试

（1）实验样品　从事故批物料、事故发生后从釜 R1 和罐 D1 中分别采集了 3 个测试样品。

（2）实验技术　使用热重（TG）分析和差示扫描量热法（DSC）研究样品的热稳定性。

TG 在 Mettler TG-50 热天平中进行，使用纯氮气作为吹扫气体（100mL/min），温升速率为 10℃/min 或 20℃/min，测试样品质量为 20~30mg。

采用 Mettler DSC 25 量热仪进行测试，温升速率为 10℃/min，纯氮气吹扫，典型样品重量为 5~15mg。由于样品中存在大量低沸点溶剂以及高温下分解反应产生气态产物，如采用密闭坩埚易导致压力累积，因此实验时采用了扎孔坩埚。因此，DSC 数据可能存在由于蒸发引起的吸热。

测试了样品中固体残渣的热稳定性。采用 TG 将样品在 130℃的温度下加热 30~60min 来蒸发样品中的挥发分，对残渣进行 TG 和 DSC 实验。使用气相色谱（GC）和气-质联用仪（GC-MS）测试了事故批物料采集样品及 D1 罐中样品的成分。

3. 结果和讨论

图 8-19 显示了从事故批次中收集样品的 TG 分析结果。TG 分析在纯氮气中以 20℃/min 的加热速率进行。必须指出，TG 分析的重量损失所对应的温

度与采用的加热速率有关。图 8-19 显示样品在 30～100℃ 之间经历了明显的失重，这主要是由于有机溶剂几乎完全蒸发。在 150～250℃ 之间发生了少许失重（约为初始样品重量的 2%）。当事故发生时，R1 釜的温度在此范围内。进一步的重量损失发生在更高的温度下。

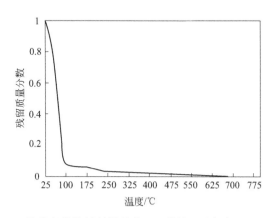

图 8-19　导致事故的材料样品的 TG 曲线（纯氮气，20℃/min）

在 130℃ 停止 TG 运行，在坩埚中观察到黑色固体残渣。将样品保持在环境温度下的干燥空气流中 24h 也获得了类似的固体残渣。

经分析，事故批次物料主要由非氯化脂肪族溶剂（醇、醚、酯和酮）组成。鉴定后的组分为乙酸乙酯、甲基乙基酮、乙酸异丁酯、异丁醇、正丁醇、环己酮和乙二醇单丁醚。

罐 D1 采集的样品与事故批次样品测试方法相同，组分基本一致。该结果似乎表明事故批次物料中的挥发性组分是热稳定的，由此基本排除事故是由挥发性部分的分解引起的。因此，事故可能是由物料的蒸馏残渣（釜残）引起的。

对釜残进行 TG 测试，加热速率 20℃/min，氮气气氛，升温到 130℃ 时，保持 30min。样品的重量损失如图 8-20 所示，获得的固体残渣占初始样品质量的 5.6%。

使用 10℃/min 的恒定加热速率进行残渣的 TG 分析，结果见图 8-21(a)。该图证明在 130℃ 和 250℃ 之间的失重为 35%。在较高温度下，样品经历了高达约 90% 初始残渣的失重。

残渣采用 DSC 测试，测试条件为带孔坩埚、加热速率 10℃/min、纯氮气气氛、流量 50mL/min。DSC 分析的结果见图 8-21(b)。在 DSC 运行条件下，放热分解反应存在于 135℃ 和 245℃ 之间。使用 DSC 软件计算样品的比分解热

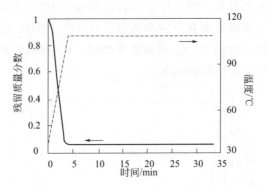

图 8-20 事故批次样品在 130℃失重与时间和温度的关系

为 757J/g。必须注意的是，由于在 DSC 分析中使用了带孔坩埚，存在吸热蒸发现象，因此该值可能被低估。

图 8-21(a) 中的 TG 曲线与图 8-21(b) 中的 DSC 曲线的比较表明，在放热峰 135~245℃ 的温度范围内，样品经历了 34.7% 的重量损失。

釜 R1 中样品的 TG 和 DSC 分析结果见图 8-22。图 8-22(b) 显示事故后在釜 R1 中收集样品的 DSC 曲线中不存在图 8-21 所示的放热峰。

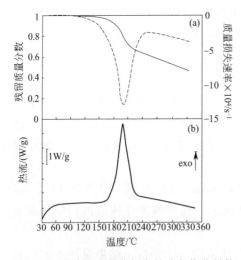

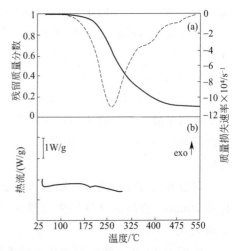

图 8-21 事故批次的非挥发性残留物获得的 TG (a) 和 DSC (b) 曲线（纯氮气，10℃/min）

图 8-22 事故后釜 R1 物料获得的 TG (a) 和 DSC (b) 曲线（纯氮气，10℃/min）

对导致事故批次物料中的含氮化合物进行分析，结果表明样品中存在 0.46%（质量分数）的氮，通过质量平衡，可以估算蒸馏残渣中存在大约 8%（质量分数）的氮元素。为此，对残渣中可能存在硝基化合物或其它高能含氮化合物进行假设。文献报道硝基的分解热为 390kJ/mol，这可以很好地与 DSC 实验获得样品分解热的数量级相对应。

事故发生时 5min 以内釜 R1 从 147℃被加热到 200℃以上，在此有限的时间内形成了相当量的挥发物导致釜内压力效应及随后的爆炸。从罐 D1 液位指示器推算事故发生时釜 R1 中仍存在约 300kg 的物料。TG 曲线分析表明，釜残分解可能导致了釜内约 100kg 挥发物的形成，从而导致釜体的物理爆炸。事故直接原因是釜残发生的放热分解反应。

该研究表明，如果工厂建立工艺物料热稳定性的测试评估程序并按此运行，则本次事故应该可以避免。此外，没有进行工艺危险性分析，而且工厂管理者根本没有意识到废弃物的热不稳定性可能造成的安全问题。因此，事故的根本原因源于工厂安全文化的缺失。

第三节　储存、运输过程中的热风险评估

如第四章所述，反应热失控评估方法（可能性判据）不适合用于储存及运输过程中。而在第三章及第六章涉及的热安全参数中，虽然起始分解温度 T_{onset} 是很多量热设备都会提供的一个参数，也是衡量物质稳定性的一个重要指标。然而该参数受测试条件、仪器精度等的影响，同时这些量热设备样品量小，不足以代表运输、储存等大规模情况下的传热、传质特征，因而也不能完全采用该参数来表征储存、运输过程物料的安全性。

对于储存及运输过程中，尤其是运输过程中的热安全性问题，国内外有很多标准均有涉及。联合国《关于危险货物运输的建议书（试验和标准）》[1]（橘皮书）中与此有关的试验有：

① 第 1 类爆炸品分类试验中：克南试验、时间/压力试验、75℃热稳定性试验、无包装物品和带包装物品的热稳定性试验、1.6 项物品或部件的缓慢升温试验、含硝酸铵的乳胶基质（ANE）的热稳定性试验等。

② 4.1 项自反应物质和 5.2 项有机过氧化物分类试验中：试验系列 E 之"确定封闭条件下加热的效应"试验；试验系列 G 之"确定物质在运输包件中的热爆炸效应"试验；试验系列 H 之"确定自加速分解温度（SADT）"试验等。

上述试验大部分都是通过试验获得"＋"或"－"结果，只有 H 系列试验可得到一个确切的温度值 SADT，用于指导安全运输和储存。橘皮书中关于该方法的测试方法有 4 种，见表 8-5。

表 8-5　试验系列 H 的试验方法

试验识别码	试验名称
H.1	美国自加速分解温度试验
H.2	绝热储存试验
H.3	等温储存试验
H.4	热积累储存试验

一、SADT 测试方法

上述四种方法各有特点，这里简单介绍 H.1～H.4 的测试方法[1]。

1. H.1 美国自加速分解温度试验

美国自加速分解温度试验用于确定物质在特定包件中发生自加速分解的最低恒定环境温度。220L 以下的包件均可采用该方法进行试验。测定时，将包件放在一个等温炉内，在 7d 内特定包件中心的样品温度与环境温度的差值不小于 6℃的环境温度便是 SADT。

试验方法如下：首先将包件称重，热电偶插入试验包件中心，放入烤炉中。加入试样并记录试样和烤炉内部温度。当烤炉达到设定温度后，记下试验温度达到比烤炉温度低 2℃的时间，然后再进行 7d 的试验，或直到试样温度上升到烤炉内温度以上 6℃或更高，此时记下试验温度从比烤炉温度低 2℃到上升到最高温度所需要的时间。

2. H.2 绝热储存试验

绝热储存试验是测定物质由于温度影响发生反应或分解而产生的热量。设备包括一个用于装试样的玻璃杜瓦瓶（1.0L 或 1.5L）、一个装有使烤炉温度保持与试样温度相差 0.1℃微分控制系统的绝缘烤炉、一个惰性杜瓦瓶。

试验方法是在杜瓦瓶内装填 1L 的反应性化学物质，记录该物质在杜瓦瓶内由于自反应发热随时间的延续而上升的温度，由此得到的放热参数。将该放热参数与有关包件的热损失数据一起用于确定物质在其容器中的 SADT。

正式试验前需要使用已知功率（如 0.333W 或 1.000W）的内部加热系统按间隔 20℃的台阶加热试样，并确定在 40℃、60℃、80℃和 100℃时的热损失，计算杜瓦瓶的热容。

试验时，首先在杜瓦瓶中装入称重过的试样（包括包装），并放在瓶架上；开始测量温度，并用内部加热器把物质升温到预订温度，计算物质的比热容；停止内部加热后测量温度。如果 24h 内没有观察到因自加热引起的温度上升，把温度升高 5℃，重复这一程序直到检测到自加热为止。检测出升温后，使样品在绝热条件下升温至放热速率小于冷却能力的温度，降温、称重。

将计算出的单位质量试样的比放热速率作为温度的函数在线性坐标上标出，并通过这些标出的点画一条最佳拟合曲线。确定特定包件、中型散货箱或槽罐的单位质量热损失 $L[W/(kg \cdot \text{℃})]$。画一条与放热曲线相切、斜率为 L 的直线。该直线与横坐标的交点就是临界环境温度，有关文献中也称为不回归温度 T_{NR}，再化整到下一个更高的 5℃ 倍数（例如当计算得到的温度是 63℃ 时，对应的 SADT 为 65℃），就得出该反应性化学物质的 SADT。

3. H. 3 等温储存试验

等温储存试验用于确定反应或分解物质在恒定温度下随时间变化的放热速率，结合包件的散热速率，确定物质在其容器中的 SADT。

将反应性化学物质的放热作为时间和恒定温度的函数进行研究。通过测量在不同温度下等温实验过程的热生成量，可以得到描述样品放热性质的一些参数，使用这些参数以及包装的传热特性，可以推算出一定包装内反应性化学物质的 SADT。

等温储存试验使用的试验装置如图 8-23 所示。

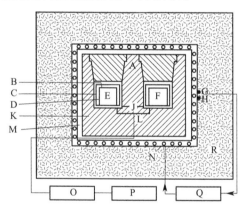

图 8-23　等温储存试验装置示意图

A—铂电阻温度计；B—试样容器；C—圆柱形支座；D—空隙；E—试样；
F—惰性物质；G—用于控制温度的铂电阻传感器；H—用于安全控制的铂
电阻传感器；J—珀尔帖元件；K—铝块；L—电路；M—空隙；N—加热金属线；
O—放大器；P—记录器；Q—温度控制器；R—玻璃棉

该方法在进行试验前同样需要对试验设备进行校准。校准时首先将等温储存试验装置调定在选定的试验温度；将加热线圈插入试样容器；在试样容器和参比容器中装入惰性物质，并放在等温储存试验装置内；加热线圈不加热时，测试此刻的空白信号；使用两个或三个不同的电加热功率来确定热流计的灵敏度。

校正后即可对样品进行测试。将等温储存试验装置调至所需温度，将试样容器内装入称重过的试样，并加上一定数量某种代表包装容器的材料（如金属），然后将容器放入试验装置中。试样质量应当足够使单位质量样品的放热速率达到 5～1500mW/kg。试验前 12h 的结果不予采用（温度平衡阶段），12h 后继续进行至少 24h，直到放热速率开始下降，或者放热速率高于 1.5W/kg，然后停止。用新的样品在升高 5℃的情况下重复试验，并在一定的放热速率范围内得到 7 个最大的放热速率数据。

根据以下公式计算在用于校准程序的各种不同电功率下仪器的灵敏度 S_e：

$$S_e = \frac{P}{U_d - U_b} \qquad (8-1)$$

式中　S_e——热流计灵敏度，mW/mV；

　　　P——电功率，mW；

　　　U_d——加热线圈信号，mV；

　　　U_b——空白信号，mV。

利用这些数值和试验数据，根据以下公式可计算在不同试验温度下的最大比放热速率$\dot{q}_G$：

$$\dot{q}_G = \frac{(U_s - U_b) \times S}{m_s} \qquad (8-2)$$

式中　$\dot{q}_G$——样品反应放热率，mW/kg；

　　　U_s——测试样品信号，mV；

　　　m_s——样品质量，kg。

热损失速率可以通过测量系统的冷却时间来进行推算或根据已知尺寸和材料特性的包装直接进行计算。由式(8-2)计算得到各温度下的最大放热速率。将计算出的单位质量试样的比放热速率作为温度的函数在线性坐标上标出，并通过这些标出的点画一条最佳拟合曲线。确定特定包件、中型散货箱或槽罐的单位质量热损失 L。画一条与放热曲线相切、斜率为 L 的直线。该直线与横坐标的交点就是临界环境温度，有关文献中也称为不回归温度 T_{NR}，再化整到下一个更高的 5℃倍数，就得出该反应性化学物质的 SADT。

4. H.4 热积累储存试验

该方法源于谢苗诺夫模型，主要用于确定热不稳定物质在运输包件条件下发生放热分解的最低恒定环境温度，可用于确定物质在其容器，包括中型散货箱和小型槽罐（2m³ 以下）中的 SADT。

试验方法如下：

① 将测试样品室调至选定的温度；

② 杜瓦瓶装入试验物质至其容量的 80%，记下试样重量；

③ 盖好瓶盖，开始试验；

④ 加热试样，记下试样温度达到比实验室温度低 2℃ 的时间；

⑤ 然后试验再进行 7d，直到试样温度上升到比实验室温度高 6℃ 或更多时为止，如果后者较早发生，记下相应时间；

⑥ 将试样冷却后，处理；

⑦ 如果达不到 6℃，用新试样重复做试验，温度间隔为 5℃。

该方法所用设备如图 8-24 所示。

5. 自加速分解温度的特点

SADT 是多种因素的综合结果。在 SADT 测试中，既有物质分解放热的动力学作用，也有物质中、物质与包装间、包装与环境间的传热作用，如果是液态物质，当产生温度梯度时，物质内部还会有自然对流作用。简而言之，SADT 是由物质动力学与热力学特性、包装材质、包装尺寸等共同作用的结果，因而不能简单地仅用物质本身的热分解动力学信息来表征其危险。

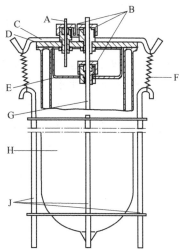

图 8-24　热积累储存试验
设备示意图

A—聚四氟乙烯毛细管；
B—带有 O 形密封圈的特制螺旋（聚四氟乙烯或铝）；
C—金属条；D—玻璃盖；
E—玻璃烧杯底；F—弹簧；
G—玻璃保护管；H—杜瓦瓶；
J—钢夹持装置

二、SADT 的小药量试验推算方法

虽然试验方法能够很好地反映反应性化学物质在实际生产、运输、储存及使用过程中的热危险性，但也存在明显的缺点：

① 试验样品量大。大样品量能使试验更有代表性，并保证测试数据的准确性和可靠性，但是试验过程中的危险也显著增大。

② 试验周期长。通常需要几周到几个月才能得到一个数据。

因此，如何用小药量在短时间内获得较精确的 SADT 数据受到了人们的广泛关注。而通过对试验测试方法的分析，也可以发现，简单地采用起始分解温度来表征物质在运输中的热安全性是不充分的，甚至是不可靠的。为此很多学者尝试用更综合的方法获得该参数。

文献［6］列举了日本消防研究所采用等温 C80 方法获得 SADT 参数，并与基于 ARC 试验获得的 SADT、实测值进行了比较，结果发现 C80 方法的预

测结果较 ARC 更准确。文献［7］中，孙金华和丁辉详细介绍了如何采用 C80 和 ARC 获取 SADT，并将其与 H.1 方法结果进行比较，结果同样显示 C80 的推算结果更接近实测结果。究其原因，两份文献皆认为 C80 的测试精度较高，其测试的温度范围包含了 SADT，所以测试温度范围内的动力学参数等能代表 SADT 附近的反应速率，因而能较准确地计算 SADT；而 ARC 测试温度范围则高于 SADT，其外推结果必然影响了预测结果的准确性。

这里将结合第三章关于 AIBN 的例子，介绍基于 DSC 数据分别采用等转化率和模型拟合法进行动力学计算，进而获得相对可靠的 SADT 结果的方法。

1. 基于模型拟合法的 SADT 预测

Moukhina[8] 对 AIBN 的动态和等温 DSC 数据进行拟合，采用了复杂的反应模型 $A\overset{1}{\longrightarrow}B$，$\longrightarrow 2\rightarrow C\text{-}3\rightarrow D$ 获得动力学参数。其中，反应路径 1 表示 AIBN 固相分解；路径 2 表示 AIBN 熔化，路径 3 表示液态 AIBN 分解。

Moukhina 认为，即使采用了上述复杂模型结果，但考虑到所用的是数据不论是等温还是动态 DSC 数据，均在相变（为晶型转变）温度 80℃ 以上，而 AIBN 的 SADT 在 45℃ 左右。即用于建立动力学模型的相关参数是在含有液相分解的基础上获得，而 AIBN 的 SADT 发生在固相 80℃ 下，因此不能直接用已获得的动力学参数来预测大规模的 SADT 测试，而应先用 H.4 法 SADT 的测试结果对动力学模型进行验证。H.4 法联合国测试的环境温度是 45℃ 和 48℃，采用的是圆柱形 500mL 的杜瓦瓶，长径比为 2:1，装载率为 80%。两次测试的 AIBN 样品质量分别为 284.2g 和 284.8g。验证结果见图 8-25。

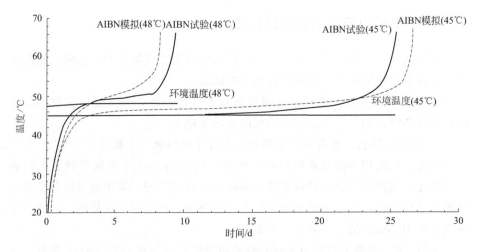

图 8-25　H.4 法试验的测试和验证（45℃ 和 48℃）

验证所用参数包括：400mL 容积，直径 $d=9.3$cm，密度 $\rho=0.7$g/cm^3，比热容 $c'_p=1.55$J/(g・K)，热导率 $\lambda=0.127$W/(m・K)，由于样品在预测温度下为固态且无搅拌，所以对于该反应采用分布式模型（distributed model）[见式(8-3)]。这里选择了最简单的球形包装进行模拟，这里假设环境温度为 T_0，球体的温度分布以及球表面的边界条件见式(8-4)：

$$\rho c'_p \frac{\mathrm{d}T}{\mathrm{d}t}=\lambda\left(\frac{\partial^2 T}{\partial r^2}+\frac{2\partial T}{r\partial r}\right)+(-\Delta H)f(c,t,T) \tag{8-3}$$

$$-\lambda\left.\frac{\mathrm{d}T}{\mathrm{d}r}\right|_{r=R}=U[T(R)-T_0] \tag{8-4}$$

式中　T——体系温度；

　　　r——与球心的距离；

　　　R——球半径；

　　　ΔH——分解焓；

　　　f——动力学函数；

　　　c——动力学模型中无量纲的物质的量浓度。

球表面和环境温度 T_0 之间的综合传热系数为 $U=0.27$W/(m^2・K)。图 8-25 显示动力学模型的验证结果良好，因此进一步基于该模型预测 H.1 测试结果，预测结果良好。

在此基础上，文献作者进一步计算了 5kg、20kg 和 50kg 包件安全储存60d 的安全温度（低于环境温度 2℃开始计时，60d 超过环境 6℃对应的环境温度）（见表 8-6）。

表 8-6　5kg、20kg 和 50kg 包件的 SADT 和 60d 安全储存温度

条件	SADT(7d)/℃	储存 60d 的环境温度/℃
5kg	51.9	51.4
20kg	48.4	45.8
50kg	46.9	43.2
杜瓦瓶	47.4	44.1

2. 基于等转化率法的 SADT 预测结果

Roduit[9] 采用 BAM 提供的等温数据进行了动力学计算（见第三章），进而采用 AKTS 软件基于等转化率方法对 AIBN 进行 SADT 的预测。其中 H.1 试验的包装条件为：

（1）50kg 试验，纤维板圆桶（1G），厚度 5mm，可打开的盖子厚度 7mm，桶直径 46cm，高度 63cm，样品被装在塑料薄膜（＜0.1mm）中放入桶中；样品高度 46cm。

（2）20kg试验，样品质量 20.25kg，纸板箱包装（4G），厚度 5mm，纸板箱尺寸 39cm×29cm×46cm，样品被装在塑料薄膜（<0.1mm）中放入纸板箱中；样品高度约为 26cm。

（3）5kg试验，样品质量 5.05kg，纸板箱包装（4G），厚度 5mm，纸板

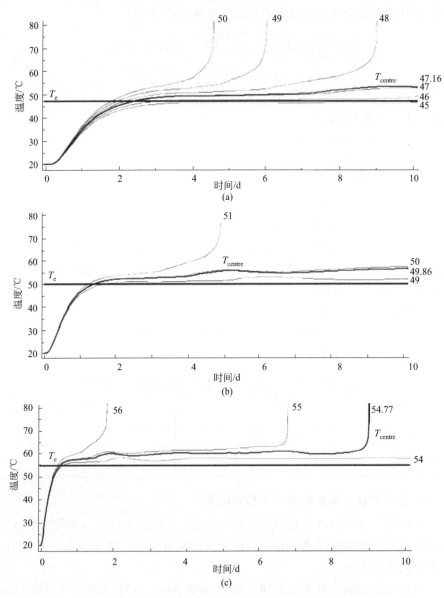

图 8-26　AIBN 的 SADT 试验中样品中间温度的模拟（实测温度加粗显示）

(a) 50kg 圆桶；(b) 20kg 箱子；(c) 5kg 箱子

箱尺寸 39cm×39cm×35cm，样品被装在塑料薄膜（<0.1mm）中放入纸板箱中；样品高度约为 16cm，底部所占尺寸约为 29cm×22cm。

基于上述不同尺寸 H.1 的包装条件、包装形状，采用第三章等转化率方法建立的模型进行 SADT 的预测，所用 $c'_p=1.55J/(g\cdot K)$，热导率 $\lambda=0.127W/(m\cdot K)$，综合传热系数 $U=4.9W/(m^2\cdot K)$，试验的温度模拟结果见图 8-26，预测结果见表 8-7。

表 8-7　5kg、20kg 和 50kg 包件的 SADT 计算和实测结果　单位：℃

条件	SADT(50kg 圆桶)	SADT(20kg 箱子)	SADT(5kg 箱子)
等转化率方法	47.16	49.86	54.77
H.1 测试结果	47	48	>49

显然，预测结果较好。同时该文献还分析了综合传热系数、包装形状等对结果的影响，这里就不一一赘述。

上述研究结果显示，采用可靠的 DSC 数据获得动力学参数，进而结合可信的样品和包装的传热信息、包装形状、包装尺寸等因素，也可以对 SADT 进行有效的预测。

参考文献

[1] United Nations，Recommendations on the Transport of Dangerous Goods，20th revised edition，2017.

[2] Emerson K，Muzzio D，Fisher E. Identification of significant process safety risks in the preparation of methyl-N-cyanocarbamate. Organic Process Research & Development，2019，23（7）：1352-1358.

[3] Agosti A，Bertolini G，Bruno G，et al. Handling hydrogen peroxide oxidations on a large scale：Synthesis of 5-bromo-2-nitropyridine. Organic Process Research & Development，2017，21：451-459.

[4] Arthur G，Williams C，Luginbuehl M. Chemical reaction hazards of distillation process. Symposium series No. 155，Hazards XXI，2009.

[5] Cozzani V，Nardini G，Petarca L，et al. Analysis of an accident at a solvent recovery plant. Journal of Hazardous Materials，1999，67（2）：145-161.

[6] 刘荣海，陈网桦，胡毅亭. 安全原理与危险化学品测评技术. 北京：化学工业出版社，2004.

[7] 孙金华，丁辉. 化学物质热危险性评价. 北京：科学出版社，2007.

[8] Elena Moukhina. Thermal decomposition of AIBN Part C：SADT calculation of AIBN based on DSC experiments. Thermochimica Acta，2015，621：25-35.

[9] Bertrand Roduit，Marco Hartmann，Patrick Folly，et al. Thermal decomposition of AIBN，Part B：Simulation of SADT value based on DSC results and large scale tests according to conventional and new kinetic merging approach. Thermochimica Acta，2015，621：6-24.

附录

事故案例

附录 A　弗朗西斯·施特塞尔在其著作中
列举的部分案例

　　弗朗西斯·施特塞尔在 2008 年出版的《化工工艺的热安全——风险评估与工艺设计》（Thermal Safety of Chemical Processes—Risk Assessment and Process Design）给出了一些国外发生的典型事故案例及事故原因的简要分析，比较遗憾的是该书未给出事故具体细节。现节选部分案例与读者共享。

　　案例 1　雨水聚积在装有已被腐蚀爆破片的泄压管中突然进入反应器使浓硫酸稀释放热造成反应物料发生热失控事故（反应单元，风险辨识不充分导致）

　　工程上，利用爆破片保护多用途反应器不受超压破坏。压力泄放时，气体通过厂房屋顶直接排放到外界。在维护保养时发现爆破片已腐蚀，决定更换，但急切间没有可用的备件。由于接下来要进行的是磺化反应，决定在不更换爆破片的情况下打开泄压管（relief pipe）。事实上，磺化反应不会导致超压（硫酸沸点为 300℃），因此不需要这样的保护装置。在第一个批次的反应过程中，泄压管被升华物（sublimate）堵塞。遗憾的是，并没有发现堵塞，继续生产。一场大雨过后，雨水进入泄压管并且聚积在升华物形成的"塞柱"上。下一批次反应开始后，升华物受热并使反应器突然破裂，积水突然进入反应器使浓硫酸稀释，造成放热。温升引发了反应物料的突然分解，从而导致了反应器破裂并造成巨大的破坏。

　　事故教训　这类事故很难预测。然而，如果采用系统方法进行风险辨识，就会清楚地知道只要有水进入反应器，就会导致爆炸。所以，当改变设备尤其是多用途反应器的某些部件时（这些改变可能与给定工艺不直接相关），人们至少应考虑工艺参数的变化可能带来的后果。【该书第 1 章中的案例】

案例 2　间歇反应合成得到的中间产物因生产线技术故障不得不于周末期间暂存的热失控爆炸。(暂存操作，物料热化学认识不充分且缺乏热风险的专业知识导致)

在装有 2600kg 反应物料的间歇反应器中完成合成反应后，得到了熔融态的中间产物。该中间产物存放在 90℃ 的不带搅拌装置的储存容器中，该容器通过热水循环系统进行加热，温度限制在 100℃ 以下。正常生产时，熔融态的中间产物应该立即高位转移到较小的容器进行下游作业。在一个周五晚上，由于技术原因未能进行这个转移操作，因此整个周末熔融物一直滞留在容器中。由于事前已经知道该中间产物容易分解，工厂经理对产品稳定性的有关资料进行了研究。质量测试的结果表明如果该熔融物保持在 90℃ 的条件下，则将按照每天 1% 的速度分解。由于别无选择，工厂管理者认为这样的质量损失也是在可接受的范围内。另外的信息就是 DSC 谱图显示了一个从 200℃ 开始分解的放热峰，分解的能量为 800kJ/kg。考虑到 3d 内的分解量为 3%，于是他估计分解所释放的能量为 24kJ/kg，相应温升大约为 12℃。因此，他决定在周末期间继续将这些反应性物料滞留于该容器中。从周日晚上到周一上午，容器发生爆炸，造成了重大的物料损失。

事故教训　如果对这种情形进行正确评估，应该能够预测到这次爆炸。上述估计的主要错误在于认为储存容器处于等温状态。实际上，这样大的一个容器在没有搅拌的条件下，其行为应该类似于绝热条件。通过正确估计初始放热速率可以计算出体系绝热条件下的温升速率。考虑到反应会随着温度的升高而加速，可预测发生爆炸的近似时间。【该书第 2 章中的案例】

案例 3：磺化反应保温阶段温度参数不合理引发反应物料二次分解发生热失控爆炸事故案例（反应单元，反应过程的热化学性质不明且缺乏热风险的专业知识）

2-氯-5-硝基苯磺酸是通过将熔融态的对氯代硝基苯加入 20% 的发烟硫酸（H_2SO_4 中含有 20% 的 SO_3）中合成得到的，反应温度为 100℃。将发烟硫酸加热到 50℃，加料过程约为 20min。由于反应放热，温度升高到 120～125℃。通过 2bar 蒸汽使反应体系维持在这个温度范围内数小时，从而完成转化。操作照常进行，但没有注意到超过 125℃ 以后温度的进一步上升。这导致爆炸，反应器解体，釜盖穿透建筑物的屋顶坠落。事实上，是由于异常高温引发了二次分解反应，导致了严重的破坏。一旦反应器温度高于蒸汽冷凝温度时（2bar 时为 120℃），将无法与夹套中的蒸汽进行热交换，因此处于这个阶段已不可能对温度进行控制。

事故教训　事故发生前，有关人员不了解目标反应和分解反应可能放出的热量，也不了解分解反应将在什么状态下被引发。在无报警系统及相应紧急措施的情况下，将这样一个具有严重潜在危险的工艺完全靠手工控制来进行。如果预先对分解反应具有的能量和其引发条件进行正确的评估，应该能预测类似事件，并为工艺设计提供避免此类事故发生的机会。【该书第3章中的案例】

案例4　重氮化反应变更物料比例提高反应物浓度导致的热失控爆炸事故（反应过程，热化学性质不明）

一种蓝色的重氮基染料是由2-氯-4,6-二硝基苯胺生产得到。它是在硫酸作为溶剂情况下由亚硝酰基硫酸重氮化而成。反应性较弱的苯胺进行重氮化反应需要强的试剂。此外，重氮化反应需要一个相对较高的温度（45℃）。由于这种蓝色染料需求量的增加，工艺过程的生产力也必须增加。负责工艺的化学师决定通过增加反应物和减少溶剂来提高浓度。然而，他意识到这样做会导致反应放热的增加。因此，他决定进行实验室试验来对这一问题进行评估。他将一个三口烧瓶放在45℃的水浴中，并用两个温度计分别测量水浴和反应介质的温度。他预先将苯胺加入硫酸，然后向其中逐渐加入亚硝酰基硫酸，进行重氮化反应。在反应过程中，水浴和反应混合物之间没有检测到温度差异。因此他得到这样的结论：反应放热不明显，且能被控制。工业规模下进行重氮化反应时，导致了剧烈的爆炸，造成5人死亡30多人受伤，并对生产装置产生了巨大的破坏。

事故教训　实际上，实验室使用的简单检测装置并不能检测到反应放热：与工业规模相比，实验室规模的比热交换面积大约大两个数量级。因此反应热可被移出且检测不到温差，然而在工业规模中相同的放热则有可能控制不住。该事故强调了反应量热仪的必要性，同时也促进了这种仪器的开发。当时Regenass W已经对该设备进行了研制开发，后来该设备形成了商品化的装置（RC1）。事故发生后，该公司中心研发部门积极地对这起严重的事故进行了深入的研究。一名物理化学家提出利用差示扫描量热仪（DSC）来研究这一反应过程中涉及的热量。他对初始浓度和较高浓度分别进行实验，得到了不同的差热谱图，然后意识到他本可以对这起事故进行预测的，因此，他决定创建一个实验室专门进行这类实验。这是利用热分析和量热法就安全问题进行科学评估的开端。从那以后，不同的化工企业发展了许多不同的方法，并由科学仪器公司将这些方法硬件化和商品化。【该书第4章中的案例】

案例5　合成二苯基胺过程中由于加热蒸汽阀门未及时关闭，温度偏差导致热失控引起大量喷料（反应单元，反应处于参数敏感区，操作人员无认知）

在一个2.5m³的反应器中以每批500kg产品的规模合成药物中间体。反应是由氨基-芳香烃化合物和芳香烃氯化物缩合并消除HCl后得到二苯基胺。

反应过程生成的 HCl 直接在反应器中用碳酸钠中和，形成水、氯化钠和二氧化碳。生产流程很简单：反应物在 80℃混合，这个温度高于反应物料的熔点。然后反应器由夹套中的水蒸气加热到 150℃。在这个温度时，蒸汽阀门必须关闭，在接下来的 16h 进行反应。在这期间，温度最高升高到 165℃。几年之后，反应规模扩大到每批 1000kg，反应器的容积扩大到 $4m^3$。两年后，再次决定将规模进一步扩大到 1100kg。

再次扩产后生产了 6 个月，随后由于圣诞节停止生产，节后开始恢复并生产首批产品。其中一种反应物需从储罐泵入反应器，但天气较冷，输送管线发生堵塞。由于该产品的需求紧迫，决定改用滚筒（drum）输送反应物。反应照常开始加热，但在 150℃时没有关闭蒸汽阀，而是在反应器温度达到 155℃时才关闭。检查反应器时，操作人员发现反应物料正在沸腾：在溢流口明显发现一些回流液体。由于冷凝液不能回到反应器中，溶剂逐渐被蒸发，导致反应物料浓度和沸点的升高。蒸发过程进行得如此之快以致反应器内压力快速增长，并导致泄压系统开始作用并进行泄压。大部分反应物料被释放到外面，但反应器中压力仍然继续增长。最终反应物料从溢流口密封圈处扩散到整个车间。整个装置停产两个月，事故涉及的工段停产超过 6 个月，物资损失达几百万美元。

事故教训　调查结果表明工艺操作处在参数敏感区（parametric sensitive range）。由于批量规模增加到 1100kg，反应时的最高温度达到 170℃。此外，采用的反应器是装有盐水冷却系统的多用途设备，选用的温度计量程虽然为 200℃，但范围从－30～170℃。因此，技术设备与该工艺条件不匹配。无论是工艺条件还是反应器的技术装备都与该反应不匹配。此外，忽视了批产规模增加后的不利影响。为了确保反应的安全控制，应将工艺改变为半间歇模式。

【该书第 5 章中的案例】

案例 6　半间歇硝化反应停止搅拌取样分析后忘记重新启动搅拌而直接加料，物料大量累积，半间歇反应变成间歇反应，重启搅拌导致的热失控事故（反应单元，操作原因）

在导致严重事故之前，某半间歇反应已经生产了很多年且没有发生什么问题。事故发生当天，操作人员按照正常程序加入第一种反应物料（硝基化合物）。然后在加热反应器到达其工艺温度、开始第二种反应物的加料前停止搅拌，取样进行分析。在发生事故的反应器中，操作人员忘记重新启动搅拌装置。换班之后，另一名操作人员开始加入第二种反应物料，但忽略检查搅拌装置是否处于开启状态。在加料结束时，抽取第二份样品进行质量检查，随后发现了一个奇怪的现象，为此操作人员向当班负责人员咨询如何进行处理。由于当时是在晚上，决定冷却反应器，等待化学师第二天早上前来进行指导。当操作人员返回工作岗位冷却反应器时，忽然发现搅拌装置一直没有启动，于是将其启动从而有利于冷却。然而，他没有意识到这样做会使反应器中两种处于独自分层状态的反应物，相互接触突然发生化学反应。反应过程根本没法控制，造成温度和压力的急剧增加。尽管激活了泄压系统，但卸料管（relief line）发生破裂，反应物料没能转移到集料槽（catch tank）中，超过 10t 的反应物料直接排入大气中，对附近居住区造成了严重污染。在这起事故中尽管没有人员伤亡，但是带来了巨大的破坏和影响，以及严重的经济损失。

调查结果　在取样时停止搅拌是很常见的，但随后应该立即重新启动，至少在加热阶段操作人员应该注意到搅拌装置没有处于正常工作状态。若搅拌装置正常工作且反应物料以正常速率进行加料，该反应可以比较方便地通过反应器的冷却系统进行控制。在工艺过程中，首先加入的反应物料较后来加入的物料密度大。因此，后加入的反应物位于硝基化合物的上层，实际上，只要不启动搅拌不会发生反应。搅拌系统一旦运转，反应迅速进行，但由于所有物料均已加入，所以实际上反应以间歇模式进行。在这些条件（间歇反应）下，反应温度迅速上升，并引发其它放热反应，从而增加了反应的热效应。设计的泄压系统存在问题，不能很好地适应所出现的两相流情形，因此卸料管中物料流量过高，当无法承受这样高的机械载荷时，管路破裂，导致泄漏。

事故教训　半间歇操作实际上是为了控制热量释放，使其在一段时间内完成。此外，一旦发生故障时能够有机会终止反应。当然，所谓的终止反应是假设故障发生时立即停止加料，或关闭加料装置。反应器的泄压系统的设计应当能适用于两相流，因为反应器中物料量较大，达到高位时可能会发生两相流。

【该书第 7 章中的案例】

案例 7　维修期间滞留反应器内的反应物料由于夹套蒸汽阀门泄漏持续加热发生的热失控爆炸事故（反应单元，物料稳定性问题）

在 DMSO（二甲基亚砜）的水溶液中进行芳香烃硝基化合物与另一反应物的半间歇缩合反应。首先将硝基化合物和溶剂（DMSO 的水溶液）加入到反应器中。在加入第二种反应物之前，先将初始混合物加热至工艺温度 60～70℃。此时由于工厂的冷却水系统发生了故障，决定在此阶段中断反应，并使反应器中混合物保持搅拌状态直至故障排除。推迟加入第二种反应物，并排空了反应器夹套中的冷却水。5d 之后，发现反应器排气系统（ventilation system）冒出浓烟，此时反应器的温度已达到 118℃，随后有 160℃ 的黏稠焦油从反应器敞开的人孔中流出，立即开启应急冷却系统，但不起作用。于是疏散所有人员，不久反应器发生爆炸，破裂成四块碎片，三层以上的建筑物被严重破坏，控制室被完全摧毁，损失超过一百万美元。

调查结果 在加入第二种反应物之前，未发现任何明显的问题。由于夹套的蒸汽阀存在泄漏问题，反应器被缓慢加热，当反应物在118℃沸腾时，混合溶剂逐渐蒸发，在此温度范围内，引发了反应物分解放热反应，放出热量，进一步促进蒸发，最终导致剩余反应混合物温度升高。此过程搅拌装置产生的能量输入是不足以形成所观察到的温升。最终初始反应混合物在自催化机理的作用下分解。

事故教训 当二次分解反应失控时，可能导致严重后果。该案例中，事故发生前人们并不了解反应物料的热稳定性。只要了解该分解反应的能量释放情况，作业人员就会使反应物料处于有效的温度监测和控制状态。因此，评估事故后果、二次分解反应的触发条件以及预测分解反应的行为需要专业的知识和系统的方法。【该书第11章（物料稳定性）中的案例】

案例8 被污染的二甲基亚砜（DMSO）在减压蒸馏回收过程中由于自催化发生热失控爆炸事故（蒸馏单元，物料热化学性质不明）

二甲基亚砜（DMSO）是一种非质子极性溶剂（aprotic polar solvent），常用于有机化学物质的合成中。它的热稳定性有限，所以通常采取预防措施以避免其分解放热。它的分解热约为500J/g，对应的绝热温升大于250K。在某中试合成试验中需用到此溶剂，但发现其已被溴烷污染。于是，对该溶剂进行化学分析和热分析，由此确定回收的安全条件，即在间歇真空蒸馏时载热体的最高温度为130℃。所制定的条件能同时满足产品质量要求和安全操作要求。由于最初计划的第二步反应被推迟，于是该溶剂暂存于桶中待用。一年后，中试试验又需要用到DMSO，于是决定蒸馏回收纯溶剂。然而在对搅拌容器（4m³）抽真空时发现难以达到所需的真空度，于是操作者对该系统进行排查以确定是否存在泄漏，有人注意到真空泵的排气口有硫化物的气味，认为真空泵的油可能被污染了，于是决定更换真空泵的油。为此，关闭蒸馏装置，并将容器与蒸馏系统分离，同时蒸馏系统被置于大气压下以更换真空泵油。30min后，容器发生爆炸，导致原材料大量破坏，并有一名操作人员因飞行破片而受伤。

调查结果 对所储存的未蒸馏原材料DMSO再次进行了热分析，结果表明，与储存之前的分析结果相比，该材料的热稳定性已经大大降低。DMSO的分解是自催化的结果。在储存时，缓慢产生的分解产物能催化分解反应，从而导致分解反应的诱导时间减少，以至于在130℃时的诱导期仅为30min。

事故教训 对于自催化的分解反应，即使是很缓慢的分解对物质的热稳定性也会产生很大影响。应当对能反映实际工艺条件的样品进行热分析。【该书

第 12 章（物料稳定性）中的案例】

案例 9 承装于储存容器内的具有反应活性的物料因传热受限发生热失控（储存过程，传热受限）

用不同固体混合配制某固体产物，混合物经造粒（granulated）和干燥后，每 25kg 装入一袋。此工艺虽在厂区较小的场所运行了好几年，但一直以最简工艺（in one pass）运行，即中间没有储存操作。产品的需求量变大后，就需要在更大的场所进行加工，该工艺在进行研磨之前需经过中间储存操作。在多个 $3m^3$ 的可移动容器内进行储存，首先存放在地下室中，然后再转运至位于上层的筒仓（silo）中。5 月的第一个温暖的周末（周六到周日晚上），其中一个储存容器开始冒烟。消防人员将此容器隔离，它是第一个被装满的容器，放置在所有储存容器的后面紧靠墙壁的位置，最后他们终于把这个容器移至室外，对它喷水以阻止失控反应。第二天晚上，即周日到周一的晚上，第二个容器开始冒烟。最后决定清空所有的容器，将物料倒在室外地面上的塑料防水布上，使其冷却。

事故教训　大量固体堆积时传热很差，因而反应性固体可使温度慢慢升高到失控无法避免的程度。需要有专门的知识对这类传热受限（heat confinement）的情况进行正确的评估。【该书第 13 章（传热受限）中的案例】

附录 B　美国 T2 Laboratories 有限公司反应失控导致的爆炸事故

2007 年 12 月 19 日下午 1:30，位于美国佛罗里达州杰克森威尔镇北部一家生产化学品的公司（T2 Laboratories 有限公司，简称 T2 公司）发生爆炸起火，该厂被摧毁，见附图 2-1。爆炸产生的巨响 15mile（1mile＝1609m）外都

附图 2-1　事故现场的航拍照片

能听到，事故导致该公司 4 名员工死亡（包括 1 名企业主），28 名在周边临近企业工作的员工受伤。

（1）企业概况　T2 公司是一家成立于 1996 年的小型私有企业。从 2001 年起，开始建设 MCMT 生产线，2004 年 1 月，开始以间歇反应器生产 MCMT。MCMT 是一种有机锰化合物，作为汽油改性剂用于增加辛烷值。该物质为毒性很大的易燃液体，可以通过吸入或皮肤接触进入人体内。美国国立职业安全与健康研究所（NIOSH）给出的该物质暴露限值为 10h 以上平均浓度小于 $1.2mg/m^3$；OSHA 给出的允许暴露限值（瞬间浓度）为 $5mg/m^3$。该物质见光快速分解，美国环保署（EPA）认为其是极其危险的物质。事故前，该公司共有员工 12 人，事故之日正生产第 175 批 MCMT。

（2）工艺研发、建设与试生产情况　1998 年，一家名为"先进燃料发展技术"的公司（AFD）希望 T2 公司能生产 MCMT。尽管 T2 公司的两位老板有化工企业工作的经历，但均未与反应性化学工艺打过交道；他们考虑 2 年后才同意上 MCMT 生产线。根据有关协议，AFD 公司负责提供专利文献，并提供技术支持。T2 公司随后按照专利进行了重复试验，并形成生产 MCMT 的 3 步工艺（金属化、取代、羰基化）。2000～2001 年间，T2 公司在 1L 的间歇反应器中共进行了 110 次试验。

2001 年，T2 公司租赁一块位于 Faye 路的土地，开始设计并建设 MCMT 生产线，雇佣有关工程师协助进行工艺设计、系统控制及项目管理。由于投资有限，公司购置一些旧设备，包括用于 MCMT 生产的容积为 2450gal（1gal＝$3.78dm^3$）的高压间歇反应器（附图 2-2）。

该反应器由别的公司于 1962 年建成，耐压 1200psi（1psi＝6894.76Pa）。T2 公司于 2001 年购入并进行了改造，包括撤换加装排管等，改造后反应器的工作压力降低为 600psi。为了进行超压保护，在 4in 的爆破片前安装了一根 4in 呈双 90°弯曲的泄压管，据工作人员描述，爆破片设定压力为 400psi。在 4in 泄压管的下方另安装一根 1in 的泄压管和压力控制阀。

生产 MCMT 时，既需要加热，也需要冷却。加热通过反应器内部安装的直径为 3in 排管内的热油实现，反应器下部 3/4 的区域安装有冷却夹套，夹套底部为冷却水入口，冷却水采用城市自来水，通过控制阀、连接装置实现自来水的供排。进入夹套的冷却自来水在反应热的作用下会沸腾，产生的蒸汽通过夹套顶部的管道排放到大气中。

2004 年 1 月 9 日，T2 公司开始利用新建成的生产线按设计规模生产第一批 MCMT，生产时第一步就出现了未预见到的放热，公司注意到了这种异常，调整了工艺配方以及包括反应器冷却在内的操作程序。2004 年 2～5 月间，公

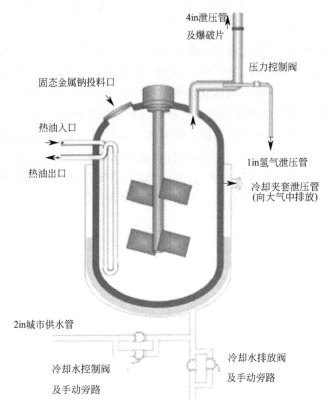

附图 2-2　改造后的间歇反应器截面图

1in＝0.0254m

司生产了 9 批，每批均调整了配方及操作程序，通过调整使得率达到了 70％。第 5 批生产时，在第一步出现了反应失控；第 10 批生产时，也在第一步出现了飞温，尽管飞温现象没有第 5 批时严重。2004 年 5 月 24 日，随着第 11 批反应的结束，公司通过备忘录向投资者宣布，生产线成功建成并可以实现全规模的量产。

（3）事故经过　2005 年 7 月 28 日，生产第 42 批时，公司将生产规模扩大了 1/3。此后，直到事故时（第 175 批），公司一直以扩大了的规模进行生产。在生产过程中，控制室内需要一名操作人员通过计算机控制系统控制每一步反应的操作，包括投料、调整加热、冷却及压力等参数。过去该岗位一直由公司的老板之一（化学工程师）担任，2006 年起，公司雇用了两位化学工程师进行操作（每 48h 生产一批）。2007 年 12 月开始，随着市场需要增加，公司开始一周生产 3 批。

正常的工艺操作包括：第一步反应（金属化反应），工艺操作员将甲基环戊烷（MCPD）的二聚体与二乙二醇二甲醚混合物加入反应器，然后外操人员通过反应器顶部 6ft（1ft＝0.3048m）直径的闸阀手工投入块状金属钠，然后关闭闸阀完成投料。内操人员开始通过热油系统加热混合物，设定反应器压力为 50psi（3.45 bar），热油温度控制在 360℉（182.2℃）。

加热反应混合物到金属钠开始熔融，引发金属化反应，从而将一分子的 MCPD 二聚体分解为两分子的 MCPD。随后，熔融态的金属钠与 MCPD 反应形成甲基环戊二烯钠、氢气，并放出反应热。氢气通过上述的压力控制阀及 1in 的泄放管排放到大气中。

一旦反应混合物的温度达到 210℉（98.9℃），工艺操作人员启动搅拌，此时搅拌及高温均会加速金属化反应。当反应液的温度达到 300℉（148.9℃），关闭热油加热系统，金属化反应放出的热量使反应混合物的温度继续上升。当温度达到大约 360℉（182.2℃）时，工艺操作人员启动冷却系统（即根据反应的温升速率注入自来水），控制反应温度并进行后续操作。

2007 年 12 月 18 日夜间，夜班操作人员预先对反应器进行清理、干燥，为一批投料做准备。19 日早上 7:30，1 名白班操作人员（内操）进行第 175 批的生产，采用自动控制系统进行投料。1 名外操往反应器内手工加入块状的金属钠，然后封闭反应器。大约于上午 11:00，操作人员开始加热反应器，熔化金属钠并引发反应，同时通过控制室（紧邻生产线）的控制屏监视反应器内的温度和压力。金属钠在 210℉（98.9℃）熔融后，启动搅拌使反应物料混合，从而提高反应速率并放热。反应物料在反应热及加热系统的作用下，持续升温。当反应温度达到 300℉（148.9℃）时，关闭加热系统，反应物料的温度在反应热的作用下继续升高。当温度升到 360℉（182.2℃）时，启动反应器夹套冷却。事故当日，上述操作均是按照操作规程进行的。然而，当冷却系统启动时，反应器的温度还在持续升高。

下午 1:23 时，内操告知外操，让他向老板汇报冷却系统存在问题并请其来到现场。老板（也是一名化学工程师）到公司直奔控制室，在协助搜索完问题之所在后，来到反应器旁。他告知一名外操人员（该外操正准备去控制室，看看正在发出的多路报警是怎么回事）——现场可能起火，让操作人员撤离。然后，老板回到控制室。1:33 时，反应器的泄放系统已经无法控制失控反应的温度及压力升高。据周边企业的目击者回忆，他们看到反应器顶部有东西泄放出来，并听到像喷气发动机一样的声音。随后，反应器发生猛烈的解体，物料发生爆炸。爆炸导致控制室（距离反应器 50ft）内 2 名人员（老板及内操）、正在撤离的 2 名外操死亡，另外 1 名外操及工厂机修工受伤。事故后的控制室

附图 2-3　事故后的控制室残骸

残骸见附图 2-3。事故中，T2 公司的 8 名员工中 4 名死于爆炸过程的钝力外伤，2 名重伤，住院治疗数月。T2 公司及距反应器周边 1900ft 范围内 9 家企业的 32 名工作人员受伤，其中 11 人属撕裂伤，7 名听力损失，5 名在爆炸波的作用下摔倒或被甩出。周边企业的人员伤亡及建筑物的破坏见附图 2-4。

　　爆炸推平了工厂，爆炸残体飞向四面八方。一块 3ft 厚重达 2000lb（1lb＝0.45kg）的反应器封头（见附图 2-5）首先撞击邻近 T2 公司的铁路轨道，将铁轨推出原来的位置，然后继续飞行，撞击并导致距离反应器 400ft 远的建筑物被破坏。爆炸将反应器内部的管道扔出数百英尺外的树丛中。直径为 4in 的搅拌器被抛出 350ft 远，并形成 2 个大的残体，分别嵌入人行道和地面（附图 2-6）。

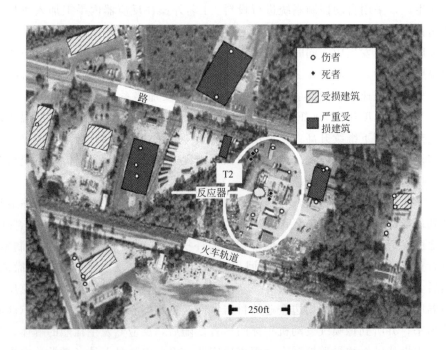

附图 2-4　伤亡者及周边企业的位置

附图 2-5　3ft 厚重达 2000lb 的
反应器封头残骸

附图 2-6　反应釜中被分成
两截的搅拌器

（4）事故原因　根据美国化工安全与危险调查委员会（Chemical Safety and Hazard Investigation Board，CSB）的调查，认为 T2 公司没有认识到 MCMT 生产过程中存在的失控反应风险是导致这次事故的根本原因。而事故的直接原因在于：①冷却系统的设计缺乏冗余；②失控反应发生时，反应器的压力泄放系统能力不足，无法将系统超压及时泄放。

【该案例节选并翻译自 U.S. chemical safety and hazard investigation board. Investigation report of runaway reaction of T2 Laboratories，Inc. Report No. 2008-3-I-FL，2009】

索　引

其　　他